颜氏家训·孔子家语

国学经典文库编委会◎编

四川美术出版社

图书在版编目（CIP）数据

颜氏家训·孔子家语／国学经典文库编委会编. － －

成都：四川美术出版社，2017.11

（国学经典文库）

ISBN 978 － 7 － 5410 － 7797 － 5

Ⅰ．①颜…　　Ⅱ．①国…　　Ⅲ．①家庭道德 － 中国 － 南北

朝时代 ②孔丘（前 551 － 前 479）－ 生平事迹　Ⅳ.

①B823.1 ②B222.2

中国版本图书馆 CIP 数据核字（2017）第 298128 号

国学经典文库

颜氏家训·孔子家语

YANSHI JIAXUN KONGZI JIAYU

国学经典文库编委会 编

出 品 人：马晓峰

责任编辑：康宏伟

编辑助理：杨　东

责任校对：李连成

出版发行：四川美术出版社

　　　　　　成都市锦江区金石路 239 号 邮编 610023

成品尺寸：170mm×230mm

印　　张：20

字　　数：380 千字

印　　刷：天津文林印务有限公司

版　　次：2018 年 8 月第 1 版

印　　次：2018 年 8 月第 1 次印刷

书　　号：ISBN 978 － 7 － 5410 － 7797 － 5

定　　价：39. 80 元

前　言

　　"国学"一说,产生于20世纪20年代西学东渐、文化转型的历史时期。此前中国的旧学在现代文明面前一败涂地,曾国藩继承明儒传统,身体力行,通经致用,后来又有张之洞提出"中学为体,西学为用",力图调和传统与现实的阴阳关系。后来学术界兴起"整理国故"的热潮,虽然与当时历史条件看似不协调,实则是有深刻历史理性的。提出"师夷长技以制夷"的魏源,当时不但提出学习西方文明,同时又提出要恢复两汉经学,这看似极为矛盾,其实正是魏源的高明之处,此后正是在这样的基础上,才有了中西交流的合理形式。

　　当时国人有一种全盘否定传统文化的倾向,认为外国来的就是好的。19世纪末20世纪初,随着中西文化冲突的进一步加剧,中国文化更加弱势,中国面临亡国灭种的危机。为了保国保种,以章太炎为代表的国粹派提出"保存国学""振兴国学"的口号;新文化运动闯将之一胡适,在介绍杜威的实践主义的同时讲授中国哲学史。在当时的历史氛围下,国学内涵比较复杂,包括官方、民间各种传统的学问、艺术、技艺等。但在狭义上,国学之范围不脱经、史、子、集四部,同时四部中又以经学为首。

　　国学又可称国故,可译"Guoxue"(音译)、"Sinology"(意译,指中国学,汉学,因无别于汉族学而有争议)。现在一般提到的国学,是指以先秦经典及诸子学为根基,涵盖了两汉经学、魏晋玄学、宋明理学和相应的汉赋、六朝骈文、唐宋诗词、元曲与明清小说并历代史学等一套特有而完整的文化、学术体系。因此,广义上,中国古代和现代的文化和学术,包括历史、思想、哲学、书画、音乐、术数、医学、星相、建筑乃至地理、政治、经济等都是国学所涉及的范畴。

论国学,先明国学之义,所谓必也正名乎,善哉。

今天,关于传统文化的论述,好像走向了两个极端:要么过于通俗,要么过于玄虚。中国传统文化的传承——国学的弘扬,需要摆脱这两个极端,走一条中间道路,做到深入浅出、微言大义。虽然"文化热""儒学热""国学热"的浪潮此起彼伏,但真正将自己的文化看作立身之本的人却是少之又少。大家对待文化、国学,仍然没有走出经世致用、急功近利的目的预设。为什么要学国学? 因为国学对我有用;为什么要读国学? 因为里面有智慧、有技巧、有升官发财的门路。于是,在今人的眼里,国学已经蜕变成赤裸裸的经世致用之术,成了彻头彻尾的"用经"! 仅求其"用",不见其"体",将是最大的无用;仅求其"术",而对国学的"道统"视而不见,将是最大的悲哀。为免于此,国人已做过许多有益的探索。

近代以后,随着西学东渐,我们在呼吸外来新鲜空气的同时,也注意到了传统文化的流失,故而对东西方文化的碰撞进行冷静思考,明确了传统文化不可动摇的根基地位。沿袭先辈留下的宝贵文化遗产,是可以弘扬中国民族特色文化,促进当下时代的进步和发展的。在此,我们应当安身立命,谋求维新。《尚书》中说:"周虽旧邦,其命维新。"但是"周邦"所谓的"新命"不会自己从天上掉下来,而是要靠人不断地去探幽发微、阐发新意。阐发新意,不是凭空想象,也不是一味模仿,而是要推陈出新。冯友兰先生说,中国的哲学要"接着讲",不能"照着讲"。而"接着讲",并不是空发臆想、随意揣摩,而是要以"照着讲"的方式和姿态去"接着讲",不如此,就无法做到"阐旧邦以辅新命"。国学亦是如此。

整理国故,是为了获得长足进步。只有长足进步,才能延续,才能生生不息。当然,任何一种文化都包含着深刻的两面性——所谓的精华和糟粕往往是纠结在一起的。所以,目前我们最迫切要做的,仍然是平心静气地去了解我们的文化。

为了弘扬国学,使更多的人了解中国传统文化的精髓,我们精心为您编纂了这套"国学经典文库"丛书。这套丛书精选了历代文章中的典范之作——于经、史、子、集中选取精华部分,予以汇编。编者力图通过简明的体例、精练的文字、新颖的版式、精美的图片等多种要素的有机结合,全方位立体地解读国学的博大精深,为读者打造一条走进国学的长廊,使其感受国学独到的智慧。

　　学贵力行,对圣贤文化的学习,贵在把它落实到自己的日常生活和工作中去,才能从中得到真实的益处。愿此套丛书让您在领略传统国学风景的同时,与圣人"促膝对话",能够聆听到圣贤的教诲;在聆听圣贤教诲的同时,把圣人的教诲贯彻到生活中,落实到一言一行中。"多识前言往行,以自蓄其德",我们也希望借着伟大文化的指引,提升我们生命的内涵。

《颜氏家训》共二十篇,是颜之推为了用儒家思想告诫子孙,以保持自己家庭的传统与地位,而写出的一部系统完整的家庭教育教科书。这是他一生关于士大夫立身、治家、处事、为学的经验总结,在封建家庭教育发展史上有重要的影响。后世称此书为"家教规范"。

《颜氏家训》是一部有着丰富文化内蕴的作品,不失为我国古代优秀文化的一种,它不仅在家庭伦理、道德修养方面对我们今天有着重要的借鉴作用,而且对研究古文献学,研究南北朝历史、文化有着很高的学术价值。同时,作者在特殊政治氛围(乱世)中所表现出的明哲思辨,对后人有着深刻的启发。

YANSHI JIAXUN KONGZI JIAYU
颜氏家训·孔子家语

颜氏家训

颜氏家训·孔子家语

释义通俗易懂;解读准确权威,有助读者领悟国学精华。对其中生僻字,加注拼音,以便阅读理解。

译文精准。在符合原文的前提下,采取通俗易懂的方式,客观、准确展现原文主旨,还原原文意境。

【译文】

北齐的孝昭帝护理病中的娄太后,因此而脸色憔悴,恢量与日减少。徐之才用艾炷灸太后的两个穴位,太后疼痛恐无可忍,孝昭帝让母亲握住自己的手以代痛,指甲嵌入掌心,以致血流满手。太后的病终于痊愈,而孝昭帝却积劳成疾,没多久就去世了,临终留下遗诏说:他遗憾的是不能够为娄太后操办后事,以尽到最后的孝心。他这人的天性是这样的孝顺,而不懂得忌讳却又到如此地步,这确实是不学习造成的。他如果从书中看到过有关古人讽刺那盼望母亲早死以便痛哭尽孝的人的记载,就不会在遗诏中说出那样的话了。孝为百行之首,尚且需要通过学习去培养完善,更何况其他的事呢!

【原文】

梁元帝尝对吾说:"昔在会稽①,年始十二,便已好学。时又患疥,手不得拳,膝不得屈。闲斋张葛②韩避蝇独坐,银瓯贮山阴甜酒,时复进之,以自宽痛。率意自读史书,一日二十卷,既未师受,或不识一字,或不解一语,要自重之,不知厌倦。"帝子之尊,童稚之逸,尚能如此,况其庶士,冀以自达者哉?

【注释】

①会稽:郡名。南朝时其治所在山阴(今浙江绍兴)。
②葛:植物名。多年生蔓草。其茎的纤维可制葛布。

【译文】

梁元帝曾经对我说:"我过去在会稽郡的时候,年龄才十二岁,就已经喜欢学习了。当时我身患疥疮,手不能握拳,膝不能弯曲。我在闲斋中挂上葛布制成的帐子,以避苍蝇独坐,身边的小银盆内装着山阴甜酒,不时喝上几口,以此减轻疼痛。这时我就独自随意读一些史书,一天读二十卷,既然没有老师传授,就经常会有一个字不认识,或一句话不能够理解的情况,这就需要严格要求自己,不感到厌倦。"元帝以帝王之子的尊贵,以孩童的闲适,尚且能够用功学习,何况那些希望通过学习以求显达的小官吏呢?

【原文】

古人勤学,有握锥①投斧,照雪聚萤②,锄则带经③,牧则编简④,亦为勤笃。梁世彭城刘绮,交州刺史勃之孙,早孤家贫,灯烛难办,常买荻尺寸折之,然⑤明夜读。孝元

读 指 导

《孔子家语》详细记录了孔子与其弟子门生的问对诘答和言谈举止，生动塑造了孔子的人格形象，对研究儒家学派的哲学思想、政治思想、伦理思想和教育思想，有巨大的理论价值。

孔子，名丘，字仲尼，鲁国陬邑（今山东曲阜东南）人。生于公元前551年（一说公元前550年），卒于公元前479年。他虽然出生于贵族之家，但三岁丧父，幼年生活贫困。长大后做过仓库保管员、牲畜管理员等低级职务，以养活自己和寡母。在困境中，孔子自强不息，勤奋学习，到处问学，渐渐以博学多能闻名。

得米一石焉。颜回、仲由炊之于壤屋之下，有埃墨⑤堕饭中，颜回取而食之。子贡自井望见之，不悦，以为窃食也。

人问孔子曰："仁人廉士，穷改节乎？"孔子曰："改节即何称于仁义哉？"子贡曰："若回也，其不改节乎？"子曰："然。"子贡以所饭告孔子。子曰："吾信回之为仁久矣，虽汝有云，弗以疑也，其或者必有故乎？汝止，吾将问之。"

召颜回曰："畴昔⑥予梦见先人，岂或启佑⑦我哉？子炊而进饭，吾将进焉。"对曰："向有埃墨堕饭中，欲置之，则不洁；欲弃之，则可惜。回即食之，不可祭也。"孔子曰："然乎，吾亦食之。"

颜回出，孔子顾谓二三子曰："吾之信回也，非待今日也。"二三子由此乃服之。

【注释】
① 厄：受困。
② 赍(jī)：携带。
③ 窃：私下，偷偷地。犯围：冲出包围。
④ 籴(dí)：买米。野人：乡野之人，农民。
⑤ 埃墨：烟熏的黑尘。
⑥ 畴昔：往日。
⑦ 启佑：开导保佑。

【译文】
孔子受困于陈、蔡之地，跟随的人七天吃不上饭，请求村民让他换些米，得到一石米。颜回、仲由在一间土屋下煮饭，有块熏黑的灰土掉到饭中，颜回把弄脏的饭取出来吃了。子贡在井边望见了，很不高兴，以为颜回在偷吃。

他进屋问孔子："仁人廉士在困穷时也会改变节操吗？"孔子说："改变节操还称得上仁人廉士吗？"子贡："像颜回这样的人，他不会改变节操吧？"孔子说："是的。"子贡把颜回吃饭的事告诉了孔子。孔子说："我相信颜回是仁德之人已经很久了，虽然你这样说，我还是不怀疑他，那样做或者一定有原因吧。你待在这里，我来问问他。"

子贡拿着携带的货物，偷偷跑出

经多方研究，专家考证，选取经典之作。所选之篇不仅脍炙人口，而且切合当下，其价值深远。

经过反复实验，专家论证，所选色彩均匀、柔和，不仅会保护读者的眼睛，而且能使读者的阅读更加愉悦，以获得精神上的享受。

以图释文，视觉效果明显。在注重美感的前提下，着重文图切合，确保文图传神。

目　录

颜氏家训

颜氏家训

卷　一

序致第一

【原文】

夫圣贤之书，教人诚孝①，慎言检迹，立身扬名，亦已备矣。魏、晋已来②，所著诸子，理重事复，递相模效③，犹屋下架屋，床上施床耳。吾今所以复为此者，非敢轨物范世也，业以④整齐门内，提撕子孙。夫同言⑤而信，信其所亲；同命而行，行其所服。禁童子之暴谑，则师友⑥之诫，不如傅婢之指挥；止凡人之斗阋，则尧、舜之道，不如寡妻之诲谕⑦。吾望此书为汝曹之所信，犹贤于傅婢寡妻耳。

【注释】

①诚孝：忠孝。

②已来：以来。已，通"以"。

③模效：模拟，仿效。

④业以：用它来……

⑤同言：相同的话。

⑥师友：可以求教或互相切磋的人。一般指师长。

⑦谕：使人理解。

【译文】

古代圣贤著书立说，主要目的是教育人们要忠诚孝顺，不随便说话，行为要端庄稳重，创立宏伟大业，成就一世英名。这些道理，古人已经说得很详尽了。但是，自从魏、晋以来，阐述古代先哲明圣思想的著作，不管在道理还是内容方面，无不重复雷同，相互模仿,这样做就如同屋里建屋,床上放床,实在是多余。我现在又写这样的书,并不敢拿它做一般人的行为规范,只是用来整顿自家的门风,让后辈警醒罢了。同样的一句话,有的人会相信,这是因为相信他们所亲近的人;同样的一个命令,有的人会去执行,就是因为下命令的人是他们所信服的人。要想禁止小孩子的过于淘气,那么师友的劝诫抵不过婢女的命令;要想制止兄弟之间的争斗,尧、舜的言传身教比不上他们妻子的训导与规劝。我希望这本书里面的道理能让你们信服,也希望它所起的作用胜过婢女对孩童、妻子对丈夫的作用。

【原文】

　　吾家风教①,素为整密。昔在龆龀,便蒙诱诲;每从两兄,晓夕温清②,规行矩步,安辞定色,锵锵翼翼,若朝严君焉。赐以优言,问所好尚,励短引长,莫不恳笃。年始九岁,便丁③荼蓼,家涂④离散,百口索然。慈兄鞠⑤养,苦辛备至;有仁无威,导示不切。虽读《礼》《传》,微爱属文⑥,颇为凡人之所陶染,肆欲轻言,不修边幅。年十八九,少⑦知砥砺,习若自然,卒难洗荡,二十已后,大过稀焉;每常心共口敌,性与情竞,夜觉晓非,今悔昨失,自怜无教,以至于斯。追思平昔之指,铭肌镂骨,非徒⑧古书之诫,经目过耳也。故留此二十篇,以为汝曹后车⑨耳。

【注释】

　　①风教:家风与家教。
　　②温清(qìng):冬季温暖,夏季清凉。温,冬季准备好被子,使父母温暖。清,夏季准备好扇子与凉席,给父母带来清爽。侍奉父母之礼。
　　③丁:遭遇。
　　④家涂:家道。
　　⑤鞠:养。
　　⑥属(zhǔ)文:写文章。
　　⑦少:同"稍"。
　　⑧徒:只,仅仅。
　　⑨后车:后继之车,引申为借鉴。

【译文】

　　我们家的门风家教,一向是严整缜密的。还在孩童的时候,我就时时得到长辈的指导教诲;学着我两位兄长的样儿,早晚侍奉双亲,一举一动都按照规矩办事,神色安详,言语平和,走路小心恭敬,就像在拜见尊严的君王一样。长辈时时传授我佳言锦句,关心我的喜好,勉励我克服缺点发扬优点,没有一样不是恳切深厚的。我长到九岁时,父亲就去世了,家道中衰,人丁冷落。慈爱的兄长尽其抚育之责,困苦辛劳达到极点;但他仁爱而没有威严,对我的督导就不像先前严厉。我虽然读了《周礼》《左传》,也有些喜欢作文,但与一般平庸之人相交而受其熏染,放纵私欲,信口开河,又不注重着容貌的整洁。到十八九岁时,逐渐懂得要磨炼自己品性了,但习惯成自然,最终还是难以彻底去掉不良习惯。二十岁以后,太大的过失很少犯了,经常是在信口开河时,心里就警觉起来而加以控制,理智与感情往往处于矛盾之态,夜晚觉察到白天的错误,今日追悔昨日的过失,自己意识到小时候没有得到良好的教育,因此才发展到这种地步。追忆平素所立的志向,真是刻骨铭心,绝不仅仅是把古书上的告诫听一遍看一遍。因此,我留下这二十篇《家训》,以此作为你辈的后车之鉴。

【评析】

《序致》篇相当于全书的序,主要用来说明著述本书的宗旨和目的,讲解自己一生的生活经验和亲身感受,并希望自己的后人以此为借鉴,检点行为,磨砺意志。言辞恳切,令人动容。

教子第二

【原文】

上智不教而成,下愚虽教无益,中庸之人①,不教不知也。古者,圣王有胎教之法:怀子三月,出居别宫,目不邪视,耳不妄听,音声滋味,以礼节②之。书之玉版,藏诸金匮③。生子咳嫕,师保固明,孝仁礼义,导习之矣。凡庶纵不能尔,当及婴稚④,识人颜色,知人喜怒,便加教诲,使为则为,使止则止。比及数岁,可省笞⑤罚。父母威严而有慈,则子女畏慎而生孝矣。吾见世间,无教而有爱,每不能然;饮食运为,恣⑥其所欲,宜诫翻奖,应诃⑦反笑,至有识知,谓法当尔。骄慢已习,方复制之,捶挞至死而无威,忿怒日隆而增怨,逮于成长,终为败德。孔子云:"少成若天性,习惯如自然"是也。俗谚曰:"教妇初来,教儿婴孩。"诚哉斯语⑧!

【注释】

①中庸之人:中等智力的人,普通人。

②节：约束，限制。

③匮：柜子。这个意义后来写作"柜"。

④稚：儿童。

⑤笞(chī)：用竹杖、荆条打。

⑥恣：放纵。

⑦诃：同"呵"。怒斥、喝斥。

⑧诚哉斯语：这句话真对呀。主谓倒置。

【译文】

　　智力超群的人，不用教育他就能成才；智力迟钝的人，虽然教育他也没有用处；智力平平的人，不教育他就不会明白事理。古时候，圣王有所谓胎教的方法：王后怀太子到三个月时，就要搬到专门的房间，不该看的就不看，不该听的就不听，音乐、饮食，都按照礼节制。这种胎教的方法，都写在玉版上，藏在金柜里。太子生下来到两三岁时，负责教育的官就已经确定好了，从那时起开始对他进行孝、仁、礼、义的教育训练。普通平民纵然不能如此，也应当在孩子知道辨认大人的脸色、明白大人的喜怒时，开始对他们加以教诲，叫他去做他就能去做，叫他不做他就不会去做。这样，等到他长大时，就可不必对他打竹板处罚了。当父母的平时威严而且慈爱，子女就会敬畏谨慎，从而产生孝心。我看这人世上，父母不知教育而只是溺爱子女的，往往不能这样；他们对子女的吃喝玩乐，任意放纵，本应告诫子女的，反而奖励，本应呵责，反而面露笑容，等到子女懂事，还以为按道理本当如此。子女骄横傲慢的习气已经养成了，才去制止它，把子女鞭抽棍打死也树立不起威信，对子女火气一天天增加，招致子女的怨恨，等到子女长大成人，终究是道德败坏。孔子说："少成若天性，习惯如自然。"便是这个道理。俗话又说："教妇初来，教儿婴孩。"这句话一点不假啊！

【原文】

　　凡人不能教子女者，亦非欲陷其罪恶；但重于呵怒①，伤其颜色②，不忍楚③挞惨其肌肤耳。当以疾病为谕，安得不用汤药针艾④救之哉？又宜思勤督训者，可愿苛虐于骨肉乎？诚不得已也。

【注释】

①但：只，仅仅。重：难，不愿意。

②颜色：脸色，神色。

5

③楚：荆条，古时用作刑杖。引申为用刑杖打人。

④针艾：针灸。指中医用针具刺，用艾绒熏烤。

【译文】

一般人不去教育子女，也并不是想让子女去犯罪；只是不愿意看到子女受责骂而脸色沮丧，不忍心子女被荆条抽打受皮肉之苦罢了。这应该用治病来打比方，子女生了病，父母怎么能不用汤药针艾去救治他们呢？也应该为那些勤于督促训导子女的父母想一想，他们难道愿意虐待自己的亲骨肉吗？确实是不得已啊。

【原文】

王大司马①母魏夫人，性甚严正；王在湓城时，为三千人将，年逾四十，少不如意，犹捶挞之，故能成其勋业。梁元帝②时，有一学士，聪敏有才，为父所宠，失于教义：一言之是③，遍于行路④，终年誉之；一行⑤之非，掩⑥藏文饰，冀其自改。年登婚宦⑦，暴慢日滋⑧，竟以言语不择，为周逖⑨抽肠衅鼓云。

【注释】

①王大司马：即王僧辩，字君才，南朝梁人。

②梁元帝：即萧绎（508—554），字世诚。南朝梁皇帝。武帝第七子。

③是：正确。

④行路：路人。

⑤行：做，执行。

⑥掩：通"掩"。掩盖，遮蔽。

⑦婚宦：结婚和做官。这里指成年。

⑧滋：滋长。

⑨周逖：据《陈书》记载，"其人强暴无信义"。

【译文】

大司马王僧辩的母亲魏老夫人，品性十分严谨方正；王僧辩在湓城时，是三千士卒的统帅，年纪也过四十了，但稍微不称魏老夫人的意，老夫人就用棍棒教训他。所以，王僧辩才能成就功业。梁元帝的时候，有一位学士，聪明有才气，从小被父亲宠爱，疏于管教：他若一句话说得漂亮，当爹的巴不得能使过往行人都晓得，一年到头都挂在嘴上；他若一件事有了闪失，当爹的为他百般遮掩粉饰，希望他能悄悄改掉。学士成年以后,凶暴傲慢的习气是一天赛过一天,终究因为说话不检点,得罪了周逖,被杀掉后,肠子被抽出,血被拿去涂抹战鼓。

【原文】

父子之严①,不可以狎②;骨肉之爱,不可以简③。简则慈孝不接④,狎则怠慢⑤生焉。由命士以上,父子异宫,此不狎⑥之道也;抑搔痒痛,悬衾箧枕,此不简之教也⑦。或问曰:"陈亢⑧喜闻君子之远其子,何谓也?"对曰:"有是也。盖君子之不亲教其子也。《诗》⑨有讽刺之辞,《礼》有嫌疑之诫,《书》⑩有悖乱之事,《春秋》⑪有邪僻之讥,《易》⑫有备物之象:皆非父子之可通言⑬,故不亲授⑭耳。"

【注释】

①严:威严。

②狎:亲近而不庄重。

③简:简慢。

④慈孝不接:是说慈和孝不能接触,就是慈和孝都做不好。

⑤怠慢:懒怠轻忽。

⑥狎(xiá):狎昵,亲昵。

⑦抑搔痒痛,悬衾箧枕,此不简之教也:是说为父母按摩搔痒,铺床叠被,这是不简慢礼节的办法。

⑧陈亢:孔子的学生。

⑨《诗》:《诗经》的简称。儒家经典之一。

⑩《书》:《尚书》的简称。儒家经典之一。

⑪《春秋》:即编年体《春秋》史。儒家经典之一。相传系孔子依据鲁国史官所编《春秋》整理修订而成。

⑫《易》:《周易》的简称。也称《易经》。儒家重要经典之一。相传为周朝人所作。

⑬通言:互相谈论。

⑭授:传授。

【译文】

以父亲的威严,就不应该对孩子过分亲昵;以至亲的相爱,就不应该不拘礼节。不拘礼节,慈爱孝敬都就谈不上了;如果过分亲昵,那么放肆不敬之心就会产生。从有身份的读书人往上数,他们父子之间都是分室居住的,这就是不过分亲昵的道理;当晚辈的替长辈按摩搔痒,收拾卧具,这就是讲究礼节的道理。有人要问:"陈亢这人很高兴听到君子与自己的孩子保持距离的事,这究竟是什么意思呀?"我要回答说:"不错啊,大约君子是不亲自教授自己孩子的。因为《诗》里面有讽刺骂人的诗句,《礼》里面有不便言传的告诫,《书》里面有悖礼作乱的记载,《春秋》里面有对淫乱行为的指责,《易》里面有备物致用的卦象,这些都不是当父亲的可以向自己孩子直接讲述的,因此君子不亲自教授自己的孩子。"

【原文】

人之爱子,罕亦能均①;自古及今,此弊多矣。贤俊者自可赏爱,顽鲁者亦当矜怜②,有偏宠者,虽欲以厚之,更所以祸之。共叔之死,母实为之。赵王③之戮,父实使之。刘表④之倾宗覆族,袁绍⑤之地裂兵亡,可为灵龟⑥明鉴也。

【注释】

①均:同样。此处有一视同仁之意。

②矜怜:怜悯,同情。

③赵王:即赵隐王如意。汉高祖与戚姬所生之子。

④刘表(142—208):字景升,东汉末山阳高平(位于今山东鱼台东北)人。东汉远支皇族。

⑤袁绍(? —202):字本初,东汉末汝南汝阳(位于今河南商水西南)人。在与各地势力的混战中,据有冀、青、幽、并四州,成为当时地广兵多的割据势力。建安五年(200)在官渡为曹操所败,不久病死。

⑥灵龟:龟名。旧时用以占卜。

【译文】

人们喜爱自己的孩子,却很少有能够一视同仁的。从古到今,这中间的弊端可够多了。那聪颖伶利又漂亮的孩子,当然值得赏识喜爱,那愚蠢迟钝的孩子,也应该对他怜悯同情才是,有那偏宠孩子的人,虽然想以自己的爱厚待他,反而以此加害他。共叔段的死,实际就是他母亲造成的。赵王如意的被杀,实际是他的父亲造成的。其他如刘表的宗族倾覆,袁绍的兵败地失,这些事例都像灵龟、明镜一样可供借鉴啊。

【原文】

　　齐朝有一士大夫,尝谓吾曰:"我有一儿,年已十七,颇晓书疏①,教其鲜卑语及弹琵琶,稍欲通解,以此伏②事公卿,无不宠爱,亦要事也。"吾时俯而不答。异哉,此人之教子也! 若由此业,自致③卿相,亦不愿汝曹为之。

【注释】

　　①书疏:奏疏、信札之类。

　　②伏:通"服"。

　　③致:到。

【译文】

　　齐朝有一位士大夫,曾经对我说:"我有个孩子,现在已经17岁了,非常通晓公文的书写,我教他讲鲜卑语、弹奏琵琶,他逐渐地快掌握了,用这些特长去为王公们效劳,没有不宠爱他的,这也是一件紧要的事啊。"我当时低着头,没有作回答。这个人教育孩子的方法,真令人诧异啊! 假如因干这种职业,就可当上宰相,我也不愿让你们去干。

【评析】

　　《教子》篇主要阐述了对士大夫子弟的教育问题,认为儿童的早期教育非常重要。但是,对于幼儿的教育,必须处理好教育和爱护的关系,父母对幼儿时期的孩子是非常疼爱的,而过分地溺爱也是有害而无益的。教育孩子必须要有正确的立场,恰当的方法,首要的是重视孩子早期的品德教育,因为良好的品德是成人的基础。

兄弟第三

【原文】

　　夫有人民而后有夫妇,有夫妇而后有父子,有父子而后有兄弟:一家之亲,此三而已矣。自兹以往,至于九族①,皆本于三亲焉,故于人伦为重者也,不可不笃②。

【注释】

①九族:指本身以上的父、祖、曾祖、高祖和以下的子、孙、曾孙、玄孙。另一种算法是父族四、母族三、妻族二,合为"九族"。

②笃:诚笃,忠实。此处指认真对待的意思。

【译文】

有了人类以后才有夫妇,有了夫妇以后才有父子,有了父子以后才有兄弟:一个家庭中的亲人,就这三者而已。以此类推,直到产生出九族,都是来源于"三亲",因此对于人伦关系来说,三亲是最为重要的,不能不加以重视。

【原文】

兄弟者,分形连气①之人也。方其幼也,父母左提右挈②,前襟后裾③,食则同案,衣则传服④,学则连业⑤,游则共方⑥,虽⑦有悖乱之人,不能不相爱也。及其壮⑧也,各妻其妻,各子其子,虽有笃厚之人,不能不少衰也。娣姒⑨之比兄弟,则疏薄矣;今使疏薄之人,而节量⑩亲厚之恩,犹方底而圆盖,必不合矣。惟友⑪悌深至,不为旁人⑫之所移者,免夫!

【注释】

①连气:又称"同气"。指兄弟同为父母所生,气息相同相连。

②挈:提携。

③前襟后裾:襟,上衣的前幅。裾,上衣的后幅。前襟后裾,指兄弟有的拉父母的衣前襟,有的牵父母的衣后摆。

④传服:指大的孩子穿过的衣服再传给小的孩子穿。

⑤连业:指哥哥用过的经籍,弟弟又接着用。业,旧时书写经典的大版,引申为书本。

⑥共方:同去一个地方。

⑦虽:即使。

⑧壮:壮年。古人三十岁以上为壮年。

⑨娣姒(dì sì):兄弟之妻互称,兄妻为姒,弟妻为娣,后称"妯娌"。

⑩节量:节制度量之意。

⑪友:兄弟间相亲爱。

⑫旁人:其他的人,局外的人。此处指妻子。

【译文】

　　兄弟,同是一母所生,形体各异,而气息相通的人。他们小的时候,父母左手拉一个,右手牵一个;这个扯着父母的前襟,那个抓住父母的后摆;吃饭是用一个餐盘;穿衣是哥哥穿过的传给弟弟;学习是弟弟用哥哥用过的课本;游玩是在同一个地方。即使有悖礼胡来的人,兄弟间也不会不相互爱护。等到他们长大成人以后,各自娶了妻子,各自都有了孩子,虽然有忠诚厚道的人,兄弟间的感情却是逐渐减弱。姒娌比起兄弟来,关系就更是疏远淡薄了。现在让关系疏远淡薄者来决定关系亲密者之间的关系,这就如同给方形的底座配上圆形的盖子,一定是合不拢的。只有相亲相爱、感情至深,不会受妻子影响而改变关系的兄弟,才可以避免上述情况。

【原文】

　　二亲既殁①,兄弟相顾,当如形之与影,声之与响②;爱先人之遗体③,惜己身之分气,非兄弟何念哉? 兄弟之际,异于他人,望深④则易怨,地亲则易弭⑤。譬犹居室,一穴则塞之,一隙则涂之,则无颓毁之虑;如雀鼠之不恤⑥,风雨之不防,壁陷楹⑦沦,无可救矣。仆妾之为雀鼠,妻子之为风雨,甚哉!

【注释】

　　①殁:死亡。

　　②响:回声。

　　③先人之遗体:先人,指死去的父母;遗体,所敬重的人的尸体。此处的"先人之遗体",不可解释为父母躯体,而是指兄弟躯体,因为兄弟都是从父母身上分离出来的。

　　④望深:要求过高。

　　⑤地:居住。此处有"相处"之意。亲:亲近。弭:消除,停止。此处指解除隔阂,停止纠纷。

　　⑥恤:忧虑。

　　⑦楹:厅堂前部的柱子。

【译文】

　　父母死后,兄弟间互相照顾,应当如同身体和它的影子、音响和它的回声那样密切。互相爱护先辈所给予的躯体,互相珍惜从父母那儿分得的血气,不是兄弟又有谁会这样互相爱怜呢? 兄弟之间的关系与别人不一样,相互期望过高就容易产生不满,而接触密切,不满也容易得到消除。就像一间居室,有一个洞就立刻堵上,有一条缝隙就马上涂盖,就不可能有倒塌的忧虑了。如果对鸟雀老鼠的危害不放在心上,对风雨的侵蚀不加以提防,就会致使墙壁倒塌,楹柱摧折,没法补救了。仆妾比起鸟雀老鼠,妻子比起风雨,其危害更甚。

【原文】

兄弟不睦,则子侄不爱;子侄不爱,则群从①疏薄;群从疏薄,则僮仆为仇敌矣。如此,则行路皆踏其面而蹈其心②,谁救之哉?人或交天下之士,皆有欢爱,而失敬于兄者,何其能多而不能少也③!人或将数万之师,得其死力,而失恩于弟者,何其能疏而不能亲也④!

【注释】

①群从:指堂兄弟及其子侄。

②踏(jí):践踏。蹈:踏,踩。

③能多:指"交天下之爱皆有欢爱",天下之士为数多。不能少:指"失敬于兄",兄为数少。

④能疏:指"将数万之师得其死力",数万之师和己疏。不能亲:指"失恩于弟",弟和己亲。

【译文】

兄弟之间如果不能和睦,侄儿子之间就不能互相爱护;侄儿子之间如果不互相爱护,家庭中的子弟辈们就会关系疏薄;如果子弟辈们关系疏薄,那童仆之间就可能成为仇敌。这样,过往路人都可以任意欺辱他们,谁能够救助他们呢?有的人却能够结交天下之士,相互之间都能快乐友爱,而对自己的哥哥却缺乏敬意,为什么对多数人可以做到的,而对少数人却不行呢!有人能统领几万军队,使部属以死效力,而对自己的弟弟却缺乏恩爱,为什么对关系疏远的人能够做到的,对关系亲密的人却是不行呢!

【原文】

娣姒者,多争之地也,使骨肉居之①,亦不若各归四海,感霜露而相思②,伫日月之相望③也。况以行路之人,处多争之地,能无间④者,鲜⑤矣。所以然者,以其当公务而执私情⑥,处重责而怀薄义也;若能恕⑦己而行,换子而抚,则此患不生矣。

【注释】

①骨肉居之:此指亲姊妹成为妯娌。

②感霜露而相思:感叹霜露的出现还能触发彼此的思念之情。

③仁日月之相望:日月各处一方,总会等到相望之时。

④间:隔阂,疏远。

⑤鲜:少。

⑥当公务:这全指为兄弟同居的大家庭办事。执私情:指妯娌各为自己的小家室打算。

⑦恕:宽恕,原谅。

【译文】

妯娌之间,容易产生纠纷,即使是同胞姊妹,让她们成为妯娌住在一起,也不如让她们远嫁各地,这样,她们反而会因感受霜露的降临而相互思念,仰观日月的运行而彼此遥相盼望。何况妯娌本来就是陌路之人,处在容易闹纠纷的环境里,彼此之间能够不产生嫌隙的,就非常少了。之所以能这样,主要是因为大家面对家庭中的集体事务时却出以私情,肩负重大的家庭责任却心怀个人的区区恩义。如果她们都能够本着仁爱之心行事,把别人的孩子当成自己的孩子那样加以爱抚,则这种弊端就不会产生了。

【原文】

人之事兄,不可同于事父,何怨爱弟不及爱子①乎?是反照而不明也。沛国②刘瓛,尝与兄瓛连栋隔壁③,瓛呼之数声不应,良久方答;瓛怪问之,乃曰:“向来④未着衣帽故也。”以此事兄,可以免⑤矣。

【注释】

①怨爱弟不及爱子:指(弟弟)埋怨兄长爱弟弟不如爱他自己的儿子。

②沛国:古时国名。位于今安徽淮河以北、河南夏邑、江苏沛县一带。东汉时称沛国。

③刘瓛:字子圭,南齐沛郡相人。性至孝。笃志好学,博通五经,当世推为大儒。

④向来:刚才。

⑤免:避免。此处是消除隔阂之意。

【译文】

有人不肯以对待父亲的态度来敬事兄长，又怎么能埋怨兄长对自己不如对自家孩子恩爱呢？以此反观就可看出自己缺乏自知之明。沛国的刘琎曾与哥哥刘瓛住房只隔着一层墙壁，有一次，刘瓛喊叫刘琎，连叫几声都没有答音，过了好长时间才听见他答应。刘瓛感到奇怪，问他原因，他说："因为刚才还没有穿戴好衣帽。"以这样的态度敬事兄长，就可以消除隔阂了。

【评析】

《兄弟》篇主要是谈论家庭成员间的相处问题，认为兄弟之情是除父母、子女之外最为深厚的一种感情，而在男权为主的社会里，兄弟之间的相亲相爱对于整个家族的团结、和睦、治理、稳定是十分重要的。作者根据自己的见闻，同时还论述了影响兄弟友谊的一些不利因素，并提出了防范的办法。

后娶第四

【原文】

吉甫，贤父也，伯奇，孝子也，以贤父御①孝子，合得终于天性，而后妻间之，伯奇遂放。曾参②妇死，谓其子曰："吾不及吉甫，汝不及伯奇。"王骏③丧妻，亦谓人曰："我不及曾参，子不如华、元④。"并终身不娶，此等足以为诫。其后，假继惨虐孤遗⑤，离间骨肉⑥，伤心断肠者，何可胜数。慎之哉！慎之哉！

【注释】

①御：(上对下)治理。此处是管教或教诲之意。

②曾参(前505—前436)：即曾子，名参，字子舆，春秋末年鲁国南武城(位于今山东费县)人。孔子的学生。以孝著称。

③王骏：西汉成帝时大臣。

④华、元：即曾华、曾元。曾参的两个儿子。

⑤假继：继母。孤遗：前妻留下的孩子，因已失去生母，故亦称"孤"。

⑥离间骨肉：此处指后母挑拨前妻之子与其生父发生矛盾和争执。

【译文】

吉甫是一位贤明的父亲,伯奇是一位孝顺的儿子,让贤明的父亲来教导孝顺的儿子,应该能够称心如意吧。但吉甫的后妻从中进行挑拨,伯奇就被父亲放逐了。曾参的妻子死后,他拒绝再续娶,并对儿子说:"我不如吉甫贤明,你们也赶不上伯奇孝顺。"王骏在妻子死后,也对别人说了相同的理由:"我不如曾参,我的孩子也不如曾华、曾元。"他们都终身不再另娶。这些事例都足以为诚。在曾参、王骏他们之后,继母残酷虐待前妻的孩子,离间父子骨肉的关系,令人伤心断肠的事,不可胜数,因此对娶后妻的事,要特别慎重啊! 慎重啊!

【原文】

江左①不讳庶孽,丧室之后,多以妾媵②终家事;疥癣蚊虻,或未能免,限以大分,故稀斗阋之耻。河北鄙于侧出③,不预人流,是以必须重娶,至于三四,母年有少于子者。后母之弟与前妇之兄④,衣服饮食,爱及婚宦,至于士庶贵贱之隔,俗以为常。身没⑤之后,辞讼盈公门,谤辱彰⑥道路,子诬母为妾,弟黜⑦兄为佣,播扬先人之辞迹,暴露祖考之长短⑧,以求直己者,往往而有。悲夫! 自古奸臣佞⑨妾,以一言陷人者众矣! 况夫妇之义,晓夕移⑩之,婢仆求容,助相说引,积年累月,安有孝子乎? 此不可不畏。

【注释】

①江左:江东。指长江在芜湖以下的南岸地区,长江在此为东北流向,旧时地理上东为左,西为右,因此称江左。此处也是东晋及南朝时期的根据地。

②妾媵(yìng):旧时诸侯之女出嫁,从嫁的妹妹和侄女叫"妾媵"。后来广义地称正妻以外的婢妾为"妾媵"。

③侧出:此处指婢妾所生子女。

④后母之弟:后母生之子,对前母生之子来说就是弟弟。前妇之兄:前母所生之子,对后母所生之子来说是兄。

⑤没:同"殁"。死亡。

⑥彰:显扬,公开。

⑦黜:贬斥。

⑧长短:是非,好坏。

⑨佞(nìng):用花言巧语谄媚他人。

⑩移:改变,变化。

【译文】

　　江东一带,不顾忌妾媵所生的孩子,正妻死后,大多是以妾媵主持家事。这样,小的摩擦,或许不能避免,但限于妾媵的身份地位,也能很少发生兄弟内讧那种耻辱的事。在河北一带,瞧不起妾媵所生的孩子,不让他们平等参与各种家庭或社会事务,这样,在妻子死去以后,就一定要再娶一位,甚至娶三四次,以致后母的年龄比前妻的儿子还小。后妻所生的儿子,与前妻所生的儿子,他们的衣服饮食,一直到婚配做官,竟然有像士庶贵贱那样的区别,而当地习俗认为这是很正常的。这样的家庭,在父亲死后,往往打官司会挤破衙门,诽谤辱骂之声路上都能听得到。前妻之子诬蔑后母是小老婆,后母之子贬斥前妻之子当佣仆,他们四处传扬先辈的隐私,暴露祖宗的长短,以此来证明自己的正直,这种人时时出现。可悲啊!自古到今的奸臣佞妾,用一句话就害了别人的太多了!何况凭夫妇的情义,早晚会改变男人的心意,婢女男仆为讨得主人欢心,帮着劝说引诱,积年累月,怎么还可能有孝子?这不能不让人恐惧。

【原文】

　　凡庸之性①,后夫多宠前夫之孤,后妻必虐前妻之子;非唯妇人怀嫉妒之情,丈夫有沉惑②之僻,亦事势使之然也。前夫之孤,不敢与我子争家,提携鞠养,积习生爱,故宠之;前妻之子,每居己生之上,宦③学婚嫁,莫不为防焉,故虐之。异姓④宠则父母被怨,继亲⑤虐则兄弟为仇,家有此者,皆门户⑥之祸也。

【注释】

　　①庸:此处指平常人或普通人。性:习性,品性。
　　②沉惑:沉迷,迷惑。
　　③宦:旧时指做官。
　　④异姓:此处指前夫之子。
　　⑤继亲:继母,后母。
　　⑥门户:家门,家庭。

【译文】

　　常人的秉性,后夫大多宠爱前夫留下的孩子,后妻则必定虐待前妻丢下的骨肉。并不是只有妇人才会心怀嫉妒之情,男人才有一味溺爱的毛病,这也是事物的情势令他们这样。前夫的孩子,不敢与自己的孩子争夺家业,而从小照顾抚养他,日积月累就能够产生爱心,因此就宠爱他;前妻的孩子,地位往往在自己孩子之上,读书做官,男婚女嫁,没有一样不要提防,因此说要虐待他。但异姓的孩子被宠爱,父母就会遭到怨恨,后母虐待前妻的孩子,兄弟之间就会变成仇人,如果哪家有这种事,都是家庭的祸害啊!

【评析】

在《后娶》篇中,作者引用了大量的事例说明对待妻子死亡后续弦一事要慎之又慎。通常的经验是后娶的妻子常常同前妻的孩子因感情、财产等问题产生矛盾冲突,冲突的结果便是骨肉的分离,严重的则是家庭的再次破碎,这是令人非常痛心的事情。

治家第五

【原文】

夫风化①者,自上而行于下者也,自先而施于后者也。是以②父不慈则子不孝,兄不友③则弟不恭,夫不义则妇不顺矣。父慈而子逆,兄友而弟傲,夫义而妇陵④,则天之凶民,乃刑戮之所摄⑤,非训导之所移⑥也。

【注释】

①风化:风俗,教化。

②是以:因此。"是",前置宾语,即"以是"。

③友:友爱,亲近。

④陵:通"凌",欺侮。

⑤摄:通"慑",使人畏惧。

⑥移:改变。

【译文】

教育感化的事,是从上向下推行延续,前人影响后人。所以,父亲不慈爱,子女就不可能孝顺;哥哥不友爱,弟弟就不可能恭敬;丈夫不仁义,妻子就不可能和顺。父亲慈爱而子女忤逆,哥哥友爱而弟弟倨傲,丈夫仁义而妻子凶悍,那便是天生的凶民,只有靠刑罚杀戮来让他们畏惧,而不是靠训导能够加以改变的。

【原文】

笞怒废于家,则竖子之过立见①;刑罚不中,则民无所措手足②。治家之宽猛,亦犹国焉。

【注释】

①竖子:童仆。也用作对人的蔑称,可译为"小子"。过:错误,过失。见:出现。

②刑罚不中,则民无所措手足:意思是刑罚不能恰如其分,老百姓就会不知如何行为才好。中:合适,确当。措:安放。

【译文】

家庭内部取消体罚,孩子们的过失立刻就会出现;刑罚施用不当,老百姓就不知如何是好。治家的宽严、标准也与治国一样。

【原文】

孔子曰:"奢则不孙①,俭则固②;与其不孙也,宁固。"又云:"如有周公③之才之美,使骄且吝,其余不足④观也已。"然则可俭而不可吝已。俭者,省约为礼之谓也;吝者,穷急不恤之谓也。今有施则奢,俭则吝;如能施而不奢,俭而不吝,可矣。

【注释】

①孙:同"逊",恭顺。

②固:鄙陋。

③周公:姓姬,名旦,亦称叔旦,周文王姬昌的第四个儿子。因封地在周(今陕西岐山北),故称周公或周公旦。是西周初期杰出的政治家、军事家和思想家,被尊为儒学奠基人,孔子一生最崇敬的古代圣人之一。

④足:足以,值得。

【译文】

孔子说:"奢侈就显得不恭顺,俭朴就显得鄙陋;与其不恭顺,宁可鄙陋。"孔子又说:"假如有一个人有周公那样好的才能,但只要他既骄傲又吝啬,那其他方面也是不足道的。"如其这么说来就应该节俭而不应该吝啬了。节俭,即是减省节约以合乎礼数;吝啬,即是对穷困急难的人也不救济。现在愿意施舍的却也奢侈,能节俭的却又吝啬,例如能做到肯施舍而不奢侈,能节俭而不吝啬,那就可以了。

【原文】

生民①之本,要当稼穑而食②,桑麻③以衣。蔬果之畜④,园场之所产;鸡豚⑤之善,埘⑥圈之所生。爰及栋宇器械⑦,樵苏脂烛⑧,莫非种殖之物也⑨。至能守其业者,闭门而为生之具⑩以足,但家无盐井⑪耳。今北土风俗,率能躬俭节用,以赡⑫衣食;江南⑬奢侈,多不逮焉。

【注释】

①生民:人民。

②稼穑而食:种植五谷以获取食物。稼:播种谷物;穑:收获谷物。

③桑麻:指农事。

④畜:同"蓄",积聚,储藏。

⑤豚:本指小猪,此处泛指猪。

⑥埘(shí):墙壁上挖洞做成的鸡窠。

⑦栋宇:房屋。器械:泛指用具。

⑧樵苏:打柴割草以充燃料,此处指充当燃料用的柴草。脂烛:用油脂做的蜡烛。

⑨莫非:无不是。殖:通"植"。

⑩为生之具:维持生活的必需品。

⑪盐井:产盐的井。此处是说家里不能产盐。

⑫赡:供给。

⑬江南:泛指长江以南。和"江左"一词常互用。

【译文】

人民生活的根本,就是要靠春种秋收来获取食物,种桑纺麻得到衣服。蔬菜水果的聚积,是靠果园菜圃里出产;鸡肉猪肉等美味,是靠鸡窝猪圈里产生。直到房屋器用、柴草脂烛,无不是耕种养殖的产物。那些最善于管理家类的人,不出门而各种维持生计的物品已经充足了,只不过家里还缺少一口产盐的井罢了。现在北方地区的风俗,一般能做到减省节约,以保障衣食之用;江南地区风气奢侈,在节俭持家方面大多不如北方。

【原文】

梁孝元①世,有中书舍人,治家失度,而过严刻②,妻妾遂共货③刺客,伺醉而杀之。

【注释】

①梁孝元:即梁元帝萧绎。

②严刻:严厉苛刻。

③货:贿赂。

【译文】

梁朝孝元帝的时候,有位中书舍人,治家缺乏一定的法度,待家人过于严厉苛刻。妻妾就共同买通刺客,乘他喝醉时杀了他。

【原文】

世间名士①,但务②宽仁;至于饮食饷馈,僮仆减损,施惠然诺③,妻子节量④,狎侮宾客,侵耗⑤乡党⑥:此亦为家之巨蠹⑦矣。

【注释】

①名士:旧时指以学术诗文等著称的知名士人。

②务:追求,讲究。

③然诺:应允诺言。

④节量:节制数量。

⑤侵耗:侵吞克扣。

⑥乡党:泛指乡里。

⑦蠹(dù):蛀虫。这里指危害家庭的人或事。

【译文】

世上的一些名士,只知道讲究宽厚仁慈,以致款待客人馈赠的食品,被童仆减损,承诺接济亲友的东西,由妻子把持控制,甚至发生狎弄侮辱宾客,侵吞克扣扰乱乡里的事,这也是家里的一大弊害。

【原文】

齐吏部侍郎房文烈,未尝嗔怒,经霖雨绝粮,遣婢籴①米,因尔逃窜,三四许②日,方复擒之。房徐③曰:"举家④无食,汝何处来?"竟无捶挞。尝寄⑤人宅,奴婢彻⑥屋为薪略⑦尽,闻之颦蹙⑧,卒无一言。

【注释】

①籴(dí)：买。

②许：左右。

③徐：慢，缓。

④举家：全家。

⑤寄：借。

⑥彻：通"撤"，拆毁。

⑦略：大略，大概。

⑧颦蹙(pín cù)：皱眉蹙额，不高兴的样子。

【译文】

　　齐朝的吏部侍郎房文烈，从来都不生气发怒，一次由于连续几天降雨家中断了粮食，房文烈派一名婢女出去买米，婢女乘机逃跑了，过了三四天，才把她抓住。房文烈只是语气平和地对她说："一家人都没吃的了，你跑哪里去啦？"竟然没有痛打她。房文烈曾经把房子借给别人居住，奴婢们把房子拆了当柴烧，差不多都要拆光了，他听到后皱了皱眉头，但始终没说一句话。

【原文】

　　太公①曰："养女太多，一费也。"陈蕃②曰："盗③不过五女之门。"女之为累，亦以深矣。然天生蒸④民，先人传体，其如之何⑤？世人多不举女，贼行⑥骨肉，岂当如此，而望福于天乎？吾有疏亲，家饶妓媵，诞育将及，便遣阍竖⑦守之。体有不安，窥窗倚户，若生女者，辄⑧持将去；母随号泣，使人不忍闻也。

颜氏家训·孔子家语

21

【注释】

①太公：姜太公。西周开国名臣。

②陈蕃：汉代人。字仲举，汝南平舆（今河南平舆县）人，祖上曾为河东太守。

③盗：盗窃的人。

④蒸：众多。

⑤如之何：如……何，把……怎么样。

⑥贼行：残害。

⑦阍(hūn)竖：守门的童仆。

⑧辄：就。

【译文】

姜太公说:"女儿养得太多,实为一种耗费。"陈蕃说:"盗贼也不光顾有五个女儿的家庭。"女儿带来的拖累,也太深重了。但天生众民,先辈传下的骨肉,你拿她怎么办呢?一般人通常都不愿抚养女儿,生下的亲骨肉对其也要加以残害,难道这样做,还期望老天赐福给你吗?我有一个远亲,家中多有姬妾,有谁产期快要到的时候,就派看门人去监守。一旦产妇身体不安,就从门窗往里窥视,如果生下的是女孩,就立即抱走;母亲随之号啕大哭,真让人不忍心听下去。

【原文】

妇人之性,率宠子婿而虐儿妇①。宠婿,则兄弟②之怨生焉;虐妇,则姊妹③之谗行焉。然则女之行留④,皆得罪于其家者,母实为之。至有谚云:"落索阿姑餐⑤。"此其相报也。家之常弊,可不诫哉!

【注释】

①率:通常。子婿:女婿。
②兄弟:此处指女儿的兄弟。
③姊妹:此处指儿子的姊妹。
④行:此处指女儿出嫁。留:这里指娶进儿媳妇。
⑤落索阿姑餐:意思是婆婆吃顿饭都要受到冷落。落索,冷落萧索。阿姑,指婆婆。

【译文】

女人的秉性,多为宠爱女婿而虐待儿媳。宠爱女婿,则儿子的不满就由此而产生;虐待儿媳,则女儿的谗言就随之而至。那么不论是嫁女儿还是娶儿媳,都要得罪家人,这实在是当母亲的造成的。以致有谚语说:"阿姑吃饭好冷清。"这是对她的报应啊。这是家庭中经常出现的弊端,能不警戒吗!

【原文】

婚姻素对①,靖侯②成规。近世嫁娶,遂有卖女纳财③,买妇输绢④,比量⑤父祖,计较锱铢⑥,责⑦多还少,市井⑧无异。或猥⑨婿在门,或傲妇擅⑩室,贪荣求利,反招羞耻,可不慎欤?

【注释】

①对：对当。指婚姻"门当户对"的"对"。

②靖侯：颜之推的九世祖颜含死后加封的称号。颜含，字宏都，东晋人。

③卖女纳财：在嫁女时收受财礼，就等于出卖女儿。

④买妇输绢：在娶儿媳妇时向女方送厚礼，就等于买进媳妇。

⑤比量：比较。

⑥锱铢：锱、铢都是旧时很小的重量单位。比喻极微小的数量。

⑦责：责求，索取。

⑧市井：旧时指做买卖的地方。此处是做买卖。

⑨猥：卑下，猥琐。

⑩擅：独揽。

【译文】

　　男女婚配要挑选对当，这是先祖靖侯立下的规矩。近来嫁女儿娶媳妇，竟然有卖女儿捞钱财，用财礼买媳妇的。为子女选择配偶时，比较算计对方父辈祖辈的权势地位，斤斤计较对方财礼的多寡；女方要求得多，男方应允得少，与商人没有什么差别。结果，招的女婿猥琐卑贱，娶来媳妇凶悍擅权。他们贪荣求利，反而招来羞耻，对此能够不慎重吗？

【原文】

　　吾家巫觋①祷请，绝于言议；符书章醮②，亦无祈焉，并汝曹所见也。勿为妖妄之费。

【注释】

①巫觋(xí)：旧时称女巫为巫，男巫为觋，合称"巫觋"。

②符书：道士用墨笔或朱笔在纸上画的用于驱使鬼神、治病延年的符，纯属骗人的迷信活动。章醮："醮"本是一种祷神的祭礼，后来僧道称给天曹上奏章作祈祷的活动为"章醮"。

【译文】

　　我家从来不提请巫婆神汉求鬼神消灾赐福的事，也不祈求道士用符书章醮弄法，这些都是你们看到的。可不能为这类妖妄之事破费。

【评析】

《治家》篇主要探讨了治家的一些基本理论和方法,并对此作了一些总结。作者站在历史的角度,通过考察研究认为:治理家庭必须自上而下,也就是说父母在子女面前必须率先垂范,做出榜样。另外,对于家庭的治理要做到勤俭,对子女的教育要宽严适度,要有仁慈宽厚之心。子女的婚嫁影响到他们的一生,父母更要有正确的态度和立场,不可贪荣求利而毁了他们的幸福。同时作者还特别强调:治家要从小事做起,不能有一丝一毫的马虎。

卷　二

风操第六

【原文】

吾观《礼经》①,圣人②之教:箕帚匕箸③,咳唾唯诺,执烛沃盥,皆有节文④,亦为至矣。但既残缺,非复全书;其有所不载,及世事变改者,学达君子,自为节度⑤,相承行之,故世号士大夫风操⑥。而家门⑦颇有不同,所见互称长短;然其阡陌⑧,亦自可知。昔在江南,目能视而见之,耳能听而闻之;蓬生麻中⑨,不劳翰墨。汝曹生于戎马之间,视听之所不晓,故聊记录,以传示子孙。

【注释】

①《礼经》:本指《仪礼》,也称《士礼》。因此处下文所言均为《礼记》"曲礼"和"内则"上的语意,故当指《礼记》。

②圣人:道德智能极高的人。

③匕箸:勺、匙、筷子之类的取食用具。

④节文:节制修饰。

⑤节度:调度,权衡。

⑥风操:风度节操。

⑦家门:家庭。

⑧阡陌:本指田间纵横交错的小路。此处是途经的意思。

⑨蓬生麻中:语出《荀子·劝学》,此处比喻人受环境的影响。

【译文】

我看那《礼经》,上面有圣人的教诲:为长辈清扫秽物时应该怎样使用撮箕扫帚,进餐时应该怎样选择匙子、筷子,在父亲公婆面前应该持怎样一种行为姿态,酒席宴会上应该有些什么规矩,服侍长辈洗手又应该怎么进行,都有一定的节制规范,说得也特别周详。但这部书已经残缺,不再是全本;有些礼仪规范,书上也没有记载,有些则需根据世事的变化作相应调整,博学通达的君子,自己去权衡度量,递相承受而推行之,因此人们就把这些礼仪规范称为士大夫风操。然而各个家庭自有不同,对所见到的礼仪规范看法不同,但它们的大致路径还是清楚的。我过去途经江南的时候,对这些礼仪规范耳闻目睹,早已深受其熏染,就如同蓬蒿生长在麻之中,不用规范也长得很直一样。你们生长在战乱年代,对这些礼仪规范当然是看不见也听不到的,因此我姑且把它们记录下来,以此传示子孙后代。

【原文】

《礼》曰:"见似目瞿,闻名心瞿①。"有所感触,恻怆心眼;若在从容平常②之地,幸须申其情耳。必不可避,亦当忍之;犹如伯叔兄弟,酷类先人,可得终身肠断,与之绝耶? 又:"临文不讳,庙中不讳,君所无私讳③。"益知闻名,须有消息,不必期于颠沛而走也④。梁世谢举,甚有声誉,闻讳必哭,为世所讥。又有臧逢世,臧严⑤之子也,笃学修行,不坠门风;孝元经牧⑥江州,遣往建昌督事,郡县民庶⑦,竞修笺书,朝夕辐辏,几案盈积,书有称"严寒"者,必对之流涕⑧,不省取记,多废公事,物情⑨怨骇,竟以不办而还。此并过事也。

【注释】

①见似目瞿,闻名心瞿:这两句出自《礼记·杂记》。意谓,看到容貌与父母相似的人就目惊,听到和父母相同的名字就心惊。

②从容平常:正常情况。

③临文不讳庙中不讳,晋所无私讳:意思是说,做文章时用到本应避讳的字可以不避讳;在宗庙里祭祀时,祭祀者(指小辈)可以称被祭者的名字而不必避讳;在君主面前

不应避自己父祖的名讳。

④期:一定要。颠沛:倾跌,脚步忙乱不稳。此处用来形容闻先人名讳后立即趋避的狼狈相。

⑤臧严:字彦威。梁朝文士。幼有孝性,孤贫勤学,行止书卷不离手。

⑥经牧:经略治理。也就是任刺史。

⑦民庶:民众。

⑧书有称"严寒"者,必对之流涕:臧逢世因父名为"严",因此见到写有"严寒"二字的书信就对着流泪。

⑨物情:即人情。

【译文】

《礼记》上说:"看见与过世父母相似的容貌,听到与过世父母相同的名字,都会心跳不安。"这主要是因为有所感触,而引发了内心的哀痛。如果在气氛和谐的地方发生这类事,可以把这种感情表达出来。遇到实在无法回避的,也应该忍一忍。就比如自己的叔伯兄弟,相貌有酷似过世父母的,难道你能因此而一辈子伤心断肠,同他们绝交吗?《礼记》上还说过:"写文章时不用避讳,在宗庙祭祀不用避讳,在国君面前不避私讳。"这就让我们进一步懂得了在听到先人的名字时,应该先斟酌一下自己应当采取的态度,不一定非得立马窘迫趋避不可。梁朝的谢举,他很有声誉,但听到别人称先父母的名字就要哭,引得世人对他讥笑。还有一位臧逢世,是臧严的儿子,其人特别爱好学习,修养品行,不失书宦人家的门风。梁元帝任江州刺史时,派他到建昌督促公事,当地黎民百姓纷纷写信来函,信函集中到官署,堆得案桌满满的。这位臧逢世在处理公务时,凡见信函中出现"严寒"一类字样,必然对之掉泪,不再察看回复,所以经常耽误公事。人们对此既不满又感到诧异,他最终因不会办事被召回。以上所举都是些避讳不当的例子。

【原文】

近在扬都①,有一士人讳审,而与沈氏交结周厚,沈与其书,名而不姓②,此非人情也。

【注释】

①扬都:东晋、南朝的京城建康,旧名建邺,即今江苏南京市。因系扬州治所,所以称"扬都"。

②名而不姓：署上名而不写姓。因为其人姓沈，"沈"与"审"同音，写上"沈"字就犯了对方的讳。

【译文】

最近在扬都，有位读书人忌讳"审"字，他与一位姓沈的士人交情很深厚，姓沈的给他写信，落名时只写名而不写姓，这就不近人情了。

【原文】

凡避讳者，皆须得其同训①以代换之：桓公②名白，博③有五皓之称；厉王④名长，琴有修短之目。不闻谓布帛为布皓，呼肾肠为肾修也。梁武⑤小名阿练，子孙皆呼练为绢；乃谓销炼物为销绢物，恐乖⑥其义。或有讳云者，呼纷纭为纷烟；有讳桐者，呼梧桐树为白铁树，便似戏笑耳。

【注释】

①同训：指意思相同或相近的词。训，指词义解释。

②桓公：即齐桓公（？—前643）。春秋时齐国国君。姜姓，名小白。公元前685—前643年在位。即位后，任用管仲进行改革，国力富强；"尊王攘夷"，借以发展自己的势力，成为春秋时第一个霸主。

③博：博戏，旧时一种棋局。

④厉王：即淮南王刘长（前198—前174）。汉高祖少子。高祖十一年（前196）封。文帝即位后，骄横不法，因阴谋叛乱被拘，贬谪于途中不食而死。

⑤梁武：即梁武帝萧衍（464—549），字叔达，南兰陵（在今江苏常州西北）人。南朝梁的建立者。公元502—549年在位。此前曾任齐朝雍州刺史，镇守襄阳。乘齐内乱，起兵夺取帝位。信奉佛教。长于文学，精乐律，善书法。

⑥乖：违背。

【译文】

现在凡是要避讳的字，都得用它的同义词来替换：齐桓公名叫小白，所以五白这种博戏就有了"五皓"这个称呼；淮南厉王名长，所以"人性各有长短"就说成"人性各有修短"。但还没有听说过把布帛叫作布皓，把肾肠叫作肾修的。梁武帝的小名叫阿练，因此他的子孙都把练称作绢，然而把销炼物称为销绢物，恐怕就有悖于这个词的含义了。还有那忌讳云字的人，把纷纭称作纷烟；忌讳桐字的人，把梧桐树叫作白铁树，就像在开玩笑了。

【原文】

今人避讳,更急于古。凡名子者,当为孙地①。吾亲识②中有讳襄、讳友、讳同、讳清、讳和、讳禹,交疏造次③,一座百犯,闻者辛苦,无僇赖焉。

【注释】

①凡名子者,当为孙地:为儿子取名字时,要为孙子辈着想。意思是不要让孙子为父亲名讳为难。

②亲识:即亲友。六朝人习惯用语。

③交疏:指相交疏远的人。造次:仓促,急遽。

【译文】

现在的人避讳,比古人更为严格。那些为儿子取名字的人,应该为他们的孙子留点余地。我的亲属朋友中有讳"襄"字的、讳"友"字的、讳"同"字的、讳"清"字的、讳"和"字的、讳"禹"字的。大家凑在一起时,交往比较疏远的人一时仓促,讲出话来总是难免冒犯众人,听话的人感到伤心,让人无所适从。

【原文】

昔司马长卿慕蔺相如①,故名相如,顾元叹②慕蔡邕,故名雍,而后汉有朱伥③字孙卿,许暹字颜回,梁世有庾晏婴、祖孙登,连古人姓为名字,亦鄙事也。

【注释】

①蔺相如:战国时期赵国大臣。因完璧归赵和渑池相会之功,被赵王任为上卿。对同朝大臣廉颇容忍谦让,使其愧悟,成为团结御侮的知交。

②顾元叹:顾雍(168—243),字元叹,三国吴郡吴县(今属江苏)人。出身江南士族。初为合肥长。孙权称帝后,被任命为丞相,在吴国执政达十九年。

③朱伥:字孙卿,东汉寿春人。官至公卿。原文为"朱张",据《后汉书·顺帝纪》注,此人为"朱伥"。

【译文】

从前司马长卿钦慕蔺相如,因此就改名为相如,顾元叹钦慕蔡邕,因此就取名为雍,而后汉有朱伥字孙卿,许暹字颜回,梁朝有庾晏婴、祖孙登,这些人把古人姓名都作为自己的名字,也太鄙陋了。

【原文】

昔侯霸①之子孙,称其祖父曰家公;陈思王②称其父为家父,母为家母;潘尼③称其祖曰家祖:古人之所行,今人之所笑也。今南北风俗,言其祖及二亲,无云"家"者;田里猥人④,方有此言耳。凡与人言,言已世父⑤,以次第⑥称之,不云家者,以尊于父,不敢家也。凡言姑、姊妹、女子子⑦:已嫁,则以夫氏称之;在室⑧,则以次第称之。言礼成他族,不得云家也。子孙不得称家者,轻略⑨之也。蔡邕书集,呼其姑姊为家姑、家姊;班固⑩书集,亦云家孙;今并不行也。

【注释】

①侯霸(?—37):字君房,东汉河南密县(今属河南)人。汉初为尚书令。他熟知旧制,收录遗文,条奏前代法令制度,多被采行。后为大司徒,封关内侯。

②陈思王:三国曹魏诗人曹植(192—232),字子建,谯(今安徽亳州)人。曹操之子。封陈王,死后谥"思",人称陈思王。有《曹子建集》。

③潘尼(约250—约331):西晋文学家。字正叔,荥阳中牟(今属河南)人。官至太常卿。与叔父潘岳以文学齐名,世称"两潘"。有《潘太常集》。

④田里:指农村里。猥人:鄙俗之人。

⑤世父:伯父。

⑥次第:排行。

⑦女子子:女性孩子,女儿。

⑧在室:指女子未出嫁。

⑨轻略:轻视忽略。

⑩班固(32—92):东汉史学家、文学家。字孟坚,扶风安陵(今陕西咸阳东北)人。《汉书》的撰写者。善于作赋,有《两都赋》等存世。又著有《白虎通义》。

【译文】

先前侯霸的子孙称其祖的父亲叫家公;曹植称他的父亲叫家父,母亲叫家母;潘尼称他的祖父叫家祖。旧时的人就是这种称呼法,在今天的人看来就为笑柄了。现在南北各地风俗,提到祖父母及双亲,没有冠之以"家"的;只有山村野夫,才会这样称呼。凡是与别人谈话,涉及自己的伯父,就按父辈排行的次序称呼。不冠以"家"字的原因,

是因为伯父尊于父亲,所以不敢称"家"。凡是说到自己的姑表姊妹,已经出嫁的,就以她丈夫的姓氏来称呼她;还未出嫁的,就按兄弟姊妹的排行次序来称呼她。因为女子嫁给婆家,不能称"家"。对于子孙不可称"家"的原因,是为了表示对他们的轻视。蔡邕的书集中,称他的姑、姊为家姑、家姊;班固的书集中,也说到家孙;现在都不用这种称呼了。

【原文】

凡与人言,称彼祖父母、世父母、父母及长姑,皆加尊字,自叔父母已下,则加贤字,尊卑之差也。王羲之书①,称彼之母与自称己母同,不云尊字,今所非也。

【注释】

①王羲之(321—379,一作303—361):东晋书法家。字逸少,琅邪临沂(今属山东)人。出身贵族。官至右军将军、会稽内史,人称"王右军"。工书法,为历代学书者所宗尚。书迹刻本甚多。书:书信。

【译文】

凡与人讲话,提到对方的祖父母、伯父母、父母及长姑,都应在称呼前面加"尊"字,从叔父母以下,则在称呼前面加"贤"字,这是为了表示尊卑区别。王羲之的书信,称呼别人的母亲和称呼自己的母亲时都一样,前面不另加尊字,今人认为不该这样。

【原文】

昔者,王侯自称孤、寡、不榖①,自兹以降,虽孔子圣师,与门人②言皆称名也。后虽有臣仆之称,行者盖亦寡焉。江南轻重③,各有谓号④,具诸《书仪》⑤;北人多称名者,乃古之遗风,吾善其称名焉。

【注释】

①不榖(gǔ):古代王侯自称的谦词。

②门人:弟子,学生。

③轻重:此处指地位高低。

④谓号:称号,别名。

⑤《书仪》:指当时将记述礼节的书。《隋书·经籍志》里收录了蔡超、谢元、王宏、唐瑾等人撰写的书仪,后均失传。

【译文】

过去,王公诸侯都自称孤、寡、不穀,从那以后,纵使是孔子那样的至圣先师,与弟子谈话时也都自称名字。后来虽然有人自称臣、仆,但这样做的人却是仍然不多。江南的人是不论地位高低,都各有称号,这均记载在《书仪》这种书中。北方人自称名字,这是古人的遗风,我赞成他们自称名字这样的做法。

【原文】

言及先人,理当感慕,古者之所易,今人之所难。江南人事不获已①,须言阀阅②,必以文翰,罕有面论者。北人无何③便尔话说,及相访问。如此之事,不可加于人也。人加诸己,则当避之。名位未高,如为勋贵所逼,隐忍方便④,速报取了;勿使烦重,感辱祖父。若没,言须及者,则敛容肃坐,称大门中,世父、叔父则称从兄弟门中,兄弟则称亡者子某门中,各以其尊卑轻重为容色之节,皆变于常。若与君言,虽变于色,犹云亡祖、亡伯、亡叔也。吾见名士,亦有呼其亡兄弟为兄子弟子门中者,亦未为安贴也。北土风俗,都不行此。太山羊侃⑤,梁初入南;吾近至邺,其兄子肃访侃委曲,吾答之云:"卿从门中在梁,如此如此。"肃曰:"是我亲第七亡叔,非从也。"祖孝徵在坐,先知江南风俗,乃谓之云:"贤从弟门中,何故不解?"

【注释】

①不获已:不得已,没办法。

②阀阅:亦作"伐阅"。本指功绩和资历。此处指家世。

③无何:无故,没有事由。

④隐忍方便,随机应变或见机行事之意。隐忍,勉力含忍,不露真情。方便,机会。

⑤太山:即"泰山"。郡名。楚、汉之际置郡,境内因有泰山而得名,治所位于博县(在今山东泰安东南),后移至奉高(位于今泰安东南)。羊侃:字祖忻,南朝梁甫人。少博学。自魏归梁,授徐州刺史,累迁都官尚书。性情豪侈,穷极奢靡。

【译文】

说到先人的名字,按道理应当产生哀念之情,这在古人是不难的,而今天的人却感到不那么容易。江南人除非事出不得已,否则,在与别人谈及家世的时候,一定是以书信往来,很少当面谈及的。北方人无缘无故想找别人聊天,就会到家相访,那么,像当面谈及家世这样的事,就不可施加给别人。如果别人把这样的事施加给你,你就应当设法回避。你们名声地位都不高,如果是被权贵所逼迫而必须谈及家世,你们可以隐

忍敷衍一下,尽快结束谈话;不要烦琐重复,以免有辱自家祖辈父辈。如果自己的长辈已经逝世,谈话中必须提到他们时,就应该表情严肃,端正坐姿,口称"大门中",对伯父、叔父则称"从兄弟门中",对已过世的兄弟,则称兄弟的儿子"某门中",并且要各自按照他们的尊卑轻重,来确定自己表情上应该掌握的分寸,与平时的表情要有所区别。如果是同国君谈话提及自己过去的长辈,虽然表情上也有所改变,但还是可以说"亡祖、亡伯、亡叔"等称谓。我看见一些名士,与国君谈话时,也有称他的亡兄、亡弟为兄之子"某门中"或弟之子"某门中"的,这是不够妥帖的。北方的风俗,就完全同这不一样。泰山的羊侃,是在梁朝初年到南方来的。我最近到邺城,他侄儿羊肃来访我,问及羊侃的具体情况,我答道:"您从门中在梁朝时,具体情况是这样的……"羊肃说:"他是我的亲第七亡叔,不是从。"祖孝徵当时也在坐,他早就知道江南的风俗,就对羊肃说:"就是指贤从弟门中,您怎么不了解?"

【原文】

古人皆呼伯父、叔父,而今世多单呼伯、叔。从父兄弟姊妹已孤,而对其前,呼其母为伯叔母,此不可避者也。兄弟之子已孤,与他人言,对孤者前,呼为兄子、弟子,颇为不忍;北土人多呼为侄。案《尔雅》《丧服经》《左传》①,侄虽名通男女,并是对姑之称。晋世已来,始呼叔侄;今呼为侄,于理为胜也。

【注释】

①案:考证。《尔雅》:我国最早解释词义的专著。由汉初学者缀缉周汉诸书旧文,递相增益而成。后升格为经,成为《十三经》之一。《丧服经》:即《仪礼》中的《丧服》篇。

【译文】

古时的人都称呼伯父、叔父,而现在多只单称伯、叔。叔伯兄弟、姊妹死去父亲后,在他们面前,称他们的母亲为伯母、叔母,这是没有办法回避的。兄弟的儿子死了父亲,你与别人谈话时,当着他们的面,称他们为兄之子或弟之子,颇不忍心;北方大多数称他们为侄。按:在《尔雅》《丧服经》《左传》诸书中,侄这个称呼虽然男女都可以用,但都是对姑而言。从晋代开始,才称叔侄。现在统称为侄,从道理上说是恰当的。

【原文】

凡亲属名称,皆须粉墨①,不可滥也。无风教②者,其父已孤,呼外祖父母与祖父母同,使人为其不喜闻也。虽质于面,皆当加外以别之;父母之世叔父,皆当加其次第以别之;父母之世叔母,皆当加其姓以别之;父母之群从世叔父母及从祖父母,皆当加其爵位若姓以别之。河北士人,皆呼外祖父母为家公家母;江南田里间亦言之。以家代外,非吾所识。

【注释】

①粉墨:本指白、黑两种颜色。此处是区别之意。

②风教:风俗、教化。此处有教养之意。

【译文】

　　凡是亲属的名称,都应该有所区别,不能滥用。没有教养的人,在祖父祖母去世后,对外祖父外祖母的称呼与祖父祖母一个样,教人听了不顺耳。虽是当着外公外婆的面,在称呼上都应加"外"字以此表示区别;父母亲的伯父、叔父,都应该在称呼前加上排行顺序以此表示区别;父母亲的伯母、叔母,都应该在称呼前面加上她们的姓以此表示区别;父母亲的子侄辈的伯父、叔父、伯母、叔母以及他们的从祖父母,都应该在称呼前面加上他们的爵位和姓以此表示区别。河北的男子,都称外祖父、外祖母为家公、家母;江南的乡间也是这样称呼。用"家"字代替"外"字,这我就不明白了。

【原文】

　　凡宗亲世数①,有从父,有从祖,有族祖。江南风俗,自兹已往,高秩②者,通呼为尊,同昭穆③者,虽百世犹称兄弟;若对他人称之,皆云族人。河北士人,虽三二十世,犹呼为从伯从叔。梁武帝尝问一中土人曰:"卿北人,何故不知有族?"答云:"骨肉易疏,不忍言族耳。"当时虽为敏对,于礼未通。

【注释】

①宗亲:同母兄弟。此处引申为同宗亲属。世:父子一辈为一世。

②秩:官吏的俸禄。引申为官吏的职位或品级。

③同昭穆:这里指同一个祖宗。

【译文】

　　宗族亲属的世系辈数,有从父,有从祖,有族祖。江南的风俗,从此以往,对官职高的,通称为尊,同一个祖宗的,虽然隔了一百代,但照样称为兄弟;如果对外人介绍,则

都称作族人。河北地区的男子，虽然已隔二三十代，但照样称从伯从叔的。梁武帝曾经问一位中原人说："你是北方人，为什么不懂得有'族'这种称呼呢？"他回答说："骨肉的关系容易疏远，因此我不忍心用'族'来称呼。"这在当时虽然是一种机敏的回答，但从道理上讲却是不通的。

【原文】

古者，名以正体①，字以表德②，名终则讳之，字乃可以为孙氏③。孔子弟子记事者，皆称仲尼；吕后微时④，尝字高祖⑤为季；至汉爰种⑥，字其叔父曰丝⑦；王丹⑧与侯霸子语，字霸为君房；江南至今不讳字也。河北士人全不辨之，名亦呼为字，字固呼为字。尚书王元景⑨兄弟，皆号名人，其父名云，字罗汉，一皆讳之，其余不足怪也。

【注释】

①正体：表明自身。

②表德：表示德行。

③为孙氏：指用"字"作为孙辈的氏，如鲁国公子展之孙无骇卒，鲁隐公用公子展的"字"称无骇这一支为展氏。在当时，姓和氏是有区别的，自秦汉以后区别取消，均通称姓而不再称氏了。

④吕后：西汉高祖的皇后吕雉（前241—前180），字娥姁。其子（惠帝）即位，她掌实权。惠帝死后，临朝称制，并分封诸吕为王侯，共掌政十六年。微时：微贱而未富贵的时候。

⑤高祖：即汉高祖刘邦（前256—前195，一作前247—前195），字季，沛县（今属江苏）人。西汉王朝的建立者。公元前202—前195年在位。在位期间，继承秦制，实行中央集权；以秦律为根据，制定《汉律》九章。

⑥爰种：西汉大臣爰盎之侄。

⑦丝：即爰盎（？—前148），字丝。西汉大臣。

⑧王丹：字仲回，东汉京兆下笐（位于今陕西渭南东北）人。事王莽为大司空。封辅国侯。

⑨王元景：即王昕，字元景，北朝北齐人。与其弟王莽均好学有名望。

34

【译文】

从前,名是用以表明自身的,字是用以表示德行的,名在形体消亡后就应对之避讳,字却可以作为孙辈的氏。孔子的弟子在记录孔子的言行时,均称他为仲尼;吕后贫贱的时候,曾经称呼汉高祖刘邦的字叫季;到汉代的爰种,称呼他叔叔的字叫丝;王丹与侯霸的儿子谈话时,称呼侯霸的字叫君房;江南一直到今天不避讳称字。河北的士大夫们对名和字全都不加区别,名也称作字,字当然就称作字。尚书王元景兄弟俩,都被称作是名人,他俩的父亲名云,字罗汉,他俩对父亲的名和字全都加以避讳,其他的人讳字,就不足为怪了。

【原文】

《礼·间传》云:"斩缞①之哭,若往而不反②;齐缞之哭,若往而反;大功之哭,三曲而偯③;小功缌麻,哀容可也,此哀之发于声音也。"《孝经》④云:"哭不偯⑤。"皆论哭有轻重质文之声也。礼以哭有言者为号⑥;然则哭亦有辞也。江南丧哭,时有哀诉之言耳;山东⑦重丧,则唯呼苍天,期功⑧以下,则唯呼痛深,便是号而不哭。

【注释】

①斩缞:丧服的一种。旧时依据与死者关系亲疏,丧服分斩缞、齐缞、大功、小功、缌麻五等。斩缞是丧服中最重的一种,服期三年。

②往而不反:比喻,只想哭得一死了之。

③三曲而偯:形容拖着长腔哭声不止。偯,哭的余声。

④《孝经》:儒家经典之一。

⑤哭不偯:意思是说,哀哭不拖余音。

⑥礼:此处指丧礼。号:大声哭。

⑦山东:太行、恒山以东,即河北之地。

⑧期功:丧服等级中服期为一年的大功和小功。

【译文】

《礼记·间传》上说:"披戴斩缞孝服的人,一声痛哭便至气竭,仿佛再回不过气来似的;披戴齐缞孝服的人,悲声阵阵连续不停;披戴大功孝服的人,其哭一声三折,余音犹存;披戴小功、缌麻孝服的人,脸上显出哀痛的表情也就可以了。这些就是哀痛之情通过声音表现出来的各种各样的状况。"《孝经》上说:"孝子痛哭父母的哭声,气竭而后止,不会发出余声。"这些话都是论说哭声有轻微、沉重、质朴、和缓等各种区别。按礼俗以哭时杂有话语者叫作号,如此则哭泣也可带有言辞了。江南地区在丧事哭泣时,经常杂有哀诉的话语;山东一带在披戴斩缞孝服的丧事中,哭泣时,只知呼叫苍天,在披戴齐缞、大功、小功以下丧服的丧事中哭泣时,则只是倾诉自己悲痛如何深重,这就是号而不哭。

【原文】

江南凡遭重丧,若相知者,同在城邑,三日不吊则绝①之;除丧,虽相遇则避之,怨其不己悯也。有故及道遥者,致书可也;无书亦如之。北俗则不尔②。江南凡吊者,主人之外,不识者不执手;识轻服③而不识主人,则不于会所而吊,他日修名④诣其家。

【注释】

①绝:断绝往来。

②尔:如此,这样。

③轻服:五种丧服中较轻的几种,如大功、小功、缌麻之类。

④名:名刺。相当现在的名片。

【译文】

江南地区,凡是遭逢重丧的人家,若是与他家相认识的人,又同住在一个城镇里,三天之内不前去吊丧,丧家就会同他断绝交往。丧家的人除掉丧服,与他在路上相遇,也要尽量避开他,因为怨恨他不怜恤自己。如果是另有原因或道路遥远而没能前来吊丧者,可以写信来表示慰问;不来信的,丧家也会一样对待他。北方的风俗则不是这样。江南地区凡是来吊丧者,除了主人之外,对不认识的人都不握手;如果只认识披戴较轻丧服的人而不认识主人,就不到灵堂去吊丧,改天准备好名刺再上他家去表示慰问。

【原文】

江左朝臣,子孙初释服①,朝见二宫②,皆当泣涕;二宫为之改容。颇有肤色充泽,无哀感者,梁武薄其为人,多被抑退③。裴政④出服,问讯武帝⑤,贬瘦枯槁,涕泗滂沱,武帝目送之曰:“裴之礼⑥不死也。”

【注释】

①释服:与下文“出服”义同,是说丧期已满,除去丧服。

②二宫:此处指帝王与太子。

③抑退:贬退降谪。

④裴政:隋朝人,字德表。仕梁,以军功封夷陵侯;仕隋为襄阳总管。善于从政,令行禁止,被称为神明。著《承圣实录》一卷。

⑤问讯武帝:遵循佛教礼节朝觐梁武帝(因梁武帝信奉佛教)。

⑥裴之礼:裴政之父。字子义,南朝梁人。任西豫州刺史,历位黄门侍郎。卒于少府卿,谥曰"壮"。

【译文】

梁朝的大臣,他们的子孙刚脱去丧服,去朝见皇帝和太子的时候,都应该哭泣流泪;皇帝和太子会因此感动而改变脸色。但也颇有一些肤色丰满光泽,没有一点哀痛感觉的人,梁武帝看不起他们的为人,这些人大多被贬退降谪。裴政除去丧服,行僧礼朝见梁武帝的时候,身体十分瘦弱,形容枯槁,当场痛哭流涕,梁武帝目送着他出去,说:"裴之礼没有死啊。"

【原文】

二亲既没,所居斋寝①,子与妇弗忍入焉。北朝顿丘李构②,母刘氏,夫人亡后,所住之堂,终身锁闭,弗忍开入也。夫人,宋广州③刺史纂之孙女,故构犹染江南风教。其父奖④,为扬州刺史,镇寿春⑤,遇害。构尝与王松年⑥、祖孝徵数人同集谈宴。孝徵善画,遇有纸笔,图写为人。顷之,因割鹿尾,戏截画人⑦以示构,而无他意。构怆然动色,便起就马而去。举坐惊骇,莫测其情。祖君寻悟,方深反侧,当时罕有能感此者。吴郡⑧陆襄,父闲被刑⑨,襄终身布衣蔬饭,虽姜菜有切割,皆不忍食,居家惟以掐摘⑩供厨。江宁姚子笃,母以烧死,终身不忍啖炙。豫章⑪熊康父以醉而为奴所杀,终身不复尝酒。然礼缘人情,恩由义断,亲以噎死,亦当不可绝食也。

【注释】

①斋寝:斋戒时居住处。

②顿丘:旧时郡名。西晋泰始二年(266),治所在顿丘(今河南清丰西南)。李构:字祖基,北朝北齐人。少以方正见称,袭爵武邑郡公。齐初,降爵为县侯,位终太府卿。

③广州:州名。三国时吴永安七年(264)分交州置州。治所位于番禺(今广州市)。

④奖:即李奖,字遵穆,北朝后魏人。自太尉参军累迁扬州刺史,元颢入洛,兼尚书左仆射,镇寿春时,遇害。

37

⑤寿春：旧时县名。秦置。治所位于今安徽寿县。东晋改寿、魏晋南北朝为扬州、豫州、南豫州及淮南郡、梁郡治所。

⑥王松年：北朝北齐人。年少知名。文襄临并州，辟为主簿，孝昭帝擢拜给事黄门侍郎。孝昭帝死后，迁升散骑常侍，食高邑县侯。

⑦截画人：斩断画的人像。

⑧吴郡：郡名。楚汉之际分会稽郡置，汉武帝后废。东汉永建四年（129）复置。治所位于吴县（今苏州市）。

⑨闲：陆闲，陆襄之父。字退业，南朝南齐人。官至扬州别驾。永元末，因刺史作乱未报，遭诛杀。

⑩掐摘：用手掐断菜蔬以代替刀切。

⑪豫章：旧时地名。《晋书·地理志》载，"豫章郡属扬州"。

【译文】

父母亲逝世以后，他们生前斋戒时所居住的屋，儿子和媳妇都不忍心再进去。北朝顿丘郡的李构，他母亲刘氏死后，她生前所住的屋子，李构终身把它锁闭，不忍心开门进去。李构的母亲，是宋广州刺史刘纂的孙女，所以李构依然得到江南风教的熏陶。他的父亲李奖，是扬州刺史，镇守寿春，被人杀害。李构曾经与王松年、祖孝徵几个人聚在一起喝酒谈天。孝徵善于画画，又有纸笔，就画了一个人。过了一会儿，他因为割取宴席上的鹿尾，就开玩笑地把人像斩断给李构看，但并没有别的意思。李构却悲痛得变了脸色，起身乘马而去了。在场的人都感到惊诧不已，却猜不出其中的原因。祖孝徵后来醒悟过来，才对此深感不安，当时却很少有人能理解的。吴郡的陆襄，他的父亲陆闲遭到刑戮，陆襄终身穿布衣吃素餐，即便是生姜，如果用刀割过，他都不忍心食用；做饭只用手掐摘蔬菜供厨房之需。江宁的姚子笃，因为母亲是被火烧死的，所以他终身不忍心吃烤肉。豫章的熊康，父亲因酒醉后被奴仆杀害，所以他终身不再尝酒。然而礼是因为人的感情需要而设立的，情爱则可依据事理而断绝，假如父母亲因为吃饭噎死了，后人也不至于因此绝食吧。

【原文】

《礼经》①：父之遗书，母之杯圈，感其手口之泽，不忍读用②。政③为常所讲习，雠校④缮写，及偏加服用⑤，有迹可思者耳。若寻常坟典⑥，为生什物⑦，安可悉废之乎？既不读用，无容散逸⑧，惟当缄⑨保，以留后世耳。

【注释】

①《礼经》：此处指《礼记》。

②父之遗书，母之杯圈，感其手口之泽，不忍读用：这段话见《礼记·玉藻》。原文较长，节其要点。意谓，父亲遗留下来的书籍，母亲用过的口杯，子女感到上面有父母的手泽与口泽，就不忍心阅读和使用。

③政：通"正"。只。

④雠校：又作"校雠"。即校勘。

⑤服用：使用。

⑥坟典：旧时"三坟、一典、八索、九丘"都是书名。在这里为书籍的代称。

⑦为生：营生。什物：常用器物。

⑧散逸：分散丢失。

⑨缄：封闭。

【译文】

《礼经》上讲：父亲留下来的书籍，母亲使用过的口杯，子女感受到上面有父母的气息，则不忍心阅读或使用。只因为这些东西是他们生前经常用来讲习，校对缮写以及专门使用的，有遗迹可引发哀思罢了。如果是经常用的书籍，以及各种日用品，哪能全部废弃呢？父母遗物既然不阅读使用，就不要让它们散失，应该封存保护，以留传给后代。

【原文】

魏世王修①母以社日亡；来岁社日，修感念哀甚，邻里闻之，为之罢社。今二亲丧亡，偶值伏腊②分至之节及月小晦后，忌之外，所经此日，犹应感慕，异于馀辰，不预饮宴、闻声乐及行游也。

【注释】

①王修：字叔治，三国北海营陵（位于今山东昌乐东南）人。曾附袁绍，后归曹操，历任魏郡太守、大司农、郎中舍、奉常等职。

②伏腊：即伏日、腊日。这里专指三伏中祭祀的一天。

【译文】

魏朝王修的母亲由于是在社日这天去世的，第二年的社日，王修感怀思念母亲，特

别哀痛。邻居们听说这件事后，为此而停止了社日的活动。现在，父母亲去世的日子，如果正碰上伏祭、腊祭、春分、秋分、夏至、冬至这些节日，以及忌日前后三天，忌日晦日的前后三天，除了忌日这天外，凡在上述的日子里，仍然应对父母亲感怀思慕，与别的日子有所不同，应该做到不参加宴饮、不听声乐以及不外出游玩。

【原文】

刘绍、缓①，兄弟并为名器②，其父名昭③，一生不为照字，惟依《尔雅》火旁作召耳。然凡文与正讳相犯，当自可避；其有同音异字，不可悉然。刘字之下，即有昭音④。吕尚之儿，如不为上；赵壹⑤之子，傥⑥不作一：便是下笔即妨，是书皆触也。

【注释】

①刘绍、缓：南朝梁文士刘昭之子刘绍、刘缓。刘绍，字言明。精通《三礼》，大同年间任尚书祠部郎，不久去职，不复仕途。刘缓，字含度。历任湘东王记室，当时西府盛集文学，刘缓居其首。

②名器：知名之器，即"名人"。旧时称"人才"为"器"。

③昭：刘昭，字宣卿，南朝梁平原高唐人。幼安静敏悟，通老、庄，及长，勤学善著文，官至郯县令。

④刘字之下，即有昭音：繁体字"劉"，上从"卯"，下从"釗"，"釗"音正与"昭"同。意思是说，这是同音异字，应该避忌。

⑤赵壹：东汉辞赋家。字元叔，汉阳西县（位于今甘肃天水南）人。灵帝时为上计吏入京，为袁逢、羊陟等所礼重。曾作《刺世疾邪赋》。原有文集，已失传。

⑥傥：同"倘"。如果，假如。

【译文】

刘绍、刘缓两兄弟，都是名人，他们的父亲名叫昭，所以兄弟便一辈子都不写照字，只是按照《尔雅》用爝来代替。然而凡文字与人的正名相同，当然应该避讳；如行文中出现同音异字，就不应该全都避讳了。刘（繁体"劉"）字的下半部分就有昭的音。吕尚的儿子如果不能写"上"字;赵壹的儿子如果不能写"一"字,便会一下笔就犯难,一写字就犯讳了。

【原文】

人有忧疾,则呼天地父母,自古而然。今世讳避,触途急切。而江东士庶,痛则称祢①。祢是父之庙号,父在无容称庙,父殁何容辄呼?《苍颉篇》②有瘒字,训诂③云:"痛而瘒也,音羽罪反④。"今北人痛则呼之。《声类》⑤音于末反,今南人痛或呼之。此二音随其乡俗,并可行也。

【注释】

①祢:父亲死后在宗庙中立主之称。

②《苍颉篇》:字书。秦朝丞相李斯著。今失传,后人有辑本。

③训诂:解释古书字义。又作"诂训""训故""故训"。

④反:即"反切"。传统的一种注音方法,用两个字拼合成一个字的音,上字取声,下字取韵和调。

⑤《声类》:韵书。魏左校令李登著。已失传。

【译文】

人有忧患疾病,就呼喊天地父母,从古自今就是这样。现在的人讲究避讳,处处事事比古人来得严格。而江东的士族庶族,悲痛时就叫祢。祢是已故父亲的庙号,父亲在世不能叫庙号,父亲死后怎能随便呼叫他的庙号呢?《苍颉篇》中有瘒字,《训诂》解释说:"这是痛苦时发出的声音,发音是羽罪反。"现在北方人悲痛时就这样叫。《声类》注这个字的音是于末反,现在南方有人在悲痛时就这样喊。这两个音随人们的乡俗而定,都是可行的。

【原文】

梁世被系劾①者,子孙弟侄,皆诣阙②三日,露跣③陈谢;子孙有官,自陈解职。子则草癮④粗衣,蓬头垢面,周章⑤道路,要候⑥执事,叩头流血,申诉冤枉。若配徒隶⑦,诸子并立草庵于所署门,不敢宁宅⑧,动经旬日,官司驱遣,然后始退。江南诸宪司弹人事,事虽不重,而以教义见辱者,或被轻系而身死狱户⑨者,皆为怨仇,子孙三世不交通矣。到洽⑩为御史中丞,初欲弹刘孝绰⑪,其兄溉⑫先与刘善,苦谏不得,乃诣刘涕泣告别而去。

【注释】

①系劾:囚禁论罪。

②诣阙:赴皇帝的殿廷。

③露跣:披散着头发,光着脚(以示谢罪)。

④屦:草鞋。

⑤周章:惶恐徘徊。

⑥要候:"要",通"邀"。半路截拦等候。

⑦徒隶:旧称在狱中服役的犯人。

⑧不敢宁宅:不敢安居家中。

⑨狱户:狱门。即监狱。

⑩到洽:字茂洮,南朝梁彭城武原人。少聪敏,有才学,工诗赋。累迁御史中丞。为官刚直,不徇私情。

⑪刘孝绰:南朝梁彭城人,本名冉,小字阿士,字孝绰。幼聪慧,七岁能为文,被称为神童。历官尚书水部郎,累迁秘书丞。因携妾入官府,弃老母于下宅,被劾奏免官。

⑫溉:即到溉,到洽兄。字茂灌。少孤贫,聪敏,有才学。后因疾失明。

【译文】

　　梁朝被拘囚弹劾的官员,他的子孙弟侄们,都要赶赴朝廷的殿廷,在那里整整三天,免冠赤足,陈述请罪,如果子孙中有做官的,就主动请求解除官职。儿子们则穿上草鞋和粗布衣服,蓬头垢面,惊恐不安地守候在道路上,拦住主管官员,叩头流血,申诉冤枉。如果被发配去服苦役,他的儿子们就一起在官署门口搭上草棚,不敢在家中安居,一住就是十来天,官府驱逐,才退离。江南地区各位宪司弹劾某人,案情虽然不严重,但如果某人是因教义而受弹劾之辱,或者因此被拘囚而身死狱中,两家就会结下怨仇,子孙三代都不相往来。到洽当御史中丞的时候,开始想弹劾刘孝绰,到洽的哥哥到溉与刘孝绰关系友善,他苦苦规劝到洽不要弹劾刘孝绰而没能如愿,就前往刘孝绰处,流着泪与他分手。

【原文】

　　兵凶战危①,非安全之道。古者,天子丧服以临师②,将军凿凶门③而出。父祖伯叔,若在军阵,贬损④自居,不宜奏乐宴会及婚冠吉庆事也。若居围城之中,憔悴容色,除去饰玩,常为临深履薄之状焉。父母疾笃,医虽贱虽少,则涕泣而拜之,以求哀也。梁孝元在江州,尝有不豫⑤;世子方等⑥亲拜中兵参军李猷焉。

【注释】

①兵凶战危:兵器是凶器,战争是危险的事。

②天子丧服以临师:皇帝身穿丧服视察军队(表明军情紧迫)。

③凶门:旧时将军出征时,凿一扇向北的门,由此出发,以示必死的决心,叫"凶门"。

④贬损:屈节,贬抑。此处是约束的意思。

⑤不豫:旧称帝王有病。

⑥方等:即梁元帝萧绎之子萧方等。

【译文】

兵者凶器,战者危事,皆非安全之道。古时候,天子穿着丧服去统领军队,将军凿一扇凶门然后由这里出征。某人的父祖伯叔如果在军队里,他就要自我约束,不宜参加奏乐、宴会以及婚礼冠礼等吉庆活动。如果某人被围困在城邑之中,他就应该是面容憔悴,除掉饰物器玩,总要显出如临深渊、如履薄冰的模样。如果他的父母病重,那医生虽然年少位卑,他也应该向医生哭泣下拜,以此求得医生的怜悯。梁孝元帝在江州的时候,曾经生病,他的大儿子方等就亲自拜求过中兵参军李猷。

【原文】

四海之人,结为兄弟,亦何容易。必有志均义敌①,令终如始者,方可议之。一尔②之后,命子拜伏,呼为丈人,申父友③之敬;身事彼亲,亦宜加礼。比见北人,甚轻此节,行路相逢,便定昆季④,望年观貌,不择是非,至有结父为兄、托子为弟者⑤。

【注释】

①敌:相当,匹配。

②一尔:一旦如此。

③父友:父之所交往,父辈朋友。

④昆季:兄弟。长为昆,幼为季。

⑤结父为兄:与父辈结为兄。托子为弟:与子侄辈结为弟。

【译文】

四海异姓之人结拜为兄弟谈何容易。必须是志向道义都相配,对朋友始终如一的人,才能够加以考虑。一旦与人结为兄弟,就要让自己的孩子向他伏地下拜,称他为丈人,表达孩子对父亲朋友的尊敬。自己对结拜兄弟的父母亲,也要施礼。我常常见到

一些北方人，很轻率地对待此事，两个人陌路相逢，便结为兄弟，只问问年龄看看外貌，也不斟酌一下是否妥当，以致有把父辈当成兄长，把子侄辈当成弟弟的。

【原文】

昔者，周公一沐三握发，一饭三吐餐，以接白屋①之士，一日所见者七十余人。晋文公以沐辞竖头须②，致有图反之诮。门不停宾，古所贵也。失教之家，阍寺③无礼，或以主君寝食嗔怒，拒客未通④，江南深以为耻。黄门侍郎裴之礼，号善为士大夫，有如此辈，对宾杖之⑤；其门生⑥僮仆，接于他人，折旋⑦俯仰，辞色应对，莫不肃敬，与主无别也。

【注释】

①白屋：用茅草盖的屋，旧时也指没有做官的读书人住屋。

②晋文公（前697—前628）：春秋时晋国国君。名重耳。公元前636—前628年在位。即位后整顿内政，增强军队，战胜楚军，大会诸侯，成为春秋五霸之一。竖头须：宫中一个名叫头须的小臣。

③阍寺：阍人和寺人。此处统指守门人。

④未通：不予通报。

⑤有如此辈，对宾杖之：发现家中有慢待宾客的仆人，就当着客人的面用棍棒打他。

⑥门生：此处指家中使役之人。

⑦折旋：曲行。旧时行礼时的动作。

【译文】

先前，周公宁愿随时中断沐浴、用餐，以接待来访的贫寒之士，一天之内曾经接待了七十多人。而晋文公以正在沐浴为借口拒绝接见小臣头须，以致遭来"图反"的嘲笑。家中宾客不绝，这是古人所看重的。那些没有良好教养的家庭，看门人也没有礼貌，有的看门人在客人来访时，就以主人正在睡觉、吃饭或发脾气为借口，拒绝为客人通报，江南人家深以此事为耻。黄门侍郎裴之礼，被称作士大夫的楷模，假如他家中有这样的人，他会当着客人的面用棍子抽打。他的门子、童仆在接待客人的时候，进退礼仪,表情言辞,没有不严肃恭敬的,与主人没有任何区别。

【评析】

《风操》篇论述了封建士大夫的门风节操。作者从传统的经学出发,从当时的实际情况出发,充分地论述了对孝、名讳、称谓等流行风尚的看法。作者认为讲究门风节操是时代和社会的要求,但是为了个人的荣誉或者名声而废弃了公务,远离了庶物是非常不可取的,是值得批判的。

慕贤第七

【原文】

古人云:"千载一圣,犹旦暮也;五百年一贤,犹比瘤①也。"言圣贤之难得,疏阔如此。傥遭不世明达君子②,安可不攀附景仰之乎?吾生于乱世,长于戎马,流离播越,闻见已多;所值名贤,未尝不心醉魂迷③向慕之也。人在年少,神情未定,所与款狎,熏渍陶染④,言笑举动,无心于学,潜移暗化,自然似之;何况操履艺能⑤,较明易习者也?是以与善人居,如入芝兰⑥之室,久而自芳也;与恶人居,如入鲍鱼之肆,久而自臭也。墨子⑦悲于染丝,是之谓矣。君子必慎交游焉。孔子曰:"无友不如己者。"颜、闵⑧之徒,何可世得!但优于我,便足贵⑨之。

【注释】

①比瘤(xián):肩膀挨着肩膀。言其多。比,紧靠。瘤,肩膀。

②傥:同"倘"。不世:世上所少有。

③心醉魂迷:形容仰慕之深。

④熏渍陶染:熏炙、渐渍、陶冶、濡染。

⑤操履:操守德行。艺能:技艺才能。

⑥芝兰:本应作"芷兰","芝"是借用字,"芷"和"兰"都是有香味的草本植物。

⑦墨子(约前468—前376):春秋战国时的思想家、政治家。墨家的创始人。

⑧颜、闵:指颜回和闵损。他们都是孔子学生中的杰出人物。

⑨贵:崇尚,敬重。

【译文】

古人说:"一千年出一位圣人,已经近得像从早到晚那么快了;五百年出一位贤人,已经密得像肩碰肩一样了。"这是说圣人贤人稀少难得,已经到这种地步了。假如遇上世间少有的明达君子,怎能不攀附景仰呢? 我出生在乱世,在兵荒马乱中长大,颠沛流离,所见所闻已经很多。遇上名流贤士,总是心醉魂迷地向往仰慕人家。人在年轻时候,精神性情都还没有定型,和那些情投意合的朋友朝夕相处,受到他们的熏渍陶染,人家的一言一笑,一举一动,虽然没有存心去学,但是潜移默化之中,自然跟他们相似。何况操守德行和本领技能都是比较容易学到的东西呢? 因此,与善人相处,就像进入满是芝草兰花的屋子中一样,时间一长自己也变得芬芳起来;与恶人相处,就像进入满是鲍鱼的店铺一样,时间一长自己也变得腥臭起来。墨子因看见人们染丝而感叹,说的也就是这个意思。君子与人交往一定要慎重。孔子说:"不要和不如自己的人交朋友。"像颜回、闵损那样的贤人,我们一生都难遇到! 只要比我强的人,也就足以让我敬重了。

【原文】

世人多蔽①,贵耳贱目,重遥轻近。少长周旋②,如有贤哲,每相狎侮,不加礼敬;他乡异县,微藉风声③,延颈企踵④,甚于饥渴。校其长短,核其精粗,或彼不能如此矣。所以鲁人谓孔子为东家丘⑤,昔虞国宫之奇⑥,少长于君,君狎之,不纳其谏,以至亡国,不可不留心也。

【注释】

①蔽:蒙蔽。此处引申为不通达的识见,即偏见。

②少长:从小长到大。周旋:本指旧时行礼时进退揖让的动作,此处引申为交往。

③藉:凭借,依靠。风声:名声。

④延:引伸。企踵:踮起脚后跟。

⑤东家丘:丘是孔子的名,孔子是鲁国人,因为住在东边,所以当地人随便叫他"东家丘"。并无敬意。

⑥虞国:周文王时建立的诸侯国。姬姓。开国君主是古公亶父之子虞仲的后代。宫之奇:春秋时虞国大夫。晋向虞国借道攻虢,宫之奇以"辅车相依,唇亡齿寒"劝谏,见虞君仍不听,遂率族奔曹国。三个月后,晋灭虢,虞亦被灭。

【译文】

常人多有一种偏见:对传闻的东西很感兴趣,对亲眼所见的东西则很轻视;对远处的事物很感兴趣,对近处的事物却不放在心上。从小一起长大的人,如有谁是贤能之士,人们也往往对他轻慢侮弄,而不是以礼相待;而处在远方异土的人,凭着那么点名声,就能令大家伸长脖子、踮起脚跟去朝思暮盼,那种心情好像比饥渴还难以忍受。他们绕有兴致地评说人家的优劣,不厌其烦地讲究人家的得失,好像那里的人不会如此似的。因此,鲁国的人称孔子为"东家丘"。先前,虞国的宫之奇年龄稍长于国君,国君就很轻视他,反而不能采纳他的意见,以致亡了国,这个教训不能不牢记在心。

【原文】

用其言,弃其身,古人所耻。凡有一言一行,取于人者,皆显称①之,不可窃人之美,以为己力;虽轻虽贱者,必归功焉。窃人之财,刑辟之所处;窃人之美,鬼神之所责。

【注释】

①称:声言,表明。

【译文】

采用了某人的意见却又抛弃了这个人,这种行为被古人认为是可耻的。凡采纳一个建议、办理一件事情,这就是得到别人的帮助,应该表明,不该窃取他人成果,当成自己的功劳。即使是地位低下的人,也必须要肯定他的功劳。窃取别人的钱财,会遭到刑罚的处置;窃取别人的成果,会遭到鬼神的谴责。

【原文】

梁孝元前在荆州,有丁觇①者,洪亭民耳,颇善属文,殊工草隶;孝元书记②,一皆使之。军府轻贱,多未之重,耻令子弟以为楷法③,时云:"丁君十纸,不敌王褒数字。"吾雅④爱其手迹,常所宝持。孝元尝遣典签惠编送文章示萧祭酒,祭酒问云:"君王比赐书翰⑤,及写诗笔,殊为佳手,姓名为谁? 那得都无声问⑥?"编以实答。子云叹曰:"此人后生无比,遂不为世所称,亦是奇事。"于是闻者稍复刮目。稍仕至尚书仪曹郎⑦,末为晋安王侍读,随王东下。及西台陷殁⑧,简牍湮散,丁亦寻卒于扬州⑨;前所轻者,后思一纸,不可得矣。

【注释】

①丁觇:南朝梁洪亭人。善著文,工草隶,与智永齐名,世称丁真永草。官至尚书仪曹郎。

②书记：指文书抄写。

③楷法：学习书法的楷模。

④雅：甚，非常。

⑤比：近来。书翰：书信。

⑥声问：声誉，名声。

⑦尚书仪曹郎：官名。梁朝尚书省设郎二十三人，仪曹郎是其中之一，职务掌管吉凶礼制。

⑧西台陷殁：台是台省，南北朝时称中央政府为台省。因梁元帝在江陵称帝，江陵在西，故称西台。元帝承圣三年(554)，西魏攻陷江陵，杀元帝，即这里所说的"西台陷殁"。

⑨扬州：指扬州治所建康，即今南京市。

【译文】

梁孝元帝以前在荆州时，他那里有一位叫丁觇的人，是洪亭人氏，非常爱好写文章，特别擅长草书和隶书；孝元帝的文书抄写，全都交给他去干。军府中那些地位低下的人，大多数小瞧他，耻于让自己的子弟去临习他的书法，当时比较流行的话是："丁君写上十张纸，抵不上王褒几个字。"我十分喜爱他的墨迹，经常把它们珍藏起来。孝元帝曾经派典签惠编送文章给祭酒萧子云看，萧子云就问惠编："君王最近写有书信给我，还有他的诗歌文章，书法特别漂亮，那书写者实在是一个罕见的高手，他姓甚名谁？怎么会一点名声都没有呢？"惠编据实回答了。萧子云感叹道："没有哪个后生能与他相比，竟然没有得到世人所称道，也算是奇事一桩。"从此，听说此事的人才稍稍注意他。丁觇后来渐渐升任到尚书仪曹郎的位置，最后任晋安王侍读，随晋安王东下。等到江陵陷落的时候，那些文书信札一起散失了，丁觇没多久也在扬州逝世。过去轻视他的人，后来再想得到他的一纸墨迹也是不可能的了。

【原文】

齐文宣帝①即位数年，便沉湎纵恣②，略无纲纪③；尚能委政尚书令杨遵彦④，内外清谧⑤，朝野晏如⑥，各得其所，物无异议，终天保⑦之朝。遵彦后为孝昭⑧所戮，刑政⑨于是衰矣。斛律明月⑩，齐朝折冲⑪之臣，无罪被诛，将士解体⑫，周人始有吞齐之志，关中⑬至今誉之。此人用兵，岂止万夫之望⑭而已哉！国之存亡，系其生死。

【注释】

①文宣帝：即北齐的建立者高洋(529—559)，字子建，渤海瘿(今河北景县)人。公元550—559年在位。即位后改定律令，修筑长城。后以功业自矜，嗜酒昏狂，以淫乱残暴著称于世。

②沉湎：也作"湛沔"。多指嗜酒无度。纵恣：放纵恣肆，想怎么干就怎么干。

③纲纪：法纪。

④尚书令：尚书省长官，直接对君主负责总揽一切政令的首脑。杨遵彦：名愔，字遵彦。北齐大臣，官至尚书令。文宣帝委政后，总摄机衡，百度修敕，旧时人言"主旨于上，政清于下"。

⑤谧(mì)：安宁。

⑥晏如：平静。

⑦天保：北齐文宣帝年号，公元550—559年。

⑧孝昭：北齐孝昭帝高演，字延安。文宣帝同母之弟。

⑨刑政：刑律政令。

⑩斛律明月：即斛律光(515—572)，字明月，北齐朔州(今山西朔县)人。高车族。长期发动对北周的战争。任左丞相。为后齐主所疑忌，被杀。

⑪折冲：使敌战车后撤，即击退敌军。

⑫解体：肢体解散。比喻人心叛离。

⑬关中：地理上的习惯用语，有时专指今陕西关中盆地，有时也包括陕北、陇西。当时是北周的主要根据地。

⑭万夫之望：意谓万人之所瞻望，即众望所归。

【译文】

齐朝文宣帝即位几年以后，便沉湎酒色，放纵恣肆，一点不顾及法纪。但他尚能将政事交给尚书令杨遵彦处理，所以朝廷内外，清静安宁，各种事务都能够得到妥善安排，大家都没有什么意见，这种局面一直保持到天保之朝结束。杨遵彦后来被孝昭帝杀害，国家的刑律政令从那以后就衰败了。斛律明月是齐朝安邦却敌的重臣，无罪被杀，军队将士因此而人心涣散，周国才产生了吞并齐国的欲望，关中一带人民一直到现在对他仍称赞不已。这个人

用兵,岂止是千万人希望之所归而已啊!他的生死,维系着国家的存亡。

【原文】

张延隽之为晋州行台左丞①,匡维主将②,镇抚疆场,储积器用,爱活黎民,隐若敌国矣③。群小不得行志,同力迁④之;既代之后,公私扰乱,周师一举,此镇先平。齐亡之迹,启于是矣。

【注释】

①晋州:州名。北魏建义元年(528)改唐州置。治所位于白马城(今山西临汾市)。行台:在地方代表朝廷行尚书省事的机构。

②匡维主将:辅助支持主将。匡,帮助。维,维护。

③隐:威重貌。敌国:与国相匹敌。

④迁:贬谪,调离。

【译文】

张延隽任晋州行台左丞时,辅助主将,镇守安抚疆界,储藏聚集物资,爱护救助百姓,其威严庄重仿佛可与一国相匹敌。那些卑鄙小人不能按照自己的意愿行事,就联合起来贬谪放逐他。取代了他之后,晋州一片混乱,周国军队一起兵晋,州城就先被平定了。齐国败亡的迹象,也就从此开始了。

【评析】

《慕贤》篇,即阐述作者仰慕贤才的篇章。作者认为一个人在年少的时候,应该多接触有德行的君子,在潜移默化之中,自己的性情会得到很好的陶冶,自己也会变得有德行。对于那些有德有才的人,平时一定要对他们尊敬,并且努力向他们学习。对古代的贤人如此,对身边德才兼备的人也要如此。

卷　三

勉学第八

【原文】

　　自古明王圣帝，犹须勤学，况凡庶乎！此事遍于经史，吾亦不能郑重^①，聊举近世切要，以启寤^②汝耳。士大夫子弟，数岁已上，莫不被教，多者或至《礼》、《传》，少者不失《诗》、《论》^③。及至冠婚^④，体性稍定；因此天机，倍须训诱。有志尚者，遂能磨砺，以就素业^⑤，无履立者，自兹堕^⑥慢，便为凡人。人生在世，会当有业：农民则计量耕稼，商贾则讨论货贿，工巧则致精器用，伎艺则沈思法术，武夫则惯习弓马，文士则讲议经书。多见士大夫耻涉农商，差务工伎，射则不能穿札，笔则才记姓名，饱食醉酒，忽忽无事，以此销日，以此终年。或因家世余绪，得一阶半级，便自为足，全忘修学；及有吉凶大事，议论得失，蒙然张口，如坐云雾；公私宴集，谈古赋诗，塞默低头，欠伸而已。有识旁观，代其入地。何惜数年勤学，长受一生愧辱哉！

【注释】

①郑重：此处是频繁的意思。

②寤（wù）：通"悟"。

③《礼》：指《礼记》。《传》：指《左传》。《论》：指《论语》。

④冠婚：旧时男子二十岁行加冠之礼，称冠礼，表示已成年。

⑤素业：清素之业，即士族所从事的儒业。本书《诫兵》篇："违弃素业。"义同。

⑥堕：通"惰"。

【译文】

　　从古至今的那些圣明帝王，他们都必须勤奋学习，何况一个普通百姓呢！这类事

51

在经书史书中随处可见,我也不想再多举例,姑且举近世紧要的事说说,以启发开导你们。现在士大夫的子弟,长到几岁以后,没有不受教育的,那学得多的,已学了《礼经》《左传》。那学得少的,也学完了《诗经》《论语》。待到他们成年,体质性情逐渐成形,趁这个时候,就要加倍地对他们进行训育诱导。他们中间那些有志气的,就可以经受磨炼,以成就其清白正大的事业,而那些没有操守的,从此懒散起来,就成了平庸的人。人生在世,应该从事一定的工作:当农民的就要计划耕田种地,当商贩的就要商谈买卖交易,当工匠的就要精心制作各种用品,当艺人的就要深入研习各种技艺,当武士的就要熟悉骑马射箭,当文人的就要讲谈讨论儒家经书。我见到许多士大夫耻于从事农业商业,又缺乏手工技艺方面的本事,让他射箭连一层铠甲也射不穿,让他动笔仅仅能写出自己的名字,整天酒足饭饱,无所事事,以此消磨时光,以此了结一生。还有的人因祖上的荫庇,得到一官半职,便自我满足,完全忘记了学习的事,碰上有吉凶大事,议论起得失来,就张口结舌,茫然无知,如坠云雾中一般。在各种公私宴会的场合,别人谈古论今,赋诗明志,他却像塞住了嘴一般,低着头不吭声,只有打哈欠的份儿。有见识的旁观者,都替他害臊,恨不能钻到地下去。这些人又何必吝惜几年的勤学,而去长受一生的愧辱呢!

【原文】

梁朝全盛之时,贵游子弟①,多无学术,至于谚云:"上车不落则著作,体中何如则秘书②。"无不熏衣剃面,傅粉施朱,驾长檐车③,跟高齿屐④,坐棋子方褥⑤,凭斑丝隐囊⑥,列器玩于左右,从容出入,望若神仙。明经⑦求第,则顾人答策⑧;三九⑨公宴,则假手赋诗。当尔之时,亦快士⑩也。及离乱之后,朝市⑪迁革,铨衡选举,非复曩者之亲;当路秉权,不见昔时之党。求诸身而无所得,施之世而无所用。被褐而丧珠,失皮而露质,兀若枯木,泊⑫若穷流,鹿独⑬戎马之间,转死沟壑之际。当尔之时,诚驽材也。有学艺者,触地而安。自荒乱以来,诸见俘虏。虽百世小人⑭,知读《论语》、《孝经》者,尚为人师;虽千载冠冕,不晓书记者,莫不耕田养马。以此观之,安可不自勉耶?若能常保数百卷书,千载终不为小人也。

【注释】

①贵游子弟:无官职的王公贵族叫贵游,他们的子弟就叫贵游子弟。此处是泛称贵族子弟。

②著作:即著作郎,官名,掌编纂国史。体中何如:当时书信中的客套话。

③长檐车:一种用车幔覆盖整个车身的车子。

④高齿屐：一种装有高齿的木底鞋。

⑤棋子方褥：一种用方格图案的丝织品制成的方形坐褥。

⑥隐囊：靠枕。

⑦明经：六朝以明经取士。

⑧顾：同雇。答策：对策，此指应试。

⑨三九：指三公九卿。

⑩快士：优秀人物。

⑪朝市：此指朝廷。

⑫泊：卢文弨曰："泊"疑当作"瀼"。《说文·水部》："瀼，浅水也。"

⑬鹿独：流离颠沛的样子。

⑭小人：指平民百姓。

【译文】

　　梁朝全盛之时，那些贵族子弟大多不学无术，以致当时的谚语说："登车不跌跤，可当著作郎；会说身体好，可做秘书官。"这些贵族子弟没有一个不是以香料熏衣，修剃脸面，涂脂抹粉的；他们外出乘长檐车，走路穿高齿屐，坐在织有方格图案的丝绸坐褥上，倚靠着五彩丝线织成的靠枕，身边摆的是各种古玩，进进出出派头十足，看上去好像神仙模样。到明经答问求取功名的时候，他们就雇人顶替自己去应试，在三公九卿列席的宴会上，他们就借别人之手来为自己作诗，在这种时刻，他们倒显得像模像样的。等到动乱来临，朝廷变迁革易，考察选拔官吏时，不再任用过去的亲信，在朝中执掌大权的，再看不见过去的同党。这时候，这些贵族子弟们靠自己不中用，想在社会上发挥作用又没有本事。他们只能身穿粗布衣服，卖掉家中的珠宝，失去华丽的外表，露出无能的木质，呆头呆脑如同一段枯木，有气无力像条快要干涸的流水，在乱军中颠沛流离，最后抛尸于荒沟野壑之中，在这种时候，这些贵族子弟就完完全全成了蠢材了。有学问有手艺的人，走到哪里都可以站稳脚跟。自从兵荒马乱以来，我见过不少俘虏，其中一些人虽然世世代代都是平民百姓，但由于懂得《孝经》《论语》，还可以去给别人当老师；而另外一些人，虽然是年代久远的世家大族子弟，但由于不会动笔，结果没有一个不是去给别人耕田养马的。由此看来，怎么会不努力学习呢？如果能够经常保有几百卷书籍，就是再过一千年也始终不会沦为平民百姓的。

【原文】

　　夫明《六经》之指①，涉百家之书，纵不能增益德行，敦厉风俗，犹为一艺②，得以自

资。父兄不可常依，乡国不可常保，一旦流离，无人庇荫，当自求诸身耳。谚曰："积财千万，不如薄伎③在身。"伎之易习而可贵者，无过读书也。世人不问愚智，皆欲识人之多，见事之广，而不肯读书，是犹求饱而懒营馔，欲暖而惰裁衣也。夫读书之人，自羲、农④已来，宇宙之下，凡识几人，凡见几事，生民之成败好恶，固不足论，天地所不能藏，鬼神所不能隐也。

【注释】

①六经：依《礼记·经解》所列，为《诗》《书》《乐》《易》《礼》《春秋》。指：通"旨"。

②艺：技艺，才能。

③伎：通"技"。

④羲、农：伏羲、神农，均为传说中的旧时帝王。

【译文】

通晓"六经"旨意，涉猎百家著述，即使不能增强道德修养，劝勉世风习俗，也仍然不失为一种才艺，可借此自我充实。父亲兄长是不能够长期依赖的，家乡邦国是不能够常保无事的，一旦流离失所，没有人来庇护周济你时，就需要自己设法了。俗话说："积财千万，不如薄技在身。"容易学习而又可致富贵的本事，无过于读书了。世人不管他是愚蠢还是聪明，都希望认识的人多，见识的事广，但却不肯去读书，这就有如想要饱餐却懒于做饭，想得身暖却懒于裁衣一样。那些读书人，从伏羲、神农的时代以来，在这世界上，共认识了多少人，见识了多少事，对一般人的成败好恶，他们看得很清楚，这固然不必再说，就是天地鬼神的事，也是瞒不过他们的。

【原文】

有客难主人①曰："吾见强弩长戟②，诛罪安民，以取公侯者有矣；文义习吏③，匡时富国，以取卿相者有矣；学备古今，才兼文武，身无禄位，妻子饥寒者，不可胜数，安足贵学乎？"主人对曰："夫命之穷达，犹金玉木石也；以瘤学艺，犹磨莹雕刻也。金玉之磨莹，自美其矿璞④，木石之段块，自丑其雕刻；安可言木石之雕刻，乃胜金玉之矿璞哉？不得以有学之贫贱，比于无学之富贵也。且负甲为兵，咋⑤笔为吏，身死名灭者如牛毛，角立杰出者如芝草⑥；握素披黄⑦，吟道咏德，苦辛无益者如日蚀，逸乐名利者如秋荼⑧，岂得同年⑨而语矣。且又闻之：生而知之者上，学而知之者次⑩。所以学者，欲其多知明达耳。必有天才，拔群出类，为将则暗与孙武⑪、吴起同术，执政则悬得管仲、子产之教⑫，虽未读书，吾亦谓之学矣⑬。今子即不能然，不师古之踪迹，犹蒙被而卧耳。"

【注释】

①主人：作者自称。

②弩、戟：古代兵器。

③文：文饰，此处作阐释解。义：礼仪。

④矿：矿石。璞：未经雕琢的玉石。

⑤咋：啃咬。

⑥角力：如角之挺立。芝草：灵芝草，一种菌类植物，旧时人以为瑞草。

⑦素：绢素，旧时用以抄写书籍的丝织品。黄：黄卷，古时用黄檗染纸以防蠹，故名。素、黄均代指书籍。

⑧秋茶：茶至秋而花繁叶密，此喻其多。

⑨同年：相等。

⑩"且又闻之"三句：《论语·季氏》："孔子曰：生而知之者，上也；学而知之者，次也……"

⑪孙武：春秋时杰出的军事家，字长卿，齐国人。

⑫管仲：即管夷吾，字仲。春秋齐颍上人。相齐国，助桓公成为春秋五霸之首。子产：即公孙侨、公孙成子。春秋时政治家。悬：预先。

⑬虽未读书，吾亦谓之学矣：《论语·学而》："虽曰未学，吾必谓之学也。"

【译文】

　　有客人对我发问说："那些手持强弓长戟，去诛灭罪恶之人，安抚黎民百姓，以此博取公侯爵位的人，我认为是有的；那些阐释礼仪，研习吏道，匡正时尚，使国家富足，以此博取卿相职位的人，我认为是有的；而那些学问贯通古今，才能文武兼备，却身无俸禄官爵，妻子儿女挨饿受冻的人，却是数也数不清，照此说来，哪里值得对学习那么看重呢？"我回答他说："一个人的命运是困厄还是显达，就如同金、玉与木、石；研习学问，就好比琢磨金、玉、雕刻木、石。金、玉经过琢磨，就比矿、璞来得更美，木、石截成段敲成块，就比经过雕刻来得丑陋，但怎么能说经过雕刻的木、石就胜过未经琢磨的矿、璞呢？因此，不能以有学问的人的贫贱，去与那无学问的人的富贵相比。况且，那些披挂铠甲去当兵，口含笔管充任小吏的人，身死名灭者多如牛毛，脱颖而出者少如灵芝草；如今，勤奋攻读，修养品性，含辛茹苦而没有任何益处的人就像日食一样少见，而闲适安乐，追名逐利的人却像秋茶那样繁多，哪能把二者相提并论呢。况且我又听说：生下来就懂得事理的是上等人，通过学习才明白事理的是次一等的人。人之所以要学习，就是想使自己知识得到丰富，明白通达。如果说一定有天才存在的话，那就是出类拔

萃的人,作为将军,他们暗中具备了与孙武、吴起相同的军事谋略;作为执政者,他们先天就获得了管仲、子产的政教才干。虽然他们从未读过书,我也要说他们是有学问的。现在您不能够做到这一点,又不去师法古人的所作所为,那就好比蒙着被子睡大觉,什么也看不见了。"

【原文】

人见邻里亲戚有佳快①者,使子弟慕而学之,不知使学古人,何其蔽也哉?世人但见跨马被甲,长槊强弓,便云我能为将;不知明乎天道,辨乎地利②,比量逆顺,鉴达兴亡之妙也。但知承上接下,积财聚谷,便云我能为相;不知敬鬼事神,移风易俗,调节阴阳③,荐举贤圣之至④也。但知私财不入,公事夙办,便云我能治民;不知诚己刑物⑤,执辔如组⑥,反风灭火,化鸱为凤之术也。但知抱令守律,早刑晚舍,便云我能平狱;不知同辕观罪,分剑追财,假言而奸露,不问而情得之察也。爰及农商工贾,厮役奴隶,钓鱼屠肉,饭牛牧羊,皆有先达,可为师表,博学求之,无不利于事也。

【注释】

①佳快:优秀之人。

②"不知明乎天道,辨乎地利:《孙子·计》:"天者,阴阳寒暑时制也。地者,远近险易广狭生死也。"

③阴阳:中国哲学的两大对立面,旧时思想家以此解释自然界两种对立和相互消长的物质势力。

④至:周密。

⑤刑物:给人做出榜样。刑,同"型"。

⑥辔:马缰绳。组:用丝织成的宽带子。旧时一车四马,每马两条缰绳,驾车人手牵着马缰绳,就像一排正在编织的丝带一般。

【译文】

人们看见邻居、亲戚中有出人头地的人物,便让自己的子弟钦慕他们,向他们学习,却不明白让自己的子弟向古人学习,这是多么无知啊。一般人只看见当将军的跨骏马,披铠甲,手持长矛强弓,就说我也能当将军;却不懂得了解天时的阴晴寒暑,分辨地理的险易远近,比较权衡逆境顺境,审察把握兴盛衰亡的种种奥妙。一般人只知道当宰相的秉承旨意,统领百官,为国积财储粮,就说我也可以当宰相;却不知道侍奉鬼神,移风易俗,调节阴阳,荐贤举能的种种周到细致。一般人只知道私财不落腰包,公事及早办理,就说我也可以管理好百姓;却不知道诚恳待人,为人楷模,治理百姓,如驾车马,止风灭火,消灾免难,化鸱为凤,变恶为善的种种道理。一般人只知道遵循法令条律,判刑赶早,赦免推迟,就说我也可以秉公办案;却不知道同辕观罪、分剑追财,用假言诱使诈伪者暴露,不用反复审问而案情自明这种种深刻的洞察力。推而广之,甚至那些农夫、商贾、工匠、童仆、奴隶、渔民、屠夫、喂牛的、放羊的,他们中间都有在德行学问上堪为前辈的人,可以作为学习的榜样,广泛地向这些人学习,对事业是不无好处的。

【原文】

夫所以读书学问,本欲开心明目,利于行耳。未知养亲者,欲其观古人之先意承颜①,怡声下气②,不惮劬劳,以致甘癵③,惕然惭惧,起而行之也;未知事君者,欲其观古人之守职无侵,见危授命④,不忘诚⑤谏,以利社稷,恻然自念,思欲效之也;素骄奢者,欲其观古人之恭俭节用,卑以自牧,礼为教本,敬者身基,瞿然自失,敛容抑志也;素鄙吝者,欲其观古人之贵义轻财,少私寡欲,忌盈恶满,赒穷恤匮,赧然悔耻,积而能散也;素暴悍者,欲其观古人之小心黜己,齿弊舌存,含垢藏疾⑥,尊贤容众,瘤⑦然沮丧,若不胜衣⑧也;素怯懦者,欲其观古人之达生委命⑨,强毅正直,立言必信,求福不回,勃然奋厉,不可恐慑也:历兹以往,百行皆然。纵不能淳,去泰去甚⑩。学之所知,施无不达。世人读书者,但能言之,不能行之,忠孝无闻,仁义不足;加以断一条讼,不必得其理;宰千户县⑪,不必理其民;问其造屋,不必知楣横而瘤竖也⑫;问其为田,不必知稷早而黍迟也;吟啸谈谑,讽咏辞赋,事既优闲,材增迂诞,军国经纶,略无施用:故为武人俗吏所共嗤诋,良由是乎!

【注释】

①先意承颜:指孝子先父母之意而顺承其志。

②怡声不气:指声气和悦,形容恭顺的样子。

③癵(chī):肉柔软脆嫩。

④授命:献出生命。

⑤诚:避隋文帝父"忠"字讳改。

⑥含垢藏疾:包容污垢,藏匿恶物。形容宽仁大度。

⑦瘤(jiē):疲倦的样子。

⑧不胜衣:谦恭退让的样子。

颜氏家训·孔子家语

57

⑨达生：不受世务牵累的意思。委命：听任命运支配。

⑩去泰去甚：去其过甚。谓事宜适中。

⑪千户县：指最小的县。

⑫楣：房屋的横梁。瘣：梁上短柱。

【译文】

　　人之所以要读书求学，本来是为了开发心智，提高认识能力，以利于自己的行动。对那些不懂得奉养父母的人，我想让他们看看古人体察父母心意，按父母的意愿办事；轻言细语、和颜悦色地与父母谈话；怎样不怕劳苦，为父母弄到香甜软嫩的食品；使他们看了之后感到畏惧惭愧，起而效法古人。对那些不懂得怎样侍奉国君的人，我想让他们看看古人怎样笃守职责，不侵凌犯上；怎样在危急关头，不惜牺牲性命；怎样以国家利益为重，不忘自己忠心进谏的职责；使他们看了之后痛心疾首地对照自己，进而想去效法古人。对那些平时骄横奢侈的人，我想让他们看看古人怎样恭谨俭朴，节约费用；怎样以谦卑自守，以礼让为政教之本，以恭敬为立身之根，使他们看了之后震惊变色，自感若有所失，从而端正态度，抑制那骄奢的心意。对那些平时浅薄吝啬的人，我想让他们看看古人怎样重义轻财，少私寡欲，忌盈恶满；怎样周济鳏寡孤独，体恤贫民百姓。使他们看了之后脸红，产生懊悔羞耻之心，从而做到既能积财又能散财。对那些平时暴虐凶悍的人，我想让他们看看古人怎样小心恭谨，自我约束，懂得齿亡舌存的道理；怎样宽仁大度，尊重贤士，容纳众人。使他们看了之后气焰顿消，显出谦恭退让的样子来。对那些平时胆小懦弱的人，我想让他们看看古人如何无牵无碍，听天由命，如何强毅正直，说话算数，如何祈求福运，不违祖道。使他们看了之后能奋发振作，无所畏惧：以此类推，各方面的品行都可以采取以上方式来培养，即使不能使风气淳正，也可以去掉那些偏离道德规范的不良行为。从学习中所获取的知识，没有什么地方不可运用。然而现在的读书人，只知空谈，不能行动，忠孝谈不上，仁义也欠缺，再加上他们审断一桩官司，不一定了解了其中道理，主管一个千户小县，不一定亲自管理过百姓；问他们怎样造房子，不一定知道楣是横着放而瘣是竖着放；问他们怎样种田，不一定知道高粱要早下种而黍子要晚下种。整天只知道吟咏歌唱，谈笑戏谑，写诗作赋，悠闲自在，迂阔荒诞，对治军治国则毫无办法，所以他们被那些武官俗吏嗤笑辱骂，确实是有原因的。

【原文】

　　夫学者所以求益耳。见人读数十卷书，便自高大，凌忽长者，轻慢同列；人疾之如仇敌,恶之如鸱枭①。如此以学自损,不如无学也。

【注释】

①鸱(chī)枭:鸱为猛禽,枭是一种与鸱相似的鸟,传说食母,古人认为皆是恶鸟。

【译文】

人们学习是为了用它得到好处。我看见有的人读了几十卷书,就自高自大起来,冒犯长者,轻慢同辈。大家仇视他好比对仇敌一般,厌恶他好比对鸱枭那样的恶鸟一般。像这样用学习给自己招来损害,还不如不要学习。

【原文】

古之学者为己,以补不足也;今之学者为人,但能说之也。古之学者为人,行道以利世也;今之学者为己,修身以求进也。夫学者犹种树也,春玩其华,秋登其实;讲论文章,春华也,修身利行①,秋实也。

【注释】

①修身利行:涵养德行,以利于事。

【译文】

古代求学的人是为了充实自己,以弥补自身的缺乏;现在求学的人是为了向别人炫耀,只能夸夸其谈。古代求学的人是为了广利大众,推行自己的主张以造福社会;现在求学的人是为了自身需要,涵养德行以求仕进。求学就像种果树一样,春天可以观赏它的花朵,秋天可以收取它的果实。讲论文章,这就好比赏玩春花;修身利行,这就好比摘取秋实。

【原文】

人生小幼,精神专利,长成已后,思虑散逸,固须早教,勿失机也。吾七岁时,诵《灵光殿赋》①,至于今日,十年一理,犹不遗忘;二十之外,所诵经书,一月废置,便至荒芜矣。然人有坎壈②,失于盛年,犹当晚学,不可自弃。孔子云:"五十以学《易》,可以无大过矣③。"魏武、袁遗④,老而弥笃,此皆少学而至老不倦也。曾子七十乃学,名闻天下⑤;荀卿⑥五十,始来游学,犹为硕儒;公孙弘⑦四十余,方读《春秋》,以此遂登丞相;朱云⑧亦四十,始学《易》、《论语》;皇甫谧⑨二十,始受《孝经》、《论语》:皆终成大儒,此

并早迷而晚寤也。世人婚冠未学,便称迟暮,因循面墙,亦为愚耳。幼而学者,如日出之光,老而学者,如秉烛夜行,犹贤乎瞑目而无见者也⑩。

【注释】

①《灵光殿赋》:东汉文学家王逸的儿子王延寿所作。灵光殿,西汉宗室鲁恭王所建。

②坎壈:困顿;不得志。

③"孔子云"三句:语见《论语·述而》。朱熹《集注》:"学《易》,则明乎吉凶消长之理,进退存亡之道,故可以无大过。"

④魏武:即魏武帝曹操。袁遗:字伯业,为袁绍堂兄,任长安令。

⑤"曾子七十乃学"二句:《类说》"七十"作"十七",曾子小孔子四十六岁,而从其学,故此处应以"十七"为当。旧时十七岁已达入仕之年,而曾子十七岁始学,故可谓晚学。

⑥荀卿:战国时思想家、教育家。名况,时人尊之而号为"卿"。

⑦公孙弘:字季,汉代人。年四十余始学《春秋》,元朔中为丞相,封平津侯。

⑧朱云:字游,汉代平陵人。年四十,从博士白子友学《易经》,又从萧望之学《论语》。

⑨皇甫谧:字士安。晋代学者。

⑩"幼而学者"五句:《说苑·建本》:"师旷曰:'少而好学,如日出之阳;壮而好学,如日中之光;老而好学,如秉烛之明。秉烛之明,孰与昧行乎?"

【译文】

　　人在幼小的时候,精神专注敏锐,长大成人以后,思想容易分散,所以,对孩子确实需要及早教育,不可坐失良机。我在七岁的时候,背诵《灵光殿赋》,直到今天,隔十年温习一次,仍然不会遗忘。二十岁以后,所背诵的经书,搁置在那里一个月,便到了荒废的地步。当然,人总有困厄的时候,壮年时失去了求学的机会,仍然应当在晚年时抓紧时间进行学习,不可自暴自弃。孔子说:"五十岁时学习《易》,就可以不犯大的过错了。"魏武帝、袁遗,他俩到老年时学习的兴趣愈加浓厚,这些都是年轻时勤奋学习直到老年也不厌倦的例子。曾子十七岁时才开始学习,最后名闻于天下;荀卿五十岁才开始到齐国游学,仍然成了大学者;公孙弘四十多岁才开始读《春秋》,靠这学问后来终于当上了丞相;朱云也是四十岁才开始学习《易经》《论语》的,皇甫谧二十岁才开始学习《孝经》《论语》,他们最后都成了大学者。这些都是早年沉迷而晚年醒悟的例子。普通人如果到成年以后还未开始学习,就说晚了晚了,就这样拖拖拉拉过日子,好像面对着一堵墙壁什么也看不见，也可算是愚蠢的了。从小就开始学习的人，就如同太阳初升时的光芒；到老来才开始学习的人，就如同手持蜡烛在夜间行走，但总比那闭着眼睛什么也看不见的人强。

【原文】

学之兴废，随世轻重。汉时贤俊，皆以一经弘圣人之道，上明天时，下该人事，用此致卿相者多矣。末俗①已来不复尔，空守章句②，但诵师言，施之世务，殆无一可。故士大夫子弟，皆以博涉为贵，不肯专儒。梁朝皇孙以下，总丱③之年，必先入学，观其志尚，出身④已后，便从文吏，略无卒业者。冠冕为此者⑤，则有何胤、刘巘、明山宾、周舍、朱异、周弘正、贺琛、贺革、萧子政、刘绍等，兼通文史，不徒讲说也。洛阳亦闻崔浩、张伟、刘芳，邺下又见邢子才：此四儒者，虽好经术，亦以才博擅名。如此诸贤，故为上品，以外率多田野间人，音辞鄙陋，风操蚩拙，相与专固，无所堪能，问一言辄酬数百，责其指归，或无要会⑥。邺下谚云："博士⑦买驴，书券三纸，未有驴字。"使汝以此为师，令人气塞。孔子曰："学也禄在其中矣。"今勤无益之事，恐非业也。夫圣人之书，所以设教，但明练经文，粗通注义，常使言行有得，亦足为人；何必"仲尼居"即须两纸疏义⑧，燕寝讲堂⑨，亦复何在？以此得胜，宁有益乎？光阴可惜，譬诸逝水。当博览机要，以济功业；必能兼美，吾无间⑩焉。

【注释】

①末俗：指末世的风俗。

②章句：指古书的章节句读。

③总丱(huò)：《诗·齐风·甫田》："总角丱兮。"角，小髻。丱，儿童的发髻向上分开的样子。此指童年时代。

④出身：指出仕。

⑤冠：帽子的总称。冕：旧时贵族所戴的礼冠。这里的冠冕为仕宦的代称。

⑥要会：要旨的意思。

⑦博士：国子学中主讲《经》的人，此泛指执教的人。

⑧仲尼居：孔子在屋中坐着。疏义：系对经注而言，注是注解经文，疏是演释注文。

⑨燕寝：闲居之处；讲堂：讲习之所。此句说解经之家对"仲尼居"的"居"字有的释为闲居之处，有的释为讲习之所，各持一端。

⑩间：嫌隙，这里是批评的意思。

【译文】

　　学习风气的兴盛或衰败,随世道变迁而变化。汉朝时代的贤士俊才们,都靠精通一部经书来发扬光大圣人之道,上知晓天命,下贯通人事,他们中凭着这个特长而获取卿相职位的人可多了。汉末风气改变以后就不再是这样了,读书人都空守章句之学,只知道背诵老师讲过的现成话,如果靠这些东西来处理实际事务,我看大概不会有什么用处。因此,后来的士大夫子弟读书都以广泛涉猎为贵,不肯专攻一经。梁朝从皇孙以下,在儿童时就一定先让他们入学读书,观察他们的志尚,到步入仕途的年龄后,就去参与文官的事务,没有一个是把学业坚持到底的。既当官又能坚持学业的,则有何胤、刘巘、明山宾、周舍、朱异、周弘正、贺琛、贺革、萧子政、刘绍等人,这些人文笔也很在行,不光是只能口头讲讲而已。在洛阳城,我还听说有崔浩、张伟、刘芳三人的大名,邺下那里还有位邢子才:这四位学者,虽然都较为喜好经术,但也以才识广博擅名。像以上的各位贤士,原本就该是为官者中的上品,除此之外就大都是些村夫庸人,这些人语言鄙陋,风度拙劣,互相之见固执己见,任何事也干不了,你问他一句话,他就会答出几百句,若要问他其中的意旨究竟是什么,他大概一点也摸不到边。邺下有谚语说:“执教的人上市去买驴,契约写了三大张,不见写出个驴字。”如果让你以这种人为师,岂不会使人丧气。孔子说:“去学习吧,你的俸禄就在其中了。”而今这些人却在那些毫无益处的事情上下工夫,这恐怕不是正经行当吧。圣人的书,是用来教育人的,只要能熟读经文,精通注文之义,使之对自己的言行经常提供些帮助,也就足以在世上为人了;何必“仲尼居”三个字就要写它两张纸的疏文来解释呢,你说“居”指闲居之处,他说“居”指讲习之所,现在又有哪个能够亲见? 在这种问题上,争个你输我赢,难道会有什么好处吗? 光阴可惜,就像那逝去的流水般一去不返,我们应当广泛阅读书中那些精要之处,以求对自己的事业有所帮助。如果你们能把博览与专精结合起来,那我就非常满意,再无话可说了。

【原文】

　　俗间儒士,不涉群书,经纬①之外,义疏②而已。吾初入邺,与博陵崔文彦交游,尝说《王粲③集》中难郑玄《尚书》事,崔转为诸儒道之,始将发口,悬见排蹙,云:“文集只有诗赋铭诔④,岂当论经书事乎? 且先儒之中,未闻有王粲也。”崔笑而退,竟不以粲集示之。魏收⑤之在议曹,与诸博士议宗庙事,引据《汉书》,博士笑曰:“未闻《汉书》得证经术”。收便忿怒,都不复言,取《韦玄成⑥传》,掷之而起。博士一夜共披寻之,达明,乃来谢曰:“不谓玄成如此学也。”

【注释】

①经纬:经书和纬书。经书指儒家经典著作。纬书是对"经书"而言,是汉代混合神学附会儒家经义的书。

②义疏:解经之书。其名源于佛家的解释佛典。以后指会通中国古书义理,加以阐释发挥;或指广搜群书,补充旧注,究明原委的书。

③王粲:汉末文学家。字仲宣,山阳高平人(今山东邹县)。以博洽著称。为"建安七子"之一。

④赋、铭、诔:均为文体名,与诗同为有韵之文。

⑤魏收:北齐文学家、史学家。

⑥韦玄成:《汉书·韦贤传》载:"贤少子玄成,字少翁。好学,修父业,以明经擢为谏大夫。永光中,代于定国为丞相,议罢郡国庙,又议太上皇、孝惠、孝文、孝景庙,皆亲尽宜毁,诸寝园日月间祀,皆勿复修。"

【译文】

世间的读书人,不去广泛涉猎群书,除了读各种经书和纬书外,就是学学解释这些经典的注疏而已。我刚到邺城时,与博陵的崔文彦交游,我和他曾谈起《王粲集》中关于王粲责难郑玄《尚书注》的事,崔文彦转而给几位读书人谈起此事,刚要开口,就被他们责难说:"文集中只有诗、赋、铭、诔等类文体,难道会论及有关经书的事吗?况且在先儒之中,也没听说过王粲这人啊。"崔文彦笑了笑便告辞了,终究未把《王粲集》给他们看。魏收在议曹任上时,与各位博士议及有关宗庙之事,并引《汉书》为据,众博士笑着说:"我们没有听说过《汉书》可以证验经学的。"魏收很脑火,一句话也不再说,把《汉书》中的《韦玄成传》扔给他们,就起身退出了。众博士花了一个晚上的时间来共同翻检此书,第二天才来道歉说:"想不到韦玄成还有这等学问啊。"

【原文】

夫老、庄之书,盖全真①养性,不肯以物累己也。故藏名柱史②,终蹈流沙;匿迹漆园③,卒辞楚相,此任纵之徒耳。何晏、王弼,祖述玄宗,递相夸尚,景④附苹靡,皆以农、黄之化,在乎己身,周、孔之业,弃之度外。而平叔以党曹爽见诛,触死权⑤之网也;辅嗣以多笑人被疾,陷好胜之阱也;山巨源以蓄积取讥,背多藏厚亡之文也;夏侯玄以才望被戮,无支离拥肿⑥之鉴也;荀奉倩丧妻,神伤而卒,非鼓缶之情也;王夷甫悼子,悲不自胜,异东门之达也;嵇叔夜排俗取祸,岂和光同尘⑦之流也;郭子玄以倾动专势,宁后身外己之风也;阮嗣宗沉酒荒迷,乖畏途相诫之譬也;谢幼舆赃贿黜削,违弃其余鱼之旨也:彼诸人者,并其领袖,玄宗所归。其余桎梏尘滓⑧之中,颠仆名利之下者,岂可备言乎!直取其清谈雅论,剖玄析微,宾主往复,娱心悦耳,非济世成俗之要也。洎于梁世,兹风复阐,《庄》《老》《周易》,总谓《三玄》。武皇、简文,躬自讲论。周弘正奉赞大猷⑨,化行都邑,学徒千余,实为盛美。元帝在江、荆间,复所爱习,召置学生,亲为教授,废寝忘食,以夜继朝,至乃倦剧愁愤,辄以讲自释。吾时颇预末筵,亲承音旨,性既顽鲁,亦所不好云。

【注释】

①全真:保持本性。

②藏名柱史:老子做过周代管理图书的柱下史,藏名柱史是说做柱下史而不被外人知道。

③匿迹漆园:庄子曾为漆园吏。此指做漆园吏不为人所知。

④景:"影"的本字。

⑤死权:死于权利。死,为动用法,为……死。

⑥支离拥肿:支离和拥肿分别是庄子作品中的人和樗树,由于人的畸形、树的臃肿而终其天年。

⑦和光同尘:把光荣和尘浊同样看待。

⑧桎梏尘滓:被世俗所禁锢。

⑨大猷(yóu):道术,此指治国之道。

【译文】

　　老子、庄子他们的书,都是在讲怎样保持本真性情、修养超然品性的,所以他们不会因为身外之物而牵累自己,使自己过得不开心。老子心甘情愿做一个默默无闻的图书管理员,最后又悄无声息地隐身于沙漠之中;庄子则干脆隐居漆园当一个小官,后来楚成王邀请他做相,可是他却不领情。他们俩都是喜欢自由自在、无拘无束生活的人啊。后来,像何晏、王弼等,他们也宣讲道教的教义。那个时候的人,就好比影子伴随形体、草木随风倒一般,大家都以神农、黄帝的教化来装扮自己,至于周公、孔子的礼教等就无人问津了。可是何晏因为攀附曹爽而遭杀身之祸,这是碰到了贪婪的网上;王弼傲视周围,小看他人而遭到怨恨,这是掉进了好胜的陷阱;山涛由于贪财吝啬而遭到世人非议,这是违背了聚敛的越多失去的越多的古训;夏侯玄以非凡的才能和声望而招致被害,这是因为他还没有从庄子支离和拥肿的寓言中吸取教训:无用之才能够保全自己;荀粲因丧妻而伤心致死,说明他还不具有庄子丧妻击缶而歌的超脱情怀;王衍因丧子而痛不欲生,这和东门吴达观地面对丧子之痛有着天壤之别;嵇康因清高而命丧黄泉,说明他还没有做到"和其光,同其尘";郭象因声名显赫而成为达官贵人,最终也没有做到甘于人后;阮籍纵洒迷乱,违背了险途应该小心谨慎的古训;谢鲲因贪污而遭罢官,这是他没有遵守节制物欲的宗旨。以上的这些人,都是所谓的玄学中的领袖人物。至于那些在尘世污秽、名利官场之中毫无自由可言的人,就更不用说了。这些人无非拿老、庄书中的一些清谈雅论什么的,剖析一下其中的玄妙之处,宾主之间相互问答取娱,贪图一时的快乐,这对于形成良好的社会风气有什么用呢?到了梁朝,这种崇尚道教的风气又开始流行,那个时候兴玄学,《庄子》《老子》《周易》被人们称为"三玄"。这个东西,就连梁武帝和简文帝都亲自加以讲论。周弘正奉君王之命讲解如何以道教治国的大道理,偏远小城镇的人都来听讲,有时听讲的人达数千,真是盛况空前。后来元帝在江陵、荆州的时候,也对玄学乐此不疲,还召集学生亲自给他们讲解,以至于夜以继日、废寝忘食。他在身心疲惫、忧愁烦闷的时候,也会拿玄学来自我减压。我当时偶尔也会在末位听讲,有幸聆听元帝的教诲,这对于我这个天资愚笨的人来说,并没有特别的获益。

【原文】

齐孝昭帝侍娄太后疾①,容色憔悴,服膳减损。徐之才②为灸两穴,帝握拳代痛,爪入掌心,血流满手。后既痊愈,帝寻疾崩,遗诏恨不见山陵③之事。其天性至孝如彼,不识忌讳如此,良由无学所为。若见古人之讥欲母早死而悲哭之④,则不发此言也。孝为百行之首,犹须学以修饰之,况余事乎!

【注释】

①齐孝昭帝:名演,字延安,北齐君主,公元560年在位。娄太后:《北齐书·神武明皇后传》:"娄氏,讳昭君,司徒内干之女。"

②徐之才:《北齐书·徐之才传》:"之才,丹阳人,大善医术,兼有机辩。"

③山陵:指帝王或皇后的坟墓。此指孝昭帝母亲的丧事。

④若见古人之讥欲母早死而悲哭之:《淮南子·说山》:"东家母死,其子哭之不哀。西家子见之,归谓其母曰:'社何爱速死,吾必悲哭社。'夫欲其母之死者,虽死亦不能悲哭矣。"

【译文】

北齐的孝昭帝护理病中的娄太后，因此而脸色憔悴，饭量与日减少。徐之才用艾炷灸太后的两个穴位，太后疼痛忍无可忍，孝昭帝让母亲握住自己的手以代痛，指甲嵌入掌心，以致血流满手。太后的病终于痊愈，而孝昭帝却积劳成疾，没多久就去世了，临终留下遗诏说：他遗憾的是不能够为娄太后操办后事，以尽到最后的孝心。他这人的天性是这样的孝顺，而不懂得忌讳却又到如此地步，这确实是不学习造成的。他如果从书中看到过有关古人讽刺那盼望母亲早死以便痛哭尽孝的人的记载，就不会在遗诏中说出那样的话了。孝为百行之首，尚且需要通过学习去培养完善，更何况其他的事呢！

【原文】

梁元帝尝为吾说："昔在会稽①，年始十二，便已好学。时又患疥，手不得拳，膝不得屈。闲斋张葛②帏避蝇独坐，银瓯贮山阴甜酒，时复进之，以自宽痛。率意自读史书，一日二十卷，既未师受，或不识一字，或不解一语，要自重之，不知厌倦。"帝子之尊，童稚之逸，尚能如此，况其庶士，冀以自达者哉？

【注释】

①会稽：郡名。南朝时其治所在山阴（今浙江绍兴）。

②葛：植物名。多年生蔓草。其茎的纤维可制葛布。

【译文】

梁元帝曾经对我说："我过去在会稽郡的时候，年龄才十二岁，就已经喜欢学习了。当时我身患疥疮，手不能握拳，膝不能弯曲。我在闲斋中挂上葛布制成的帐子，以避开苍蝇独坐，身边的小银盆内装着山阴甜酒，不时喝上几口，以此减轻疼痛。这时我就独自随意读一些史书，一天读二十卷，既然没有老师传授，就经常会有一个字不认识，或一句话不能够理解的情况，这就需要严格要求自己，不感到厌倦。"元帝以帝王之子的尊贵，以孩童的闲适，尚且能够用功学习，何况那些希望通过学习以求显达的小官吏呢？

【原文】

古人勤学，有握锥①投斧，照雪聚萤②，锄则带经③，牧则编简④，亦为勤笃。梁世彭城刘绮，交州刺史勃之孙，早孤家贫，灯烛难办，常买荻尺寸折之，然⑤明夜读。孝元初出会稽,精选寮寀⑥,绮以才华,为国常侍兼记室⑦,殊蒙礼遇,终于金紫光禄⑧。义阳朱詹,世居江陵,后出扬都⑨,好学,家贫无资,累日不爨⑩,乃时吞纸以实腹。寒无毡被,抱犬而卧。犬亦饥虚,起行盗食,呼之不至,哀声动邻,犹不废业,卒成学士,官至镇南录事参军,为孝元所礼。此乃不可为之事,亦是勤学之一人。东莞臧逢世,年二十余,欲读班固《汉书》,苦假借不久,乃就姊夫刘缓乞丐客刺⑪书翰纸末,手写一本,军府服其志尚,卒以《汉书》闻。

【注释】

①握锥:指战国时苏秦以锥刺股事。

②照雪:《初学记》引《宋齐语》:"孙康家贫,常映雪读书,清淡,交游不杂。"《太平御览》卷十二亦引此文。聚萤:《晋书·车武子传》:"武子,南平人。博学多通。家贫,不常得油,夏月则练囊盛数十萤火以照书,以夜继日焉。"

③锄则带经:汉末的常林也有带经而锄的事。

④牧则编简:《汉书·路温舒传》:"温舒,字长君,钜鹿东里人。父为里监门,使温舒牧羊,取泽中蒲,截以为牒,编用书写。"

⑤然:"燃"的本字。

⑥精选寮寀:《尔雅·释诂》:"寀,寮,官也。"寀,同"僚"。寮,同"采"。

⑦绮认才华,为国常侍兼记室:《隋书·百官志》:"皇子府置中录事,中记室、中直兵等参军,功曹史、录事、中兵等参军。王国置常侍官。"

⑧殊蒙礼遇,终于金紫光禄:《隋书·百官志》:"特进、左右光禄大夫、金紫光禄大夫,并为散官,以加文武官之德声者。"

⑨扬都:指建业,即今江苏南京市。

⑩爨(cuàn):烧火煮饭。

⑪客刺:名刺,名片。

【译文】

先前的勤学者,有用锥子刺大腿以防止瞌睡的苏秦;有投斧于高树、下决心到长安求学的文党;有映雪勤读的孙康;有用袋子收聚萤火虫用来照读的车武子;汉代的常林耕种时也不忘带上经书;还有个路温舒,在放羊的时候就摘蒲草截成小简,用来写字。他们也都可以算是能勤奋学习的人。梁朝彭城的刘绮,是交州刺史刘勃的孙子,从小死了父亲,家境贫寒,无钱购买灯烛,就买来荻草,把它的茎折成尺把长,点燃后照明以作夜读。梁元帝在任会稽太守的时候,精心选拔官吏,刘绮以他的才华当上了太子府

中的国常侍兼记室,很受尊重,最后官至金紫光禄大夫。义阳的朱詹,世居江陵,后来到了建业。他非常勤学,家中贫穷无钱,有时连续几天都不能生火煮饭,就经常吞食废纸充饥。天冷没有被盖,就抱着狗睡觉。狗也非常饥饿,就跑到外面去偷东西吃,朱詹大声呼唤也不见它归家,哀声惊动邻里。尽管这样,他还是没有荒废学业,终于成为学士,官至镇南录事参军,为元帝所尊重。朱詹之所为,是一般人所不能做到的,这也是一个勤学的典型。东莞人臧逢世,二十多岁的时候,想读班固的《汉书》,但苦于借来的书自己不能长久阅读,就向姐夫刘缓要来名片、书札的边幅纸头,亲手抄得一本。军府中的人都佩服他的志气,后来他终于以研究《汉书》出了名。

【原文】

齐有宦者内参①田鹏鸾,本蛮人也。年十四五,初为阉寺②,便知好学,怀袖握书,晓夕讽诵。所居卑末,使彼苦辛,时伺闲隙,周章③询请。每至文林馆④,气喘汗流,问书之外,不暇他语。及睹古人节义之事,未尝不感激沉吟久之。吾甚怜爱,倍加开奖。后被赏遇,赐名敬宣,位至侍中开府⑤。后主之奔青州,遣其西出,参伺动静,为周军所获。问齐主何在,绐云:"已去,计当出境。"疑其不信,欧捶服之,每折一支⑥,辞色愈厉,竟断四体而卒。蛮夷童孺,犹能以学成忠,齐之将相,比敬宣之奴不若也。

【注释】

①内参:宦官。

②阉(hūn)寺:官名。阉人寺人之省称。

③周章:周游。

④文林馆:官署名。北齐置,掌著作及校理典籍,兼训生徒,置学士。

⑤侍中:职官名。开府:开建府署,辟置僚属。因其仪仗同于三司(太尉、司徒、司空),称开府仪同三司。

⑥欧:通"殴"。支:通"肢"。

【译文】

北齐时有位太监叫田鹏鸾,他本是少数民族。年纪有十四五岁。当初当宫禁的阉寺时,就知道好学,身上带着书,早晚诵读。虽然他所处的地位很是低下,工作也很辛苦,但依然能经常利用空闲时间,四处拜师求教。每次到文林馆,气喘汗流,除了询问书中不懂的地方外,顾不得讲其他的话。每当他从书中看到古人讲气节、重义气的事,就特别激动,连声赞叹,心情久久不能平静。我很喜欢他,对他倍加开导勉励。后来他得到皇帝的赏识，赐名为敬宣，职位到了侍中开府。齐后主逃奔青州的时候，派他往西边去观看动静，被北周军队俘获。周军问他后主在什么地方？田鹏鸾欺骗他们说："已走了，恐怕已经出境了。"周军不相信他的话，就殴打他，企图使他屈服；他的四肢每被打断一条，声音和神色就越是严厉，最后终于被打断四肢而死。一位少数民族的少年，尚且能够通过学习变得如此忠诚，北齐的将相们，比敬宣的奴仆都不如啊。

【原文】

邺平之后，见徙入关①。思鲁尝谓吾曰："朝无禄位，家无积财，当肆筋力，以申供养。每被课笃②，勤劳经史，未知为子，可得安乎？"吾命之曰："子当以养为心，父当以学为教③。使汝弃学徇财，丰吾衣食，食之安得甘？衣之安得暖？若务先王之道，绍家世之业，藜羹④縕褐，我自欲之。"

【注释】

①邺平之后，见徙入关：指北周军队攻占北齐都城邺城，灭北齐，北齐君臣被押送长安事。

②笃：通"督"。察视。

③父当认学为教：此句，宋本作"父当以教为事"，原注："'教'一本作'学'，'事'一本作'教'。"

④藜羹：用嫩藜煮成的羹，这里指粗劣的食物。

【译文】

邺城被北周军队平定之后，我们被流放到关内。那时思鲁曾经对我说："我们在朝廷没人当官，家里也没有积财，我应当尽力干活赚钱，以此尽供养之责。现在，我却时时被督促检查功课，致力于经史之学，您难道不知道我这做儿子的，能够在这种情况下安心学习吗？"我教诲他说："当儿子的固然应当把供养的责任放在心上，当父亲的却应当把子女的教育作为根本大事。如果让你放弃学业去赚取钱财，使我丰衣足食，那么，我吃起饭来怎么能够感到香甜，穿起衣来怎么能够感到温暖呢？如果你能够致力于先王之道，继承我们家世的基业，那么，我纵使吃粗茶淡饭，穿麻布衣衫，也心甘情愿。"

【原文】

《书》曰:"好问则裕。"《礼》云:"独学而无友,则孤陋而寡闻。"盖须切磋相起①明也。见有闭门读书,师心自是②,稠人广坐③,谬误差失者多矣。《穀梁传》称公子友与莒挐相搏,左右呼曰:"孟劳。"孟劳者,鲁之宝刀名,亦见《广雅》。近在齐时,有姜仲岳谓:"孟劳者,公子左右,姓孟名劳,多力之人,为国所宝。"与吾苦诤。时清河郡守邢峙,当世硕儒,助吾证之,赧然而伏。又《三辅决录》云:"灵帝殿柱题曰:'堂堂乎张,京兆田郎。'"盖引《论语》,偶以四言,目京兆人田凤也。有一才士,乃言:"时张京兆及田郎二人皆堂堂耳。"闻吾此说,初大惊骇,其后寻愧悔焉。江南有一权贵,读误本《蜀都赋》注,解"蹲鸱,芋也",乃为"羊"字;人馈羊肉,答书云:"损惠④蹲鸱。"举朝惊骇,不解事义,久后寻迹,方知如此。元氏之世⑤,在洛京时,有一才学重臣,新得《史记音》,而颇纰缪⑥,误反"颛顼"字,顼当为许录反,错作许缘反,遂谓朝士言:"从来谬音'专旭',当音'专翾'耳。"此人先有高名,翕然⑦信行;期年之后,更有硕儒,苦相究讨,方知误焉。《汉书·王莽赞》云:"紫色蛙声,余分闰位。"谓以伪乱真耳。昔吾尝共人谈书,言乃王莽形状,有一俊士,自许史学,名价甚高,乃云:"王莽非直鸱目虎吻,亦紫色蛙声。"又《礼乐志》云:"给太官桐马酒。"李奇注:"以马乳为酒也,撞挏⑧乃成。"二字并从手。撞挏,此谓撞捣挺挏之,今为酪酒亦然。向学士又以为种桐时,太官酿马酒乃熟。其孤陋遂至于此。太山羊肃,亦称学问,读潘岳赋:"周文弱枝之枣",为杖策之杖;《世本》:"容成造历。"以历为碓⑨磨之磨。

【注释】

①起:启发,开导。

②师心自是:以己意为师,自以为是。

③稠人广坐:公共场合。稠人,众人。

④损惠:感谢对方赠送礼物的敬辞。

⑤元氏之世:指北魏。元氏是北魏皇帝的姓。

⑥纰缪(pī miù):纰漏,错误。

⑦翕然:聚集的样子。

⑧撞挏(chòng dòng):上下撞击。

⑨碓(duì):舂米的器具。用木、石制成。

【译文】

《书经》上说:"喜欢提问则知识充足。"《礼经》上说:"独自学习而没有朋友共同商讨,就会孤陋寡闻。"看来,学习需要相互共同切磋,彼此启发,这是很明白的了。我就见过不少闭门读书,自以为是,在大庭广众之下口出谬言的人。《穀梁传》叙述公子友与莒挐两人相搏斗,公子友左右的人呼叫"孟劳"。孟劳是鲁国宝刀的名称,这个解释也见于《广雅》。最近我在齐国,有位叫姜仲岳的说:"孟劳是公子友左右的人,姓孟,名劳,是位大力士,为鲁国人所爱重。"他和我苦苦争辩。当时清河郡守邢峙也在场,他是当今的大学者,帮助我证实了孟劳的真实含义,姜仲岳才红着脸认输了。此外,《三辅决录》上说:"汉灵帝在官殿柱子上题字:'堂堂乎张,京兆田郎。'"这是引用《论语》中的话,而对以四言句式,用来品评京兆人田凤。有一位才士,却解释成:"当时张京兆及田郎二人都是相貌堂堂的。"他听了我的上述解释后,开始十分惊骇,后来又对此感到惭愧懊悔。江南有一位权贵,读了误本《蜀都赋》的注解,"蹲鸱,芋也",芋字错作"羊"字。有人馈赠他羊肉,他就回信说:"谢谢您赐我蹲鸱。"满朝官员都感到惊骇,不了解他用的是什么典故,经过很长时间查到出典,才明白是这么回事。魏元氏在位的时候,洛京一位有才学而位居重要职务的大臣,他新近得到一本《史记音》,而内中错谬很多,给"颛顼"一词错误地注音,顼字应当注音为许录反,却错注为许缘反,这位大臣就对朝中官员们说:"过去一直把颛顼误读成'专旭',应该读成'专翻'。"这位大臣名气早就很大,他的意见大家当然一致赞同并照办。直到一年后,又有大学者对这个词的发音苦苦地研究探讨,才知道谬误所在。《汉书·王莽赞》说:"紫色蛙声,余分闰位。"是说王莽以假乱真。过去我曾经和别人谈论书籍,其中谈到王莽的模样,有一位聪明能干的人,自夸通晓史学,名誉身价很高,却说:"王莽不但长得鹰目虎嘴,而且有着紫色的皮肤,青蛙的嗓音。"此外,《礼乐志》上说:"给太官桐马酒。"李奇的注解是:"以马乳为酒也,揰挏乃成。""揰挏"二字的偏旁都从手。所谓揰挏,这里是说把马奶上下捣击,现在做奶酒也是用这种方法。刚才提到的那位聪明人又认为李奇注解的意思是:要等种桐树之时,太官酿造的马酒才熟。他的学识浅陋竟到了这个地步。太山的羊肃,也称得上有学问的人,他读潘岳赋中"周文弱枝之枣"一句,把"枝"字读作"杖"策的杖字;他读《世本》中"容成造历"一句,把"历"字认作碓磨的"磨"字。

【原文】

谈说制文,援引古昔,必须眼学,勿信耳受。江南闾里①间,士大夫或不学问,羞为鄙朴,道听途说,强事饰辞:呼徵质为周、郑,谓霍乱②为博陆,上荆州必称陕西,下扬都言去海郡,言食则旧口③,道钱则孔方,问移则楚丘④,论婚则宴尔,及王则无不仲宣⑤,语刘则无不公干。凡有一二百件,传相祖述⑥,寻问莫知原由,施安时复失所。庄生有乘时鹊起之说⑦,故谢朓诗曰:"鹊起登吴台。"吾有一亲表,作《七夕》诗云:"今夜吴台鹊,亦共往填河⑧。"《罗浮山记》云:"望平地树如荠。"故戴暠诗云:"长安树如荠⑨。"又邺下有一人《咏树》诗云:"遥望长安荠。"又尝见谓矜诞为夸毗,呼高年为富有春秋⑩,皆耳学之过也。

【注释】

①闾(lú)里:乡里。《周礼·天官·小宰》:"听闾里以版图。"贾公彦疏:"在六乡则二十五家为闾,在六遂则二十五家为里。"

②霍乱:中医学泛指有剧烈吐泻、腹痛等症状的急性肠胃疾患。又汉代大臣霍光封博陆侯,这大约是"谓霍乱为博陆"的一点因由。

③皀口:《左传·隐公十一年》:"而使皀其口于四方。"《说文·食部》:"皀,寄食也。"

④楚丘:《左传·闵公二年》:"僖之元年,齐桓公迁邢于夷仪,封卫于楚丘。邢迁如归,卫国忘亡。"

⑤仲宣:王粲为汉末著名文学家,建安七子之一,字仲宣。

⑥祖述:效法、遵循前人的行为或学说。

⑦庄生有采时鹊起之说:《太平御览》卷九百二十一引《庄子》云:"鹊上高城之垝,而巢于高榆之颠,城坏巢折,陵风而起。故君子之居世也,得时则蚁行,失时则鹊起也。"时:时机。

⑧填河:也称"填桥"。民间传说,每年七月初七牛郎、织女相会,群鹊衔接为桥以渡银河。

⑨长安树如荠:《乐府诗集》卷二七载戴皞《度关山诗》,首云:"昔听《陇头吟》,平居已流涕;今上关山望,长安树如荠。"

⑩富有春秋:指年纪小,春秋尚多,故称富。此与高年义正相反。春秋,指年数。

【译文】

谈话写文章,援引古代的事物,必须是用自己的眼睛去学来的,而不要相信耳朵所听来的。江南乡里间,有些士大夫不事学问,又羞于被视为鄙陋粗俗,就把一些道听途说的东西拿来装饰门面,以显示高雅博学。比如:把徵质呼为周、郑,把霍乱叫作博陆,上荆州一定要说成是上陕西,下扬都就说是去海郡,谈起吃饭就说是皀口,提到钱就称之为孔方,问起迁移之处就讲成楚丘,谈论婚姻就说成宴尔,讲到姓王的人没有不称为仲宣的,谈起姓刘的人没有不呼作公干的。这类"典故"大约一二百个,士大夫们前后相承,一个跟着一个学。如果向他们问起这些"典故"的缘由,却没有一个回答得出来;用之于言谈文章,常常是不伦不类。庄子有乘时鹊起的说法,因此谢朓的诗中就说:"鹊起登吴台。"我有一位表亲,作的一首《七夕》诗又说:"今夜吴台鹊,亦共往填河。"《罗浮山记》上说:"望平地树如荠。"所以戴皞的诗就说:"长安树如荠。"而邺下有一个

72

人的《咏树》诗又说:"遥望长安茅。"我还曾经见有人把矜诞解释为夸毗,称高年为富有春秋,这些都是"耳学"造成的错误。

【原文】

夫文字者,坟籍根本。世之学徒,多不晓字:读《五经》者,是徐邈①而非许慎;习赋诵者,信褚诠②而忽吕忱;明《史记》者,专徐③、邹而废篆籀;学《汉书》者,悦应④、苏而略《苍》、《雅》。不知书音是其枝叶,小学⑤乃其宗系。至见服虔、张揖音义则贵之⑥,得《通俗》、《广雅》而不屑⑦。一手⑧之中,向背如此,况异代各人乎?

【注释】

①徐邈:晋东莞姑幕人。博涉多闻。四十四岁时始官中书舍人。撰《五经音训》,学者宗之。

②褚诠:事迹不详。

③徐:疑当为南朝宋中散大夫徐野民,其人撰有《史记音义》十二卷。

④应:指应劭。

⑤小学:汉代称文字学为小学,因儿童入小学先学文字,故名。隋唐以后,范围扩大,成为文字学、训诂学、音韵学的总称。

⑥服虔:东汉经学家。初名重,又名祇,字子慎,河南荥阳人。曾任九江太守。信古文经学,撰有《春秋左氏传解谊》。东晋元帝时,服虔《左传》曾立博士。南北朝时,北方盛行服《注》。张揖:三国时魏国清河人。字稚让,曾官博士。所著《埤苍》《古今字诂》已佚,存者有《广雅》。

⑦《通俗》:即《通俗文》。服虔撰,一卷。训释经史用字。原书已失传。清任大椿等有辑本。《广雅》:训诂书。三国魏张揖撰。

⑧一手:这里指出自一人的手笔。

【译文】

文字,这是书籍的根本。世上求学之人,大多都没有把字义弄通:通读《五经》的人,肯定徐邈而非难许慎;学习赋诵的人,信奉褚诠而忽略吕忱;崇尚《史记》的人,只对徐野民、邹诞生的《史记音义》这类书感兴趣,却废弃了对篆籀文字义的钻研;学习《汉书》的人,喜欢应邵、苏林的注解而忽略了《三苍》《尔雅》。他们不懂得语音只是文字的枝叶,而字义才是文字的根本。以致有人见了服虔、张揖有关音义的书就十分重视,而得到同是这两人写的《通俗文》《广雅》却不屑一顾。对同出一人之手的著作,居然这

73

样厚此薄彼,何况对不同时代不同人的著作呢?

【原文】

夫学者贵能博闻也。郡国①山川,官位姓族②,衣服饮食,器皿制度③,皆欲根寻,得其原本;至于文字,忽不经怀④,己身姓名,或多乖舛,纵得不误,亦未知所由。近世有人为子制名:兄弟皆山傍立字,而有名峙⑤者;兄弟皆手傍立字,而有名昧者⑥;兄弟皆水傍立字,而有名凝⑦者。名儒硕学,此例甚多。若有知吾钟之不调,一何可笑。

【注释】

①郡国:汉代区划分郡与国。郡直辖于朝廷,国分封于诸王侯。

②姓族:姓氏家族。

③制度:法令礼俗的总称。

④忽:轻视。经怀:留心。

⑤峙:颜之推所在时代,"峙"字的正规写法应作"峕",《说文》中亦有峕无峙,颜之推的意思是说从山的峙字不规范,不可以命名。

⑥兄弟皆手傍主字,而有名昧者:卢文弨(yōng)曰:"兄弟皆手傍(本作'边')立字,而有名昧者,'手'误作'木','昧'误作'昧',今并注一皆改正。"据此,则此句中"昧"当作"昧"。按:《说文》中无"昧"字,故颜氏讥其不规范。

⑦凝:"凝",宋本以下诸本俱如此作,独抱经堂本改作"凘"。段玉裁曰:"此亦颜时俗字。凝本从阜,俗本从水,故颜谓其不典,今本正文仍作正体,则又失颜意矣。"

【译文】

求学的人都以博闻为贵。他们对于郡国山川、官位姓族、衣服饮食、器皿制度,都希望追根问底,找出其源头来;但对于文字,却漫不经心,自家的姓名,也往往出现谬误,即使不出错的,也不知道它的由来。近代有些人为孩子起名字:兄弟几个的名字都用山作偏旁,其中就有取名为峙的;兄弟几个的名字都用手作偏旁,其中就有取名为昧的;兄弟几个的名字都用水作偏旁,其中就有取名为凝的。在那些知名的大学者中,这类例子很多。如果他们知道这与晋平公的乐工听不出钟的乐音不协调是一回事的话,就会感到这是多么可笑。

【原文】

吾尝从齐主幸并州①,自井陉关入上艾县②,东数十里,有猎闾村。后百官受马粮在晋阳东百余里亢仇城侧。并不识二所本是何地，博求古今，皆未能晓。及检《字林》、《韵集》③，乃知猎闾是旧娥馀聚④，亢仇旧是皲䪶亭⑤，悉属上艾。时太原王劭⑥欲撰乡邑记注，因此二名闻之，大喜。

【注释】

①齐主：指北齐文宣帝高阳。并州：旧州名，治所在晋阳（今山西太原市）。幸：帝王驾临。

②井陉：即井陉山，为太行八陉之一。上艾县：属并州。

③《字林》：字书。晋吕忱撰。已佚。《韵集》：韵书。晋吕静撰。已佚。

④娥（é）馀聚：村落名。位于今山西省平定县境内。

⑤皲䪶（hàn bì）亭：古亭名。位于今山西省平定县境内。

⑥王劭：字君懋，南朝齐太原晋阳人。曾任中书舍人等职。以博物为时人所称许。

【译文】

我曾经跟从北齐文宣帝去到并州，从井陉关进入上艾县，从那里往东几十里，有一个猎闾村。后来，百官又在晋阳以东百余里的亢仇城旁接受马粮。大家都不知道上述两个地方原本是哪里，博求古今书籍，都没有弄明白。直到我翻检《字林》《韵集》这两本书，才知道猎闾原来就是过去的娥馀聚，亢仇就是皲䪶亭，它们都属于上艾县。当时太原的王劭想撰写乡邑记注，我把这两个旧地名说给他听，他非常高兴。

【原文】

吾初读《庄子》"蜩①二首"，《韩非子》②曰："虫有蜩者，一身两口，争令相啮，遂相杀也③"，茫然不识此字何音④，逢人辄问，了无解者。案：《尔雅》诸书，蚕蛹名蜩，又非二首两口贪害之物。后见《古今字诂》⑤，此亦古之虺字，积年凝滞，豁然雾解。

【注释】

①蜩（chóu）：传说中一身两口的怪虫。《一切经音义》四六引《庄子》，作"虺二首"，蜩，虺古今字。

②《韩非子》：书名。为战国哲学家韩非死后，后人搜集其遗著，并加入他人论述韩非学说的文章编成。

③此段引文见《韩非子·说林》下篇。啮：咬。

④音：意思。《管子·内业》："不可呼以声，而可迎以音。"王念孙杂志："音，即意字也。言不可呼之以声，而但可迎之以意也。"

【译文】

我开始读到《庄子》中"蛝二首"这一句时，发现《韩非子》上面说："动物中有叫蛝的，一个身体两张口，为了争夺食物而互相咬啮，终于导致彼此残杀。"我茫茫然不知道这个"啮"字是什么意思，遇到人就问，却没有一个答得上的。按：《尔雅》等书上说，蚕蛹名蛝，但蚕蛹又不是那种有两个头两张口贪婪有害的动物。后来见了《古今字诂》，才明白这也就是古代的"虺"字，我多年来积滞在胸中的难题，一下子如同大雾一样散开了。

【原文】

尝游赵州①，见柏人②城北有一小水，土人亦不知名。后读城西门徐整③碑云："瀼流东指。"众皆不识。吾案《说文》④，此字古魄字也，瀼，浅水貌。此水汉来本无名矣，直以浅貌目之，或当即以瀼为名乎？

【注释】

①尝游赵州：颜之推于河清末被举为赵州功曹参军。游赵州当在此时。赵州：州名。治所在广阿（今河北隆尧东）。

②柏人：古县名。治所在今河北隆尧西。

③徐整：字文操，豫章人，仕吴为太常卿。

④《说文》：即《说文解字》，为我国第一部系统地分析字形和考究字原的字书。东汉许慎撰。

【译文】

我曾经游赵州，见到柏人城北面有一条小河，当地人也不理解它的名字。后来我读了城西门徐整写的碑文，上面说："瀼流东指。"大家都不知道它的意思。我查阅了《说文解字》，这个"瀼"字就是古"魄"字，瀼，水浅的意思。这条河从汉代以来就没有名字，只是把它当做一条浅浅的河流看待，或许应当就用这个"瀼"字给它命名吧？

【原文】

世中书翰①，多称匆匆，相承如此，不知所由，或有妄言此忽忽之残缺耳。案②：《说文》："勿者,州里所建之旗也,象其柄及三瑝之形,所以趣民事。故晶遽者称为勿勿③。"

【注释】

①书翰:书信。翰,羽毛之长者。旧时以羽翰为笔,所以称毛笔曰翰,泛称笔写的书面文字为书翰。

②案:通"按"。

③《说文解字》此段文字作:"勿,州里所建旗,象其柄有三游,杂帛幅半异,所以趣民,故冗遽称勿勿。"州里:旧时二千五百家为州,二十五家为里。这里泛指乡里。瑝:旧时旌旗末端直幅、飘带之类的下垂饰物。《玉篇·瑝部》:"瑝,旌旗之末垂者。或作游。"趣:催,催促。晶:急遽,急速。

【译文】

世上的书信,内中多有"勿勿"这个词语,历来延续都是如此,却不知道它的根由,有人乱下结论说这就是"忽忽"的残缺。按:《说文》上说:"勿,是乡里所树立的旗帜,这个字像旗杆和旗帜末端三条飘带的形状,是用来催促民事的。因此就把匆忙急迫称为勿勿。"

【原文】

吾在益州①,与数人同坐,初晴日晃,见地上小光,问左右:"此是何物?"有一蜀竖就视,答云:"是豆逼耳。"相顾愕然,不知所谓。命取将②来,乃小豆也。穷访蜀士,呼粒为逼,时莫之解。吾云:"《三苍》《说文》,此字白下为匕,皆训粒,《通俗文》音方力反。"众皆欢悟。

【注释】

①益州:州名。

②将:助词,无义。

【译文】

我在益州的时候,和几个人在一起闲坐,天刚放晴,阳光很明亮,我见到地上有些小的光亮点,就问左右的人:"这是什么东西?"有一蜀地的童仆靠近看了看,回答说:"是豆逼。"大家听了惊讶地互相看着,不知道他说的什么,我叫他拿过来,原来是粒小豆。我曾经一一询问过蜀地的人,都把"粒"叫作"逼",当时没有谁能解释这中间的道

理。我就说："《三苍》《说文》中,这个字就是'白'下加'匕',都解释为粒,《通俗文》注音作方力反。"大家都高兴地领悟了。

【原文】

愍楚友婿窦如同从河州来①,得一青鸟,驯养爱玩,举俗呼之鹖②。吾曰:"鹖出上党③,数曾见之,色并黄黑,无驳杂也。故陈思王④《鹖赋》云:'扬玄黄之劲羽。'"试检《说文》:"鹳雀似鹖而青,出羌中。"《韵集》⑤音介。此疑顿释。

【注释】

①友婿:同门女婿相称。今称连襟。河州:州名。

②鹖(hé):鸟名。又名鹖鸡。

③上党:郡名。战国时韩置。北魏时治所在壶关(今山西省长治县东南)。

④陈思王:即曹植。

⑤《韵集》:韵书。

【译文】

愍楚的连襟窦如同从河州来,他在那边得到一只青色的鸟,把它驯养起来,喜欢地玩赏,所有的人都叫这只鸟为鹖。我说:"鹖出在上党,我曾经多次见过,它的羽毛的颜色全都是黄黑色,没有杂乱的颜色。因此曹植的《鹖赋》说:'鹖举起它那黄黑色的有力的翅膀。'"我试着翻检《说文》,上面说:"鹳雀像鹖而毛色是青的,出产在羌中。"《韵集》的注音为"介"。这个疑问顿时就解开了。

【原文】

梁世有蔡朗者讳纯,既不涉学,遂呼莼为露葵①。面墙②之徒,递相仿效。承圣③中,遣一士大夫聘齐④,齐主客郎⑤李恕问梁使曰:"江南有露葵否?"答曰:"露葵是莼,水乡所出。卿今食者绿葵菜耳。"李亦学问,但不测彼之深浅,乍闻无以核究。

【注释】

①莼:莼菜,又名"水葵"。水生植物。春、夏季嫩叶可作蔬菜。露葵:即冬葵。八九月种植,可食。

②面墙:比喻不学,如面朝墙而一无所见。

③承圣:梁元帝年号。

④齐:指北齐。

⑤主客郎:职官名。属祠部尚书所统。

【译文】

梁朝有位叫作蔡郎的忌讳"纯"字,他既然不事学习,就把莼菜称作露葵。那些不学无术之徒,也就一个跟着一个模仿。承圣年间,朝廷派一位士大夫出使齐国,齐国的主客郎李恕在席间问这位梁朝的使者说:"江南有露葵吗?"使者回答说:"露葵就是莼菜,那是水泊中生长的。您今天吃的是绿葵菜。"李恕也是有学问的人,只是还不了解对方的深浅,猛一听见这话也就没有办法去核实推究了。

【原文】

思鲁等姨夫彭城刘灵,尝与吾坐,诸子侍焉。吾问儒行、敏行①曰:"凡字与咨议名同音者,其数多少,能尽识乎?"答曰:"未之究也,请导示之。"吾曰:"凡如此例,不预研检,忽见不识,误以问人,反为无赖所欺,不容易②也。"因为说之,得五十许字。诸刘③叹曰:"不意乃尔!"若遂不知,亦为异事。

【注释】

①儒行、敏行:二人均为刘灵子,亦即之推侄。

②容易:此处是不在乎的意思。

③诸刘:指刘灵的儿子们。

79

【译文】

思鲁等人的姨夫彭城的刘灵,曾经和我同坐闲谈,他的几个孩子在旁边陪伴。我问儒行、敏行说:"凡与你们父亲名字同音的字,它的数目是多少,你们都能认识吗?"他们回答说:"没有探究过这个问题,请您指教提示一下。"我说:"凡是像这一类的字,如果平时不预先研究翻检,忽然见到又不认识,拿去问错了人,反而会被无赖所欺骗,可不能满不在乎啊。"于是我就给他们解说这个问题,一共说出了五十多个字。刘灵的几个孩子感叹道:"想不到会有这样多!"如果他们竟然

一点不了解，那也确实是怪事。

【原文】

校定书籍，亦何容易，自扬雄、刘向①，方称此职耳。观天下书未遍，不得妄下雌黄②。或彼以为非，此以为是；或本同末异；或两文皆欠，不可偏信一隅也。

【注释】

①扬雄：西汉文学家、哲学家、语言学家。字子云，蜀郡成都（今属四川）人。王莽时曾校书天禄阁上。刘向：西汉经学家、目录学家、文学家。字子政，沛（今江苏沛县）人。曾校阅群书，撰成别录，为我国目录学之祖。

②雌黄：矿物名。橙黄色，可制颜料。古人以黄纸书字，有误时则以雌黄涂之。因称改易文字为雌黄。

【译文】

考核订正书籍，是一件很不容易的事，从扬雄、刘向开始，他们才可谓是胜任这个工作了。天下的书籍没有看遍，就不能任意改动书籍上的文字。书籍上的文字，有时那个本子认为是错误的，这个本子又认为是正确的；有时，开头的本子是相同的，后来的本子却又出现分歧；有时，两个本子的同一处文字都不够妥当，因此不可以偏信一个方面。

【评析】

《勉学》篇是全书中非常重要的一章，以其极为丰富的内容，语重心长地讲述了"人生在世，会当有业"的道理。同时，作者对当时的士族子弟不务学业，自身没有能力，仅仅凭借门第而猎取高位的现状进行了猛烈的抨击。由于他清醒地认识到门阀制度的弊端，因此他对孩子谆谆教诲：工、农、士、商、兵各行都是学问，任何一个方面都不可轻视。行业不分贵贱，任何技艺学好了都可以安身立命，否则就可能家败人亡。作者还提出了具体的学习方法和一些为人处世的观念。

卷　四

文章第九

【原文】

　　夫文章者,原出《五经》:诏、命、策①、檄,生于《书》者也;序、述、论、议②,生于《易》者也;歌、咏、赋、颂③,生于《诗》者也;祭、祀、哀、诔④,生于《礼》者也;书、奏、箴⑤、铭,生于《春秋》者也。朝廷宪章,军旅誓诰,敷⑥显仁义,发明功德,牧民建国,施用多途。至于陶冶性灵,从容讽谏,入其滋味,亦乐事也。行有余力,则可习之。然而自古文人,多陷轻薄:屈原露才扬己,显暴君过;宋玉体貌容冶,见遇俳优⑦;东方曼倩,滑稽不雅;司马长卿,窃赀无操;王褒过章《僮约》;扬雄德败《美新》;李陵降辱夷虏;刘歆反覆莽世;傅毅党附权门;班固盗窃父史;赵元叔抗竦过度;冯敬通浮华摈压;马季长佞媚获诮;蔡伯喈同恶受诛;吴质诋忤⑧乡里;曹植悖慢犯法;杜笃乞假无厌;路粹隘狭已甚;陈琳实号粗疏;繁钦性无检格;刘桢屈强输作;王粲率躁见嫌;孔融、祢衡,诞傲致殒;杨修、丁廙,扇动取毙;阮籍无礼败俗;嵇康凌物凶终;傅玄忿斗免官;孙楚矜夸凌上;陆机犯顺履险;潘岳干没取危;颜延年负气摧黜;谢灵运空疏⑨乱纪;王元长凶贼自诒;谢玄晖侮慢见及。凡此诸人,皆其翘秀者,不能悉记,大较如此。至于帝王,亦或未免。自昔天子而有才华者,唯汉武、魏太祖、文帝、明帝、宋孝武帝,皆负世议,非懿德之君也。自子游、子夏、荀况、孟轲、枚乘、贾谊、苏武、张衡、左思之俦,有盛名而免过患者,时复闻之,但其损败居多耳。每尝思之,原其所积,文章之体,标举兴会,发引性灵,使人矜伐,故忽于持操,果于进取。今世文士,此患弥切,一事惬当,一句清巧,神厉九霄,志凌千载,自吟自赏,不觉更有傍人。加以砂砾所伤⑩,惨于矛戟;讽刺之祸,速乎风尘,深宜防虑,以保元吉。

【注释】

　　①诏、命、策:三种文体。皇帝颁发的命令文语。

②序、述、论、议：四种文体。前两种主要是记叙，后两种主要是议论。

③赋、颂：两种文体。赋讲究对偶和用典，韵文和散文交错使用；颂主要用于歌颂，内容上多是赞美、歌颂，写法上多用铺叙。

④哀、诔(lěi)：古代文体。哀悼死者，记述死者生平的文章。

⑤箴：古代文体。用于告诫和规劝的文章。

⑥敷：陈述。

⑦俳优：古代以歌舞谐戏为业的艺人。

⑧诋忤(dǐ wǔ)：冒犯。诋，通"抵"。

⑨空疏：没有真实的本领。

⑩砂砾所伤：比喻细小的伤害。

【译文】

　　文章都来自于《五经》：诏、命、策、檄，是从《书》中产生的；序、述、论、议，是从《易》中产生的；歌、咏、赋、颂，是从《诗》中产生的；祭、祀、哀、诔，是从《礼》中产生的；书、奏、箴、铭，是从《春秋》中产生的。朝廷中的典章制度，军队里的誓、诰之词，传布显扬仁义，阐发彰明功德，统治人民，建设国家，这文章的用途是各种各样的。至于以文章陶冶情操，或对旁人婉言劝谏，进入那种异样的审美感受，也是一件快乐的事。在奉行忠孝仁义尚有过剩精力的情况下，也可以学学写这类文章。但是从古至今，文人多陷于轻薄：屈原表露才华，自我宣扬，显现暴露国君的过失；宋玉相貌昳丽，被当做俳优对待；东方朔言行滑稽，缺乏雅致；司马相如攫取卓王孙的钱财，不讲究节操；王褒私入寡妇之门，在《僮约》一文中自我暴露；扬雄作《剧秦美新》歌颂王莽，其品德因此遭到损害；李陵向外族俯首投降；刘歆在王莽的新朝反复无常；傅毅投靠依附权贵；班固剽窃他父亲的《史记后传》；赵壹为人过分骄傲；冯衍因秉性浮华屡遭压抑；马融谄媚权贵遭致讥讽；蔡邕与恶人同遭惩罚；吴质在乡里仗势横行；曹植傲慢不羁，触犯刑法；杜笃向人索借，不知满足；路粹心胸过分狭隘；陈琳确实粗枝大叶；繁钦不知检点约束；刘桢性情倔犟，被罚做苦工；王粲轻率急躁，遭人嫌弃；孔融、祢衡放诞倨傲，导致杀身之祸；杨修、丁廙鼓动曹操立曹植为太子，反而自取灭亡；阮籍蔑视礼教，伤风败俗；嵇康盛气凌人，不得善终；傅玄负气争斗，被罢免官职；孙楚恃才自负，冒犯上司；陆机违反正道，自走绝路；潘岳唯利是图，不知进退，以致遭到伤害；颜延年意气用事，遭到废黜；谢灵运空放粗略，扰乱朝纪；王融凶恶残忍，咎由自取；谢朓对人轻忽傲慢，因而遭到陷害。以上这些人，都是文人中出类拔萃之辈，不能一一全都记载下来，大致就是这样吧。至于帝王，有时也难幸免。过去身为天子而有才华的，只有汉武帝、魏太祖、魏文帝、魏明帝、宋孝武帝等数人，他们都受到世人的议论，并不是具有美德的君主。子游、子夏、荀况、孟轲、枚乘、贾谊、苏武、张衡、左思这类人,有盛名而又能避免过失的,不时也可听到,但他们中间遭受祸患的还是占有大多数。我经常思考这个问题,推究其中所蕴涵的道理,文章的本质,就是揭示兴味,抒发性情,容易使人恃才自夸,因而忽视操守,却勇于进取。现代的文人,这个毛病愈加深切,他们若是一个典故用得快意妥当,一句诗文写得清新奇巧,就神采飞扬直达九霄,心潮澎湃雄视千载,独自吟诵独自叹赏,不觉世上还有旁人。更加上言辞所造成的伤害,比矛、戟等武器犹为惨酷,讽刺带来的灾祸,比狂风闪电还要迅速,你们应该特别加以防备,以保大福。

【原文】

学问有利钝,文章有巧拙。钝学累功,不妨精熟;拙文研思,终归蚩鄙。但成学士,自足为人。必乏天才,勿强操笔。吾见世人,至无才思,自谓清华,流布丑拙,亦以众矣,江南号为诊痴符①。近在并州,有一士族,好为可笑诗赋,诮擎邢、魏诸公②,众共嘲弄,虚相赞说,便击牛酾酒,招延声誉。其妻,明鉴妇人也,泣而谏之。此人叹曰:"才华不为妻子所容,何况行路!"至死不觉。自见之谓明,此诚难也。

【注释】

①诊(líng)痴符:旧时方言,指没有才学而好夸耀的人。
②邢、魏诸公:指邢邵、魏收等人。

【译文】

做学问有敏捷与迟钝的差别,写文章有精巧与拙劣的差别。学问迟钝的人不断努力,能够达到精通熟练;文章拙劣的人尽管反复钻研思考,其文章还是难免粗野鄙陋。只要能成为有学之士,也足以在世上为人了。如的确是缺乏写作天分,就不要勉强去握笔杆子。我看世上某些人,一点才思没有,却自称他的文章清丽华美,把他那些丑陋拙劣的文章到处传布,这种人也太多了,江南一带将这种人称为诊痴符。最近在并州有一位士族,喜欢写一些可笑的诗赋,与邢邵、魏收诸公开玩笑,大家共同来嘲弄这位士族,假意赞美他的诗赋,这位士族信以为真,就杀牛筛酒,请客招延声誉。他的妻子是一位明白事理的人,哭着劝他不要这样做。这位士族叹息说:"我的才华不被妻子所认可,何况陌生人呢!"至死也没有觉悟。自己能了解自己才可算得上聪明,这确实不容易啊。

【原文】

学为文章,先谋亲友,得其评裁,知可施行,然后出手;慎勿师心①自任,取笑旁人也。自古执笔为文者,何可胜言。然至于宏丽精华,不过数十篇耳。但使不失体裁②,辞意可观,便称才士;要须动俗盖世,亦俟河之清乎!

【注释】

①师心:以己意以师,即自以为是。

②体裁:此处指文章的结构剪裁。

【译文】

学习写文章,应该先找亲友征求一下意见,经过他们的批评鉴别,知道可以在社会上传播了,然后才可脱稿;注意不要由着性子自作主张,以免被他人耻笑。自古以来执笔写文章的人哪里说得完,但能够达到宏丽精美这种地步的,也就不过几十篇而已。只要写出的文章不脱离它应有的结构规范,词意可观,就可谓是才士了。一定要使自己的文章做到惊动众人,气盖当世,怕也只有等黄河的水变清才有可能吧!

【原文】

不屈二姓,夷、齐①之节也;何事非君,伊、箕之义也②。自春秋已来,家③有奔亡,国有吞灭,君臣固无常分矣;然而君子之交绝无恶声,一旦屈膝而事人,岂以存亡而改虑?陈孔璋④居袁裁书,则呼操为豺狼;在魏制檄,则目绍为蛇虺⑤。在时君所命,不得自专,然亦文人之巨患也,当务从容消息⑥之。

【注释】

①夷、齐:即伯夷、叔齐,为商朝孤竹君的两个儿子。

②伊:指伊尹,商朝大臣。被尊为阿衡(宰相)。箕:指箕子,为商纣王诸父。

③家:此处指古代卿大夫及其家族。

④陈孔璋:即陈琳,字孔璋。汉末文学家。建安七子之一。

⑤蛇虺(huǐ):蛇、虺皆为蛇类。此喻凶残狠毒之人。

⑥消息:此处是斟酌的意思。

【译文】

不屈身于两个王朝,这是伯夷、叔齐的气节;对任何君主都可侍奉,这是伊尹、箕子的道理。自春秋以来,士大夫家族流亡奔窜,邦国被吞并灭亡,国君与臣子本来就没有固定的名分了。然而君子之间交情断绝，相互不出辱骂之声，一旦屈膝侍奉于人，怎么可以因为他的存亡而改变初衷呢？陈孔璋在袁绍手下撰文，就把曹操称为豺狼；在魏国那儿草檄，就把袁绍看做蛇蝎。因为这是受当时君主之命，自己不能做主，但这也算是名人的大毛病了，应该从容地斟酌一下。

【原文】

齐世有席毗者，清干之士，官至行台①尚书，嗤鄙文学，嘲刘逖云："君辈辞藻，譬若荣华，须臾之玩，非宏才也；岂比吾徒千丈松树，常有风霜，不可凋悴矣！"刘应之曰："既有寒木，又发春华，何如也？"席笑曰："可哉！"

【注释】

①行台：东汉以后，中央政务由三公改归台阁（尚书），习惯上遂以中央政府为"台"。东晋以后，中央官称台官，中央军称台军。因此，在大行政区代表中央的机构即称"行台"。多由军事关系临时设置。

【译文】

齐朝有位叫作席毗的人，是位清明干练之士，官做到行台尚书。他讥笑鄙视文学，嘲讽刘逖说："你辈的辞藻，好比那荣华，只能供片刻观赏，并不是栋梁之才；哪里能够比得上我辈这样的千丈松树，尽管经常有风霜侵袭，也不会凋零憔悴呀！"刘逖回答他说："既是耐寒的树木，又能开放春花，怎么样呢？"席毗笑着说："那敢情好啦！"

【原文】

凡为文章，犹人乘骐骥①，虽有逸气②，当以衔勒③制之，勿使流乱轨躅④，放意坑岸也。

【注释】

①骐骥（qí jì）：良马。
②逸气：俊逸之气。
③衔勒：衔和勒。衔是横在马口中备抽勒的铁棍，勒是套在马头上带嚼口的笼头。这里比喻文章贵有节制，好比马须用衔勒一样。
④轨躅（zhú）：轨迹。

【译文】

凡是写文章,就好比人乘良马一样,良马虽然很有俊逸之气,但应该用衔和勒来控制它,不要让它错乱轨迹,肆意而行以致落到以身体填充沟壑的地步。

【原文】

文章当以理致^①为心肾,气调为筋骨,事义^②为皮肤,华丽为冠冕^③。今世相承,趋本弃末^④,率多浮艳。辞与理竞,辞胜而理伏;事与才争,事繁而才损。放逸者流宕而忘归,穿凿者补缀而不足。时俗如此,安能独违?但务去泰去甚耳^⑤。必有盛才重誉,改革体裁者,实吾所希。

【注释】

①理致:即作品的思想感情。
②事义:作品所运用的典实,即下文所说的"用事"。
③冠冕:此处指服饰。
④末:指华丽。
⑤但务去泰去甚耳:《老子》上篇二十九章:"是以圣人去甚,去奢,去泰。"这里是不要过分之意。

【译文】

文章应该做到以义理情致为心肾,以气韵才调为筋骨,以运用的典实为皮肤,以华丽词句为服饰。现在的人继承前人的写作传统,都是趋向枝节,丢弃根本,所写文章大都存有轻浮华艳,文辞与义理相互比较,则文辞优美而义理薄弱;内容与才华相互争胜,则内容繁杂而才华亏损。那放纵不羁者的文章,流利酣畅却偏离了文章的意旨,那深究琢磨者的文章,材料堆砌却文采不足。现在的风气就是这样,你们怎么能够独自避免呢?你们只要做到所写文章不过分,不走极端也就可以了。如果能有才华优异、声誉隆重的人来改革文章的体制,实在是我所希望的。

【原文】

古人之文,宏才逸气,体度风格,去今实远;但缉缀疏朴,未为密致耳。今世音律谐靡,章句偶对,讳避精详,贤于往昔多矣。宜以古之制裁为本,今之辞调为末,并须两存,不可偏弃也。

【译文】

古人的文章,才华横溢,气势超迈,其体态风格,与现在相去甚远。只是它遣词造句简略质朴,不够严密细致而已。现在的文章音律和谐靡丽,语句配偶对称,避讳精确详尽,这些方面比过去强得多了。应该以古人文章的体制构架为根本,以今人文章的词句音调为枝叶,两者都应该并存,不可偏废。

【原文】

沈隐侯①曰:"文章当从三易:易见事,一也;易识字,二也;易读诵,三也。"邢子才②常曰:"沈侯文章,用事不使人觉,若胸臆语也。"深以此服之。祖孝徵亦尝谓吾曰:"沈诗云:'崖倾护石髓③'此岂似用事邪?"

【注释】

①沈隐侯:即沈约,南朝梁文学家。字休文,吴兴武康人。

②邢子才:即邢邵,字子才。

③石髓:石钟乳。

【译文】

沈隐侯说:"文章应当遵从'三易'的原则:容易了解典故,这是第一点;容易认识文字,这是第二点;容易诵读,这是第三点。"邢子才经常说:"沈约的文章,用典不让人感觉出来,就像发自内心的话。"我因此而深深地佩服他。祖孝徵也曾经对我说:"沈约的诗说:'崖倾护石髓'这难道像在用典吗?"

【原文】

邢子才、魏收俱有重名,时俗准的,以为师匠。邢赏服沈约而轻任防①,魏爱慕任防而毁沈约,每于谈燕,辞色以之。邺下纷纭,各有朋党。祖孝徵尝谓吾曰:"任、沈之是非,乃邢、魏之优劣也。"

【注释】

①任防:南朝梁文学家。字彦升,乐安博昌人。当时以表、奏、书、启诸体散文擅名。

【译文】

邢子才、魏收两个人都有盛名,一般人都把他们看做标准,当做宗师。邢子才赞赏佩服沈约而轻视任防,魏收喜爱羡慕任防而诋毁沈约,二人每在谈天喝酒时,就争得面红耳赤。邺下人物盛多,二人各有自己的朋党。祖孝徵曾经对我说:"任防、沈约二人的是非,实际上就表示着邢子才、魏收二人的优劣。"

【原文】

《吴均①集》有《破镜赋》。昔者,邑号朝歌,颜渊②不舍;里名胜母,曾子③敛襟:盖忌夫恶名之伤实出。破镜乃凶逆之兽,事见《汉书》,为文幸避此名也。比世往往见有和人诗者,题云敬同,《孝经》云:"资于世父以事君而敬同。"不可轻言也。梁世费旭④诗云:"不知是耶非。"殷沄诗云:"飘飔云母舟⑤。"简文曰:"旭既不识其父,沄又飘飔其母。"此虽悉古事,不可用也。世人或有文章引《诗》:"伐鼓渊渊"者,《宋书》已有屡游之诮;如此流比⑥,幸须避之。北面事亲,别舅瘝《渭阳》之咏;堂上养老,送兄赋桓山之悲,皆大失也。举此一隅,触涂宜慎。

【注释】

①吴均:南朝梁文学家。字叔庠,吴兴故鄣人。以小品书札见长,时人称为"吴均体"。

②颜渊:春秋末鲁国人。名回,字子渊。孔子学生。其德行为孔子所称赞。

③曾子:春秋末鲁国人。名参,字子舆。孔子学生。以孝著称。

④费旭:王利器谓应作费昶。

⑤云母舟:以云母装饰之舟。

⑥流比:同类比照类推。

【译文】

《吴均集》中有《破镜赋》一文。先前,有座城邑名叫朝歌,颜渊因为这名称就不在那里停留;有条里弄称为胜母,曾子到此赶紧整饬衣襟以示恭敬:他们大约是忌讳这些不好的名称损伤了事物的内涵吧。破镜是一种凶恶的野兽,它的典故见于《汉书》,希望你们写文章时能避开这个名字。近代时常看见有奉和别人诗歌的人,在和诗的题目中写上"敬同"二字,《孝经》上说:"资于世父以事君而敬同。"可见这两个字是不可以随便说的。梁朝费旭的诗说:"不知是耶非。"殷沄的诗说:"飘飔云母舟。"简文帝讥讽他俩说:"费旭既不认识他的父亲,殷沄又让他的母亲四处飘荡。"这些虽然都是旧事,也不能够随便引用。有的人在文章中引用《诗经》中"伐鼓渊渊"的诗句,《宋书》对这类引用词语不考虑反切触讳的人已有所讥讽,以此类推,希望你们也务必要避免使用这类词语。有人尚在侍奉母亲,与舅舅分别时却吟唱《渭阳》这种思念亡母的诗歌;有人父亲尚健在,送别兄长时却引用"桓山之鸟"这种表现父亡卖子的悲痛的典故,这些都是很大的过失。举以上部分例子,你们就应该处处事事慎重对待了。

【原文】

挽歌辞者,或云古者《虞殡》①之歌,或云出自田横②之客,皆为生者悼往告哀之意。陆平原③多为死人自叹之言,诗格既无此例,又乖制作本意。

【注释】

①《虞殡》:挽歌名。

②田横:秦末狄县人。本齐国贵族。楚汉战争中自立为齐王,后为汉军所破。

③陆平原:即陆机,曾任平原内史。

【译文】

挽歌辞,有人说是旧时的《虞殡》之歌,有人说出自田横的门客,都是活着的人用来追悼死者表达哀痛意思的。陆机写的《挽歌诗》大多是死者自叹之言,诗的体例中既没有这样的例子,又违背了作诗的本意。

【原文】

凡诗人之作,刺箴美颂,各有源流,未尝混杂,善恶同篇也。陆机为《齐讴篇》①,前叙山川物产风教之盛,后章忽鄙山川之情,殊失厥体。其为《吴趋行》②,何不陈子光③、夫差④乎?《京洛行》,胡不述赧王⑤、灵帝⑥乎?

【注释】

①《齐讴篇》:即《齐讴行》,乐府杂曲歌辞名。见《乐府诗集》卷六十四。

②《吴趋行》:吴地歌曲名。陆机所作《吴趋行》篇。

③子光:即春秋时吴王阖庐。他以专诸刺杀吴王僚而自立。又用楚亡臣伍子胥,屡败楚兵。后在与越王勾践的战争中兵败负伤而死。

④夫差:阖庐之子。

⑤赧王:即周赧王。为周朝的亡国之君。

⑥灵帝:即汉灵帝刘宏。在位期间,宦官专政,党锢之祸复起。终于招致黄巾起义

的爆发。

【译文】

凡诗人的作品，指责的、规谏的、赞美的、歌颂的，各有其源流，不会混杂，使善和恶同时在一篇之中。陆机作《齐讴行》，前面部分叙述山川、物产、风俗、教化的兴盛，后面部分突然轻视山川之情，太背离此诗的风格了。他写《吴趋行》，为什么又不陈述阖庐、夫差的事呢？他写《京洛行》，为什么又不陈述周赧王、汉灵帝的事呢？

【原文】

自古宏才博学，用事误者有矣；百家杂说，或有不同，书傥湮灭，后人不见，故未敢轻议之。今指知决纰缪者，略举一两端以为诫。《诗》云："有鸗雉鸣。"又曰："雉鸣求其牡①。"毛《传》②亦曰："喈喈，雌雉声。"又云："雄之朝雊，尚求其雌。"郑玄③注《月令》亦云："雊，雄雉鸣④。"潘岳赋曰："雉鸗鸗以朝雊。"是则混杂其雄雌矣。《诗》云："孔怀⑤兄弟。"孔，甚也；怀，思也，言甚可思也。陆机《与长沙顾母书》，述从祖弟士璜死，乃言："痛心拔脑，有如孔怀。"心既痛矣，即为甚思，何故方言有如也？观其此意，当谓亲兄弟为孔怀。《诗》云："父母孔迩⑥。"而呼二亲为孔迩，于义通乎？《异物志》云："拥剑状如蟹，但一螯偏大尔。"何逊⑦诗云："跃鱼如拥剑。"是不分鱼蟹也。《汉书》："御史府中列柏树，常有野鸟数千，栖宿其上，晨去暮来，号朝夕鸟。"而文士往往误作乌鸢用之。《抱朴子》说项曼都诈称得仙，自云："仙人以流霞一杯与我饮之，辄不饥渴。"而简文诗云："霞流抱朴碗。"亦犹郭象以惠施之辨为庄周言也。《后汉书》："囚司徒崔烈以银铛锁⑧。"银铛，大锁也；世间多误作金银字。武烈太子⑨亦是数千卷学士，尝作诗云："银缲三公脚，刀撞仆射头。"为俗所误。

【注释】

①鸗(yǎo)：雌野鸡的叫声。牡：雄性。此处指雄野鸡。

②毛《传》：即《毛诗古训传》的简称。

③郑玄：东汉经学家。字康成，北海高密人。其注经以古文经说为主，兼采今文经说，为汉代经学的集大成者。

④赧懿行曰："郑注《月令》，今本无'雄'字，而云：'雊，雉鸣也。'《说文》亦云：'雊，雄雉鸣。'疑颜氏所见古本有'雄'字，而今本脱之欤？"

⑤孔怀：本为极其思念之意，后指兄弟。

⑥迩：近。

⑦何逊:南朝梁诗人。字仲言,东海郯人。

⑧鏁(suǒ):通"锁"。

⑨武烈太子:姓萧,名方等,字实相。梁元帝长子。

【译文】

从古至今以来,那些宏才博学,而引用典故发生错误的人是有的;诸子百家杂说,意见或许不尽相同,倘若那些书籍已经湮灭,则后人就不能见到,因此我也不敢随便谈论它们。现在我且说说那已经肯定是绝对错谬的事例,略举一两例让你们引以为戒。《诗经》上说:"有鷕雉鸣。"又说:"雉鸣求其牡。"《毛诗古训传》也说:"唅鷕,雌雉声。"《诗经》上又说:"雄之朝雊,尚求其雌。"郑玄所注解的《月令》也说:"雊,雄雉鸣。"潘岳的赋却说:"雉鷕鷕以朝雊。"这就混淆雌雄二者的差别了。《诗经》上说:"孔怀兄弟。"孔,很的意思;怀,思念的意思,孔怀,意思是十分想念。陆机《与长沙顾母书》,叙述从祖弟士璜之死,却说:"痛心拔脑,有如孔怀。"心里既然感到伤痛,就表示甚为思念,为什么才说有如呢?看他这句话的意思,应该是说亲兄弟就是"孔怀"。《诗经》说:"父母孔迩",如果按照上面的用法把父母亲叫作"孔迩",意思上说得通吗?《异物志》上说:"拥剑状如蟹,但一螯偏大尔。"何逊的诗说:"跃鱼如拥剑。"这是没有分辨鱼和螃蟹的区别。《汉书》上说:"御史府中列柏树,常有野乌数千,栖宿其上,晨去暮来,号朝夕乌。"而文人们往往将其误作"乌鸢"来使用。《抱朴子》说项曼都诈称遇见了仙人,自言:"仙人以流霞一杯与我饮之,辄不饥渴。"而梁简文帝的诗说:"霞流抱朴碗。"就好像郭象把庄周辩说惠施的话当成庄周的话了。《后汉书》说:"囚司徒崔烈以银铛锁。"银铛,指铁锁链,世上的人大多把它误写作金银的"银"字。武烈太子也是饱读数千卷书的学者了,他曾经作诗说:"银锁三公脚,刀撞仆射头。"这就是被世俗的写法贻误了。

【原文】

文章地理,必须惬当。梁简文《雁门①太守行》乃云:"鹅军攻日逐②,燕骑荡康居③,大宛④归善马,小月⑤送降书。"肖子晖《陇⑥头水》云:"天寒陇水急,散漫俱分泻,北注徂黄龙⑦,东流会白马⑧。"此亦明珠之盗⑨,美玉之瑕,宜慎之。

【注释】

①雁门:郡名。战国赵地,秦置郡。位于今山西北部。

②日逐:匈奴王号,地位低于左贤王。

③康居:旧时西域城国名。东临乌孙、大宛,南接大月氏、安息,西与奄蔡交界。

④大宛:古西域三十六城国之一。北通康居,西南邻大月氏。盛产名马。

⑤小月:即小月氏。旧时西域国名。

⑥陇:即陇山。六盘山南段的别称。又名陇坻、陇坂。位于今陕西陇县至甘肃平凉一带。

⑦黄龙:指黄龙城。又名龙城、和龙城、龙都。旧地在今没有没有辽宁朝阳。

⑧白马:赵曦明谓指汉代西南夷之白马氏。

⑨盭:原指丝上的疙瘩。引申为毛病、缺点。

【译文】

诗文中涉及有关地理的内容,一定要恰当。梁简文帝的《雁门太守行》却说:"鹅军攻日逐,燕骑荡康居,大宛归善马,小月送降书。"肖子晖的《陇头水》说:"天寒陇水急,散漫俱分泻,北注祖黄龙,东流会白马。"这些地方也可算是明珠中的毛病,美玉中的瑕疵,这些地方就一定要慎重对待。

【原文】

王籍①《入若耶溪》诗云:"蝉噪林逾静,鸟鸣山更幽。"江南以为文外断绝,物无异议。简文吟咏,不能忘之,孝元讽味,以为不可复得,至《怀旧志》载于《籍传》。范阳卢询祖②,邺下才俊,乃言:"此不成语,何事于能?"魏收亦然其论。《诗》云:"萧萧马鸣,悠悠旆旌。"毛《传》曰:"言不喧哗也。"吾每叹此解有情致,籍诗生于此耳。

【注释】

①王籍:字文海,琅邪临沂人。

②卢询祖:北齐人。袭祖爵大夏男。有术学,文章华美。

【译文】

王籍的《入若耶溪》诗说:"蝉噪林逾静,鸟鸣山更幽。"江南文人认为此二句在诗句中无与伦比,无人可以对此持有异议。梁简方帝咏吟这两句诗后,就不能忘掉它了;梁孝元帝讽读玩味之后,也认为再没有人能够写得出来,以致在《怀旧志》中把它记载在《王籍传》中。范阳人卢询祖,是邺下才俊之士,却说:"这两句诗不像样子,为什么认为他有才能呢?"魏收也赞同他的意见。《诗经》说:"萧萧马鸣,悠悠旆旌。"《毛诗古训传》说:"意思是安静而不嘈杂。"我时常赞叹这个解释有情致,王籍的诗句就是由此产生的。

【原文】

何逊①诗实为清巧,多形似②之言;扬都③论者,恨其每病苦辛,饶贫寒气,不及刘孝绰④之雍容也。虽然,刘甚忌之,平生诵何诗,常云:"'蘧车⑤响北阙'盦盘不道车。"又撰《诗苑》,止取何两篇,时人讥其不广。刘孝绰当时既有重名,无所与让;唯服谢朓,常以谢诗置几案间,动静辄讽味。简文爱陶渊明⑥文,亦复如此。江南语曰:"梁有三何,子朗最多。"三何者,逊及思澄⑦、子朗也。子朗信饶清巧。思澄游庐山,每有佳篇,亦为冠绝。

【注释】

①何逊:南朝梁诗人。字仲言,东海郯人。任安城王参军事,兼尚书水部郎,后为庐陵王记室。其诗长于写景及炼字,为杜甫所推重。

②形似:此处是形象的意思,指描绘或表达具体生动。

③扬都:即建业,旧时县名。治所位于今南京市。

④刘孝绰:南朝梁文学家。原名冉,小字阿士。彭城人。曾任秘书丞等职。能诗文。

⑤蘧(qú)车:抱经堂本作"蘧居",王利器据孙祖志说校改。

⑥陶渊明:东晋文学家、诗人。一名潜,字元亮,私谥靖节。

⑦何思澄:南明梁人。字元静。少勤学,工文辞,早有才思,工清言。

【译文】

何逊的诗歌的确清新奇巧,颇多形象生动的语句;建业城中那些论诗者,却不满他的诗往往有苦辛之病,多贫寒之气,不及刘孝绰诗歌的雍容华贵。虽然这样,刘孝绰仍然很忌讳何逊的诗,平时诵读何逊的诗,经常讥讽地说:"'蘧居响北阙',盦盘不道车。"他又撰写了《诗苑》一书,只选取了何逊的两篇,当时人都非难他收得太少。刘孝绰当时已经有大名,没有什么谦让可言;只是佩服谢朓,经常把谢朓的诗放在几案上,起居作息之时,就拿来讽诵玩味。简文帝喜欢陶渊明的诗文,也和刘孝绰的做法一个样。江南俗语说:"梁朝有三何,子朗诗最好。"三何,指何逊、何思澄及何子朗。何子朗的诗歌确实多清新奇巧之句。何思澄游览庐山时,经常有佳作问世,在当时也是超群绝伦的。

【评析】

在《文章》篇中,作者提出了文章的源头是《五经》的观点,并认为各类文章都有自己的用途。但是,在写文章的时候不能恃强傲物,否则就会因此而招致败损。同时要求子孙们要继承家风,把文章写得典雅而有正体,不要盲从社会上的不正之风。

名实第十

【原文】

名之与实①,犹形之与影②也。德艺周厚,则名必善焉;容色姝丽,则影必美焉。今不修身而求令名于世者,犹貌甚恶而责妍影于镜也。上士忘名,中士立名,下士窃名。忘名者,体道③合德,享鬼神之福佑,非所以求名也;立名者,修身慎行,惧荣观之不显,非所以让名也;窃名者,厚貌深奸,干浮华之虚称,非所以得名也。

【注释】

①名:名声。实:实质,实际。
②影:指从镜子等反射物中反映出来的物体的影像。
③道:事理,规律。

【译文】

名声与实际的关系,就如同形体与影像的关系一样。一个人的德行才干全面深厚,则名声一定美好;一个人的容貌颜色漂亮,则影像也必然美丽。现在某些人不注重修养身心,却企求美好的名声传扬于社会,就好比相貌很丑陋却要求漂亮的影像出现在镜子中一样。上等德行的人已经忘掉了名声,中等德行的人努力树立名声,下等德行的人竭力窃取名声。忘掉名声的人,可以体察事物的规律,使言行符合道德的规范,因而享受鬼神的赐福、保佑,因此他们用不着去求取名声;树立名声的人,努力提高品德修养,慎重对待自己的行动,常常担心自己的荣誉不能显现,因此他们对名声是不会谦让的;窃取名声的人,貌似忠厚而心怀大奸,求取浮华的虚名,所以他们是不会得到好名声的。

【原文】

人足所履,不过数寸,然而咫尺之途,必颠蹶①于崖岸,拱把之梁②,每沉溺于川谷者,何哉?为其旁无余地故也。君子之立己,抑亦如之。至诚之言,人未能信,至洁之行,物③或致疑,皆由言行声名,无余地也。吾每为人所毁,常以此自责。若能开方轨④

之路,广造舟⑤之航,则仲由之言信,重于登坛之盟,赵熹之降城,贤于折冲之将矣。

【注释】

①颠蹶:颠仆、跌倒。

②拱把之梁:即很小的独木桥。两手合围曰拱,只手所握曰把。

③物:即人。

④方轨:车辆并行。此处指平坦的大道。

⑤造舟:连船为桥,即今之浮桥。

【译文】

人的脚所踩踏的地方,面积只不过有几寸,然而在咫尺宽的山路上行走,一定会从山崖上摔下去;从碗口粗细的独木桥上过河,也往往会淹死在河中,这是为什么呢? 是因为人的脚旁边没有余地的缘故。君子要在社会上立足,也是这个道理。最诚实的话,别人不会轻易相信;最高洁的行为,别人往往会产生怀疑,都是因为这类言论、行动的名声太好,没有留余地造成的。我每当被别人诋毁的时候,就经常以此自责。你们如果能开辟平坦的大道,加宽渡河的浮桥,那么你们就能如同子路那样,说话真实可信,胜似诸侯登坛结盟的誓约;如同赵熹那样,招降对方盘踞的城池,赛过却敌制胜的将军。

【原文】

吾见世人,清名登而金贝①入,信誉显而然诺亏,不知后之矛戟,毁前之干橹②也。宓子贱③云:"诚于此者形于彼④。"人之虚实真伪在乎心,无不见乎迹,但察之未熟耳。一为察之所鉴,巧伪不如拙诚,承之以羞大矣。伯石让卿⑤,王莽辞政⑥,当于尔时,自以巧密;后人书之,留传万代,可为骨寒毛竖也。近有大贵,以孝著声,前后居丧,哀毁⑦逾制,亦足以高于人矣。而尝于苫块⑧之中,以巴豆涂脸⑨,遂使成疮,表哭泣之过。左右童竖,不能掩之,益使外人谓其居处饮食,皆为不信。以一伪丧百诚者,乃贪名不已故也。

【注释】

①金贝:指货币。

②干橹(lǔ):指盾牌。

③宓(mì)子贱:春秋末期鲁国人,名不齐。孔子学生。曾为单父宰。

④诚于此者形于彼:意思是在这件事上态度诚实,就给另一件事树立了榜样。

⑤伯石让卿:指春秋时郑国的伯石假意推辞对自己的任命一事。

⑥王莽辞政:指东汉末王莽假意推辞不当大司马事。

⑦哀毁:居丧时因悲伤过度而损害身体。后常用作居丧尽礼之词。

⑧苫(shān)块:"寝苫枕块"的略称。古人居父母之丧,以草垫为席,土块为枕。

⑨巴豆:植物名。因产于巴蜀而形如菽豆,故名。

【译文】

　　我看世上有些人,在清白的名声树立之后,就把金钱财宝弄来装入腰包;在信誉显扬之后,就不再去信守诺言,不知道自己说的话自相矛盾。宓子贱说:"诚于此者形于彼。"人的虚实真伪本于内心,但不能不从他的形迹中显露出来,只是人们没有深入考察罢了。一旦通过考察来鉴别,那么,巧伪的人就不如拙诚的人,他蒙受的羞辱就大了。春秋时代的伯石曾经三次推却卿的册封,汉朝的王莽也曾一再辞谢大司马的任命,在那个时候,他们都自以为事情做得机巧缜密。后人把他俩的言行记载下来,留传万代,让人读后为之毛骨悚然。最近有位大官,以孝顺闻名,在居丧时间,他悲伤异常超过了丧礼的要求,其孝心可说是超乎常人了。但他曾经在居丧期间,用巴豆涂抹脸部,从而使脸上长出了疮疤,以此表示他哭泣得多么厉害。他身边的童仆,却没有能够替他遮掩这件事,事情传扬出去,更使得外人对他在居处饮食诸方面所表露的孝心,都不相信了。因为一件事情作假而使得一百件诚实的事情也失去别人信任,这就是因为贪求名声不知满足的原因啊!

【原文】

　　有一士族,读书不过二三百卷,天才钝拙,而家世殷厚,雅自矜持,多以酒犊珍玩,交诸名士,甘其饵①者,递共吹嘘。朝廷以为文华,亦尝出境聘②。东莱王韩晋明笃好文学③,疑彼制作,多非机杼④,遂设宴言⑤,面相讨试。竟日欢谐,辞人满席,属音赋韵,命笔为诗,彼造次⑥即成,了非向韵⑦。众客各自沉吟,遂无觉者。韩退叹曰:"果如所量!"韩又尝问曰:"玉珽⑧杼上终葵首,当作何形?"乃答云:"珽头曲圜,势如葵叶⑨耳。"韩既有学,忍笑为吾说之。

【注释】

①饵:以利诱人。

②聘:旧时国与国之间通问修好。

③韩晋明:北齐人。袭父爵,后改封东莱王。

④机杼(zhù):织布机,用以比喻诗文创作中构思和布局的新巧。

⑤宴言:指宴饮言谈。

⑥造次:仓促,急遽。

⑦韵:这里指文学作品的风格。

⑧玉珽(tǐng):即玉笏,为旧时天子所持的玉制手板。

⑨葵叶:指终葵的叶子。这里之终葵为草名。

【译文】

有位士家的子弟,读的书不过二三百卷,又天性迟钝笨拙,但他家世殷实富有,很有些骄矜自负。他时常拿出美酒、牛肉及珍贵的玩赏物来利诱结交名士,凡是得到他好处的人,就争相吹捧他。朝廷也认为他才华过人,曾经派他作为使节出国访问。东莱王韩晋明,十分爱好文学,怀疑这位士族写的东西大都不是出自他自己的命意构思,就设宴同他交谈,打算当面试试他。宴会那天,气氛欢乐和谐,文人才子们聚集一堂,大家挥毫弄墨,赋诗唱和。这位士族也是拿起笔来一挥而就,但那诗歌却完全不是过去的风格韵味。众宾客都各自在专心地低声吟味,就没有一个发现这篇诗歌有什么异常的。韩晋明退席后感叹道:"果然如我猜想的那样!"韩明晋又曾经问他说:"玉珽杼上终葵首,那应该是什么样子?"他却回答说:"玉珽的头部弯曲圆转,那样子就像葵叶一样。"韩晋明是有学问的人,忍着笑对我说了这件事。

【原文】

治点子弟文章,以为声价,大弊事也。一则不可常继,终露其情;二则学者有凭,益不精励。

【译文】

帮助子弟修改润饰文章,以此抬高他们的声名,这是特别糟糕的事。一则因为你不可能持续不断地替他们修改润饰文章,终归有露出真相的时候;二则因为初学者一见有了依靠,就越发不去努力勤奋钻研了。

【原文】

邺下有一少年,出为襄国①令,颇为勉笃。公事经怀②,每加抚恤,以求声誉。凡遣兵役,握手送离,或赍③梨枣饼饵,人人赠别,云:"上命相烦,情所不忍;道路饥渴,以此见思。"民庶称之,不容于口。及迁为泗州别驾④,此费日广,不可常周,一有伪情,触涂难继,功绩遂损败矣。

【注释】

①襄国:旧县名。公元前206年,项羽改信都县置,以赵襄子谥为名。

②经怀:经心。

③赍(jī):以物送人。

④别驾:官名。汉置别驾从事史,为刺史的佐史,刺史巡视辖境时,别驾乘驿车随行,故名。

【译文】

邺下有一位年轻人,外放任襄国县令,他非常勤勉踏实,办公事尽心尽意,对下属体恤爱护,心想以此博取好名声。凡碰上派遣本地男丁去服兵役,他都要亲自前去握手送别,又向服役的人赠送梨子、枣子、饼等食品,并对每个人发表临别赠言说:"上级的命令,有劳各位了,心中实在不忍心。你们路上饥渴,特备这点薄礼略表思念之情。"百姓们因此都很称颂他,对他赞不绝口。等到他升任泗州别驾,这类费用就一天多似一天,他不可能事事都做得面面俱到,一旦表现出虚情假意,就处处难以继续下去,过去建树的功业、劳绩也就随之被抹杀了。

【原文】

或问曰:"夫神灭形消,遗声馀价,亦犹蝉壳蛇皮,兽远①鸟迹耳,何预于死者,而圣人以为名教②乎?"对曰:"劝也,劝其立名,则获其实。且劝一伯夷③,而千万人立清风矣;劝一季札④,而千万人立仁风矣;劝一柳下惠⑤,而千万人立贞风矣;劝一史鱼⑥,而千万人立直风矣。故圣人欲其鱼鳞凤翼,杂沓参差⑦,不绝于世,岂不弘哉?四海悠悠,皆慕名者,盖因其情而致其善耳。抑又论之,祖考⑧之嘉名美誉,亦子孙之冕服⑨墙宇也,自古及今,获其庇荫者亦众矣。夫修善立名者,亦犹筑室树果,生则获其利,死则遗其泽。世之汲汲⑩者,不达此意,若其与魂爽⑪俱升,松柏偕茂者,惑矣哉!"

【注释】

①远(háng):兽迹。

②名教:指以正定名分为主的封建礼教。

③伯夷:商末孤竹君长子。

④季札:又称公子札。春秋时吴国贵族。多次推让君位。

⑤柳下惠:即展禽。春秋时鲁国大夫。展氏,名获,字禽。食邑在柳下,谥惠。

⑥史鱼:一作史鳅。春秋时卫国大夫,以正直敢谏著名。

⑦故圣人欲其鱼鳞凤翼,杂沓参差:意思是圣人希望天下之民,不论其天资禀赋的差异,都纷纷起而仿效伯夷诸人。鱼鳞,鱼的鳞片。此处形容密集相从。杂沓,众多杂乱貌。参差,不齐貌。

⑧祖考:祖先。生曰父,死曰考。

⑨冕服:旧时统治者举行吉礼时所穿着的礼服。

⑩汲汲:心情急切的样子。

⑪魂爽:即魂魄。

【译文】

有人问道:"一个人的灵魂湮灭,形体消失之后,他遗留在世上的名声,也就如同蝉蜕下的壳,蛇蜕掉的皮以及鸟兽留下的足迹一样了,那名声与死者有什么关系,而圣人要把它作为教化的内容来对待呢?"我回答他说:"那是为了勉励大家啊,勉励一个人去树立好的名声,就能够指望他的实际行动可以与名声相符。况且我们勉励人们向伯夷学习,成千上万的人就能够树立起清白的风气了;勉励人们向季札学习,成千上万的人就能够树立起仁爱的风气了;勉励人们向柳下惠学习,成千上万的人就能树立起坚贞的风气了;勉励人们向史鱼学习,成千上万的人就可以树立起刚直的风气了。因此圣人希望世上芸芸众生,不论其天资禀赋的差异,都纷纷起而仿效伯夷等人,使这种风气连绵不绝,这难道不是一件大事吗?这世界上众多的普通百姓,都是爱慕名声的,应该根据他们的这种感情而引导他们达到美好的境界。或许还可以这样说:祖父辈的美好名声和荣誉,也如同是子孙们的礼冠服饰和高墙大厦,从古到今,得到它的庇荫的人也够多了。那些广修善事以树立名声的人,就如同是建筑房屋栽种果树,活着时能得到好处,死后也可把恩泽施及子孙。那些急急忙忙只知道追逐实利的人,就不懂得这个道理。他们死后,如果他们的名声能够与魂魄一道升天,能够同松柏一样长青不衰的话,那就是怪事了!

【评析】

《名实》篇主要讲的是名不副实的问题。古代哲学家们曾经有过名与实的关系的讨论,也就是探讨事物的名称与客观实在关系的问题。颜之推在这里讨论的是现实生活中的一些相关的问题。他认为好的名声是由自己的"德艺周厚""修身慎行"而得来的,这是名副其实的好;而那些沽名钓誉者以不正当手段

获取的虚名,是名不副实的,而且虚假的东西终归要败露的。

涉务第十一

【原文】

　　士君子之处世,贵能有益于物耳,不徒高谈虚论,左琴右书①,以费人君禄位也。国之用材,大较不过六事:一则朝廷之臣,取其鉴达治体②,经纶③博雅;二则文史之臣,取其著述宪章,不忘前古;三则军旅之臣,取其断绝有谋,强干习事④;四则藩屏⑤之臣,取其明练⑥风俗,清白爱民;五则使命之臣,取其识变从宜,不辱君命;六则兴造之臣,取其程功⑦节费,开略⑧有术,此则皆勤学守行⑨者所能辨也。人性有长短,岂责⑩具美于六涂哉?但当皆晓指趣,能守一职,便无愧耳。

【注释】

①左琴右书:弹琴读书。

②治体:指治理国家的体制、法度。

③经纶:此指处理国家大事。

④强干习事:精明强干,熟悉事务。

⑤藩屏:藩篱屏蔽,比喻藩国。

⑥明练:明白清楚。

⑦程功:计算、考核工程的进度。

⑧开略:思路开阔。

⑨守行:品行端正,保持良好的品行。

⑩责:强求。

【译文】

　　君子立身处世,贵在能够对旁人有益处,不能光是高谈阔论,弹琴读书,以此耗费君主的俸禄官爵。国家使用的人才,大概不外六种:一是朝廷之臣,为他们能通晓政治法度,规划处理国家大事,学问广博,品德高尚;二是文史之臣,为他们能撰述典章,阐释彰明前人治乱兴革之由,使今人不忘前代的经验教训;三是军旅之臣,为他们能多谋善断,强悍干练,熟悉战阵之事;四是藩屏之臣,为他们能通晓当地民风民俗,为政清廉,爱护百姓;五是使命之臣,为他们能洞察情况变化,择善而从,不辜负国君交付的外交使命;六是兴造之臣,为他们能计量功效,节约费用,开创筹划很有办法。以上种种,都是勤于学习、保持操行的人所能办到的。人的资质各有高下,哪能强求一个人把以上"六事"都办得尽善尽美呢? 只不过人人都应该明白其要旨,能够在某个职位上尽自己的责任,也就可以无愧于心了。

【原文】

吾见世中文学之士,品藻①古今,若指诸掌②,及有试用,多无所堪。居承平之世,不知有丧乱之祸;处庙堂③之下,不知有战陈④之急;保俸禄之资,不知有耕稼之苦;肆⑤吏民之上,不知有劳役之勤,故难可以应世经务也。晋朝南渡⑥,优借士族;故江南冠带⑦,有才干者,擢为令⑧仆已下尚书郎中书舍人已上,典章机要。其余文义之士,多迂诞浮华,不涉世务;纤微过失,又惜行捶楚,所以处于清高,盖护其短也。至于台阁令史⑨,主书监帅⑩,诸王签省⑪,并晓习吏用,济办时须,纵有小人之态,皆可鞭杖肃督,故多见委使,盖用其长也。人每不自量,举世怨梁武帝父子⑫爱小人而疏士大丈,此亦眼不能见其睫耳。

【注释】

①品藻:鉴定等级。

②若指诸掌:像指示掌中之物一样,比喻事理浅近易明。

③庙堂:宗庙明堂,旧时帝王议事之处,故也指朝廷。

④战陈:作战的阵法。陈,"阵"的本字。

⑤肆:踞。

⑥晋朝南渡:指西晋被灭后,晋元帝于建武元年(317)南渡,在建康立东晋事。

⑦冠带:官吏或士大夫的代称,以其戴冠束带,因得称。

⑧令:即尚书令,为尚书省的长官。

⑨台阁:指尚书省。令史:尚书省属下的官员。

⑩主书:尚书省属下官员。监帅:监督军务的官员。

⑪省:指省事、尚书省属官。

⑫梁武帝父子:指南朝梁的君主梁武帝萧衍和他的儿子梁简文帝萧纲、梁元帝萧绎。

【译文】

我看世上那些操弄文学的书生,品评古今,倒像是指点掌中之物一般明白,等到要用他们去干一些实事,却大都不能胜任了。他们生活在社会安定的时代,不知道会有丧国乱民的灾祸;在朝中做官,不懂得战争攻伐的急迫;有可靠的俸禄收入,不了解耕种庄稼的辛苦;高踞于吏民之上,不明白劳役的艰辛,因此难得用他们去顺应时世,处理公务。晋朝南渡后,朝廷优待士族,因此江南的官吏,凡有才干的,都提拔他们担任尚书令、尚书仆射以下,尚书郎、中书舍人以上的官职,让他们掌管机要大事,剩下那些空谈文章的书生,大都迂阔傲慢、华而不实,不接触实际事务;纵然有一些小小过失,也不好对他们施加杖责,因此只能给他们名声清高的职位,以此来掩饰他们的弱点。至于尚书省的令史、主书、监帅,诸王身边的签帅、省事,担任这类职务的都是熟悉官吏事务、能够履行职责的人,其中有些人纵有不良表现,都可施以鞭打杖击的处罚,严加监督,所以这些人多被任用,大略是用其所长吧。人往往不知自量,当时大家都埋怨梁武帝父子亲近小人而疏远士大夫,这也就好比自己的眼珠子看不见自己的眼睫毛一样,是没有自知之明的表现。

【原文】

梁世士大夫,皆尚褒衣博带①,大冠高履②,出则车舆,入则扶侍,郊郭之内,无乘马者。周弘正③为宣城王所爱,给一果下马④,常服御之,举朝以为放达⑤。至乃尚书郎乘马,则纠劾之。及侯景之乱⑥,肤脆骨柔,不堪行步,体羸气弱,不耐寒暑,坐死仓猝者,往往而然。建康⑦令王复性既儒雅,未尝乘骑,见马嘶喷陆梁⑧,莫不震慑,乃谓人曰:"正是虎,何故名为马乎?"其风俗至此。

【注释】

①褒衣博带:宽大的袍子和衣带。

②高履:即高齿屐。

③周弘正:字思行,南朝学者,在梁、陈都做过官。

④果下马:在当时视为珍品的一种小马,只有三尺高,能在果树下行走,故名。

⑤放达:放纵不拘礼法。

⑥侯景之乱:梁武帝太清二年(548)北朝降将侯景叛乱,攻破建康,梁武帝被困而死。

⑦建康:即今南京。本名金陵,吴为建业,晋避愍帝讳,故改为建康。

⑧陆梁:跳跃。

【译文】

梁朝的士大夫,都爱好宽袍大带、大帽高履,外出乘坐车舆,回家凭靠童仆服侍,在城郊以内,就没见有哪个士大夫骑马的。周弘正这人被宣城王宠爱,得到一匹果下马,经常骑着它外出,满朝官员都认为他甚是放纵。至于像尚书郎这样的官员骑马,就会被人检举弹劾。到侯景之乱发生时,这些士大夫肌肤脆弱、筋骨柔嫩,受不了步行;身体瘦弱、气血不足,耐不得寒暑,在仓猝变乱中坐以待毙的,往往就是这些人。建康令王复,性格既温文尔雅,又从未骑过马,一看到马嘶叫腾跃,总是感到震惊害怕,对别人说:"这正是老虎,为什么要把它称作马呢?"那时的风气竟到了这种地步。

【原文】

古人欲知稼穑①之艰难,斯盖贵谷务本②之道也。夫食为民天,民非食不生矣,三日不粒③,父子不能相存④。耕种之,𦔳⑤盰之,刈获之,载积之,打拂之,簸扬之,凡几涉手,而入仓廪,安可轻农事而贵末业哉?江南朝士,因晋中兴⑥,南渡江,卒为羁旅,至今八九世,未有力田,悉资俸禄而食耳。假令有者,皆信⑦僮仆为之,未尝目观起一垅⑧土,耕种一株苗;不知几月当下,几月当收,安识世间馀务乎?故治官则不了,营家则不办⑨,皆优闲之过也。

【注释】

①稼穑:指农事。

②本:与下文之"末业"相对,本指农业,末指商业。

③粒:以谷米为食。

④存:想念、省问。

⑤𦔳(lì):同"穧",除草。

⑥中兴:西晋亡后,东晋又建国于江南,故称中兴。

⑦信:依靠。

⑧垅(máng):耕地时一耦所翻起的土。

⑨办:治理。

【译文】

古人打算了解农事的艰难,这大约体现了重视粮食、以农为本的思想。吃饭是民生第一件大事,老百姓没有粮食就不能生存,三天不吃饭,恐怕父子之间也顾不得互相问候了。种一季庄稼,需要耕地、播种、除草、松土、收割、运载、脱粒、簸扬,经过多次工

序,粮食才能够入仓,怎么可以轻视农业而看重商业呢?江南朝廷的士大夫们,是因为晋朝的中兴,渡江南来,最后客居异乡的,到如今已过了八九代了,还从来没有下力气种过田,全靠俸禄生活。即使有点田地的,都是靠童仆们耕种,自己从没有亲眼看见翻一尺土,种一株苗;不知道什么时候该播种,什么时候该收割,这样哪能懂得社会上的其他事务呢?因此他们做官不明吏道,理家不会经营,这都是生活悠闲造成的过错啊。

【评析】

《涉务》篇叙述了要专心致力于事务,就是要办实事的意思。南朝的后期,门阀制度在南方已日趋没落,士族子弟几乎都是金玉其外,败絮其中,没有几个能办实事的,因此朝廷不得不借庶族寒士来处理事务。士族出身的颜之推,对此看在眼里,急在心上,并对不办实事、形同废物的士族子弟进行了谴责。他旗帜鲜明地提出了士大夫处世要有益于社会的观点,主张抛弃清高,求真务实,只有如此,于国于己才有好处。

卷 五

颜氏家训

省事第十二

【原文】

铭金人云:"无多言,多言多败;无多事,多事多患。"至哉斯戒①也!能走者夺其翼,善飞者减其指,有角者无上齿,丰后者无前足,盖天道不使物有兼焉也。古人云:"多为少善,不如执一;鼫鼠②五能,不成伎术。"近世有两人,朗悟③士也,性多营综④,略无成名。经不足以待问,史不足以讨论,文章无可传于集录,书迹未堪以留爱玩,卜筮⑤射六得三,医药治十差⑥五,音乐在数十人下,弓矢在千百人中,天文、画绘、棋博、鲜卑语、胡书,煎胡桃油,炼锡为银,如此之类,略得梗概⑦,皆不通熟。惜乎,以彼神明⑧,若省其异端⑨,当精妙也。

【注释】

①戒:训诫。

②鼫(shí)鼠:鼠名,也叫石鼠、土鼠。

③朗悟:天资聪敏。

④营综:经营。

⑤卜筮(shì):古人预测吉凶,用龟甲称卜,用蓍草称筮,合称卜筮。

⑥差:病好。

⑦梗概:大略,大概。

⑧神明:精神和灵气。

⑨异端:古代儒家称其他持不同见解的学派为异端,后泛称不合正统者为异端。

【译文】

　　孔子在周朝的太庙里见到一个铜人,背上刻有几行字,说:"不要多说话,多说话多受损;不要多管事,多管事多遭灾。"这个训诫说得太妙了? 对于动物来说,善于奔跑的就不能让它长上翅膀,善于飞行的就不能让它长出前肢,头上长角的嘴里就没有上齿,后肢发达的前肢就退化,大概大自然的法则就是不能让它们兼有各种优点吧。古人说:"干得多而干好的少,那就不如专心干好一件事;鼫鼠有五种本领,却都难以派上用场。"近世有两个人,都是聪明颖悟之辈,兴趣广泛,却没有一样专长能可以帮助他们树立名声。他们的经学知识经不起别人提问,史学知识不足以跟别人探讨评论;他们的文章水准达不到编集传世,书法作品不值得保存赏玩;他们为人卜筮六次里面只对三次,替人看病治十个只能有五个痊愈;他们的音乐水准在数十人之下,射箭本领也不出众,天文、绘画、棋艺、鲜卑话、胡人文字、煎胡桃油、炼锡成银,像这一类的技艺,他们也只能略微了解一个大概,却都不是精通熟悉。可惜啊,以他们这样的精神和灵气,如果能割舍其他爱好,专心研习一种,那一定会达到精妙的地步。

【原文】

　　上书陈事,起自战国,逮于两汉,风流①弥广。原其体度:攻人主之长短,谏诤之徒也;讦群臣之得失,讼诉之类也;陈国家之利害,对策之伍也;带私情之与夺,游说之俦也。总此四涂②,贾诚③以求位,鬻言以干禄。或无丝毫之益,而有不省之困,幸而感悟人主,为时所纳,初获不赀之赏,终陷不测之诛,则严助④、朱买臣⑤、吾丘寿王⑥、主父偃⑦之类甚众。良史所书,盖取其狂狷⑧一介,论政得失耳,非士君子守法度者所为也。

今世所睹,怀瑾瑜⑨而握兰桂者,悉耻为之。守门诣阙,献书言计,率多空薄,高自矜夸,无经略之大体,咸昀糠之微事,十条之中,一不足采,纵合时务,已漏先觉,非谓不知,但患知而不行耳。或被发奸私,面相酬证,事途昕穴⑩,翻惧愆尤⑪;人主外护声教,脱⑫加含养,此乃侥幸之徒,不足与比肩⑬也。

【注释】

①风流:遗风。

②涂:道路。

③贾诚:即贾忠,避隋文帝父杨忠讳改。

④严助:西汉辞赋家。会稽人。后因与淮安王刘安谋反事有牵连,被杀。

⑤朱买臣:西汉吴县人,字翁子。武帝时,为会稽太守、主爵都尉等。后被杀。

⑥吾丘寿王:西汉赵人,字子赣。为侍中中郎,后坐事被诛。

⑦主父偃:西汉临淄人,主父为复姓。任中大夫,后为齐相,以迫齐王自杀,被诛。

⑧狂狷(juàn):指性情正直急躁,不肯同流合污的人。

⑨瑾瑜:美玉,喻才能。

⑩昕(xīn)穴:纤曲、变化无定的意思。

⑪愆尤:指罪过。

⑫脱:或者。此处用作表推度的副词。

⑬比肩:并肩。此处指与之为伍。

【译文】

　　向君主上书陈述意见,这种事起自战国时代,到了两汉,这种风气更加流行。推究它的体度,有四种情况:指责国君长短的,属于谏诤一类;攻讦群臣得失的,属于讼诉一类;陈述国家利害的,属于对策一类;抓住对方私人情感来打动他的,属于游说一类。总括这四类人之道路,都是靠贩卖忠心来求取地位,靠出售言论来谋取利禄。他们陈述的意见可能没有丝毫益处,反而可能会导致不被国君理解的困扰;即使有幸能感悟国君,被及时采纳,当初他们也能得到不可比量的奖赏,但最终还是遭致了无法预测的诛杀,就如同严助、朱买臣、吾丘寿王、主父偃这类人,那是很多的。优秀的史官所记载的,只是选取了其中那些狂狷耿介,评论时政得失的人罢了,但这些都不是世家君子谨守法度的人所能干的。就我们现在所看见的,那些德才兼备的人都耻于干这种事。守候于国君出入的门户,或趋赴朝廷的殿堂,向国君献书言计,那些东西大多是空疏浅薄,自吹自擂的,内中没有治理国家的纲领,都是些鸡毛蒜皮的小事,十条意见里面,无一条值得采纳;纵然其中所言也有合乎实际情况的,但上书者却忘了那是别人早就认识到的,并不是大家不知道,可忧的是知道了却不去实行。有时上书者被人揭发出奸诈营私的事,当面与人应答对证,事情的发展反复变化,当事人这时反而是时时担惊受怕;纵然国君出于对外维护朝廷声誉教化的考虑,或许能对他们加以包涵,那他们也只能算是侥幸获免之辈,正人君子是不值得与他们为伍的。

【原文】

　　君子当守道崇德,蓄价①待时,爵禄不登,信由天命。须求趋竞,不顾羞惭,比较材能,斟量功伐②,厉色扬声,东怨西怒;或有劫持宰相瑕疵,而获酬谢,或有喧聒时人视听,求见发遣;以此得官,谓为才力,何异盗食致饱,窃衣取温哉!世见躁竞③得官者,便谓"弗索何获";不知时运之来,不求亦至也。见静退未遇者,便谓"弗为胡成";不知风云④不与,徒求无益也。凡不求而自得,求而不得者,焉可胜算乎!

【注释】

　　①价:指声望。
　　②功伐:指功劳。伐也是功的意思。
　　③躁竞:急于与人比高下,争权势。
　　④风云:指人的际遇。

【译文】

　　君子要谨守正道、推崇德行,蓄养声望以待时机。一个人如果官职俸禄不能往上升,那实在是因为天命的缘故。自己去求索奔走,不顾及羞耻,跟别人比较才能大小,计量功劳高低,声色俱厉,怨这怨那,甚至有人以宰相的毛病进行要挟,以此取得酬谢;有人大声吵嚷,混淆视听,以此求得早日被安排任用。靠这些手段得到官职,说这就是他们的才干能力,这与偷盗食物来填饱肚皮,窃取衣服来求得温暖有什么区别呢!一般人看见那些奔走钻营而取得官位的人,就说:"不去索取怎么能获得呢?"他们不知道时运到来时,你不求取也会来的;他们看见那些恬静谦让却没有得到赏识的人,就说:"不去争取怎么能成功呢?"他们不知道时机没有来到,徒然去追求也是没有好处的。世上那些不去索求却获得了,以及索求了却没有获得的人,哪能计算得清呢!

【原文】

　　前在修文令曹,有山东学士与关中太史竞历①,凡十余人,纷纭累岁,内史牒付议官平之^②。吾执论曰："大抵诸儒所争，四分并减分两家尔^③。历象之要，可以晷^④景测之；今验其分至^⑤薄蚀，则四分疏而减分密。疏者则称政令有宽猛，运行致盈缩^⑥，非算之失也；密者则云日月有迟速，以术求之，预知其度^⑦，无灾祥也。用疏则藏奸而不信，用密则任数^⑧而违经。且议官所知，不能精于讼者，以浅裁深，安有肯服？既非格令所司，幸勿当也。"举曹贵贱，咸以为然。有一礼官，耻为此让，苦欲留连，强加考核。机杼^⑨既薄，无以测量，还复采访讼人，窥望长短，朝夕聚议，寒暑烦劳，背春涉冬，竟无予夺，怨诮滋生，赧然而退，终为内史所迫：此好名之辱也。

【注释】

①关中：地名。指今陕西一带。太史：官名，掌历法。竞历：指争论历法。

②内史：官名，掌民政。牒：公文。平：评议，即公正地论定是非曲直。

③四分：指四分律。减分：指减分律。

④晷（guǐ）：指日晷，测度日影以确定时刻的仪器。亦指监测日月星等天象的仪器。

⑤分至：指春分、秋分和夏至、冬至。

⑥盈缩：也称赢缩，《汉书·天文志》："岁星超舍而前为赢，退舍为缩。"

⑦度：躔度。日月星辰运行的度次。

⑧任数：指顺应天数。

⑨机杼：胸臆。

【译文】

从前我在修文令曹时，有山东学士与关中太史争论历法，共有十几个人，相互之间乱争了好几年也没有结果，内史下公文交付议官来评定是非。我发表自己的看法说："大抵各位先生所争论的，可分为四分律和减分律两家。历象的要点，是可以用日晷仪的影子来测量的。现在以此来检验两种历法的春分、秋分、夏至、冬至四个节气以及日食月食等现象，可以看出四分律比较疏略而减分律比较细密。疏略者就声称政令有宽大与严厉之别，天体的运行也相应会产生超前与不足，这并不是历法计算的失误；细密者则说日月的运行虽然有快有慢，但用正确的方法来推求，就可以预先知道它们运行的躔度，并不存在什么灾祥之说。如果采用疏略的四分律，就可能隐藏奸邪而失却真实，如果

采用细密的减分律，就可能顺应天数而违背经义。况且议官所懂得的知识，不可能精于论争的双方，以学识浅薄的人去裁判学问深厚的人，哪里能让人服气呢？既然这事不属于法律条令所掌管，就希望不要让我们来判决此事吧。"整个议曹的人不分地位高低，都认为我说得对。有一位礼官，却以表现这种谦让态度感到耻辱，苦苦地舍不得放手，想方设法去对两种历法进行考核。他的有关知识修养又不足，无法实地进行测量，就反反复复地去采访论争的双方，想借此看出其中的优劣。他们从早到晚地聚会评议，暑往寒来，不胜烦劳，由春至冬，竟然无法裁决，抱怨责难之声四起，这位礼官才红着脸告退了，最后还被内史搞得下不了台，这就是好名声出风头所招来的耻辱啊！

【评析】

《省事》篇所介绍的"省事"，就是要减少事情。在作者看来，要想使家庭不遭受祸害，让家庭成员生活安定，就要做到不多说，不多事，因为，多说多败，多事多患。并且列举了历史上许多巧言善辩之徒的下场：他们凭借三寸不烂之舌得势一时，最终还是落得个身败名裂，家败人亡的下场。作者对子女提出要求：君子要守道崇德，等待天命，不要靠违背道德来追求富贵。

止足第十三

【原文】

《礼》云："欲不可纵，志不可满。"宇宙可臻其极，情性不知其穷，唯在少欲知足，为立涯限尔。先祖靖侯①戒子眆曰："汝家书生门户，世无富贵；自今仕宦不可过二千石②，婚姻勿贪势家。"吾终身服膺，以为名言也。

【注释】

①靖侯：指之推九世祖含，字宏都，谥号"靖侯"。

②二千石：汉制，郡守俸禄为二千石。盖自汉、魏以来，因仕途凶险，一般浮沉官海者多以俸禄二千石的官职为限。

【译文】

《礼记》上说："欲望不可放纵，志向不可满足。"天地之大，也可到达它的极限，而人

的天性却不知道穷止,只有寡欲而知足,才可划定一个界限。先祖靖侯曾告诫子侄们说:"你们家是书生门户,世世代代没有富贵过;从现在起,你们为官,不可担任年俸超过二千石的官职;你们成婚,不可贪图高攀世家豪门。"对这些话我一生都信奉,牢记心间,把它当做至理名言。

【原文】

天地鬼神之道①,皆恶满盈。谦虚冲损,可以免害。人生衣趣②以覆寒露,食趣以塞饥乏耳。形骸之内,尚不得奢靡,己身之外,而欲穷骄泰邪?周穆王③、秦始皇、汉武帝,富有四海,贵为天子,不知纪极④,犹自败累,况士庶乎?常以二十口家,奴婢盛多,不可出二十人,良田十顷,堂室才蔽风雨,车马仅代杖策,蓄财数万,以拟吉凶⑤急速,不啻⑥此者,以义散之;不至此者,勿非道求之。

【注释】

①天地鬼神之道:即今天所谓自然法则之意。
②趣:仅够的意思。
③周穆王:西周国王。姬姓,名满。昭王之子。
④纪极:终极,限度。
⑤吉凶:婚事丧事。
⑥不啻:不但,不止。

【译文】

大自然的法则,都是憎恶满溢。谦虚淡泊,可以免除祸患。人生在世,衣服只要能够御寒,饮食只要能够充饥,也就行了。在衣、食这两件与人本身密切相关的事情上,尚且不应该奢侈浪费,何况在那些非身体所急需的事情上,又何必要穷奢极欲呢?周穆王、秦始皇、汉武帝,他们都富有四海,贵为天子,不知满足,到头来还会遭到败损,何况一般人呢?我一直认为,一个二十口的家庭,奴婢众多,也不可超出二十人,良田只需十顷,房屋只求能遮挡风雨,车马只求可以代步,钱财可积蓄几万,以备婚丧急用,超过这个数量,就该仗义疏财;达不到这个数量,也不必用不正当的手段去索求。

【原文】

仕宦称泰①,不过处在中品,前望五十人,后顾五十人,足以免耻辱,无倾危也。高此者,便当罢谢,偃仰②私庭。吾近为黄门郎③,已可收退;当时县旅④,惧罹谤际⑤,思为此计,仅未暇尔。自丧乱已来,见因托风云,侥幸富贵,且执机权,夜填坑谷,朔欢卓⑥、郑,晦泣颜、原⑦者,非十人五人也。慎之哉!慎之哉!

【注释】

①泰:大极;过甚。

②偃仰:安居。

③黄门郎:即黄门侍郎。职官名,属门下省。东汉始设专官,其职为侍从皇帝,传达诏命。

④县(xiàn)旅:做客他乡。

⑤际(shì):诽谤;怨言。

⑥卓:指卓氏。战国时秦、汉间大商人,祖先为赵国人。

⑦原:指原宪,春秋时鲁国人。字子思,亦称原思。孔子学生。

【译文】

　　我认为做官做到最高位置,不过是处于中等品级就足够了,向前看有五十人在前面,向后望有五十人在后面,这就足以免去耻辱,又不承担风险。高于中品的官职,就应该婉言谢绝,闭门安居。我近来担任黄门侍郎的官职,已经可以告退了;只是客居异乡,怕遭人攻击诽谤,虽有这个打算,只是找不到机会。自从丧乱发生以来,我看见那些乘时而起,侥幸富贵的人,白天还在执掌大权,晚上就尸填坑谷;在高兴自己与卓氏、程郑一样富有,月底就悲泣自己像颜渊、原宪一样贫穷,有这种遭际的人,并不止十个五个。要当心啊!要当心啊!

【评析】

　　《止足》篇所介绍的"止足",一般指"知足"。这里有既要满足又要知止的意思。知止,就是说做官、积财都要有个限度,财富太多、官位太高都容易招来祸患,不如有个限度以平安过日子为好。作者认为,少欲知足是安身立命、保全门户的重要方法。他还用具体事例告诫子女谨慎做人。

诚兵第十四

【原文】

颜氏之先,本乎邹、鲁,或分入齐,世以儒雅为业,遍在书记①。仲尼门徒,升堂②者七十有二,颜氏居③八人焉。秦、汉、魏、晋,下逮齐、梁,未有用兵以取达者。春秋世,颜高、颜鸣、颜息、颜羽之徒,皆一斗夫耳。齐有颜涿聚,赵有颜最④,汉末有颜良,宋有颜延之,并处将军之任,竟以颠覆。汉郎颜驷,自称好武,更无事迹。颜忠以党⑤楚王受诛,颜俊以据武威见⑥杀,得姓已来,无清操⑦者,唯此二人,皆罹⑧祸败。顷世乱离,衣冠之士,虽无身手⑨,或聚徒众,违弃素业,侥幸战功。吾既羸薄⑩,仰惟前代,故置心于此,子孙志⑪之。孔子力翘⑫门关⑬,不以力闻,此圣证也。吾见今世士大夫,才有气干,便倚赖之,不能被⑭甲执兵,以卫社稷;但微行险服⑮,逞弄拳腕,大则陷危亡,小则贻耻辱,遂无免者。

【注释】

①书记:指书籍等书面材料。

②升堂:升堂入室的简略语。泛指人的学问造诣精深。

③居:占。

④最(zuì):通"最"。

⑤党:结党。

⑥见:被。

⑦清操:清廉高尚的节操。

⑧罹(lì):遭遇不幸。

⑨身手:武艺气力。

⑩羸薄:瘦弱。

⑪志:记。

⑫翘:举。

⑬门关:出入必经的国门、关门。

⑭被:披。

⑮微行险服:悄无声息地行动,穿不合礼制的服饰。

【译文】

颜氏的先辈，祖居春秋时期的邹国、鲁国，有的又分散到春秋时期的齐国，世世代代都是以儒雅为业，这在书籍中随处可见记载。孔子的门徒，学问精深的七十二人中，颜氏家族占了八人。从秦、汉、魏、晋，往下数到南朝的齐、梁，颜氏家族中没有靠用兵而得志扬名的。春秋时期，有颜高、颜鸣、颜息、颜羽等人，都是一些武夫。齐国有颜涿聚，赵国有颜冣，汉朝末年有颜良，东晋末年有颜延，都处在将军的位置上，最终却因此而倾败。汉朝的郎官颜驷，自称好武，但却没有看到他有事迹流传。还有颜忠因党附楚王受诛，颜俊因割据武威被杀，从有颜姓以来，没有高尚节操的，只有这两个人，都遭致了灾祸败亡。近世以来，国家遭逢乱离，士大夫们虽然没有武艺气力，但有的也聚集徒众，放弃了一贯的诗书儒业，去碰运气求取战功。我的身体既如此单薄，又想到前人好兵致祸的教训，所以把心思放在读书仕宦这上面，希望子子孙孙都记住这一点。孔子的力气可举起城门，却不以武力闻名于世，这是圣人为我们树立的榜样啊！我看见当今的士大夫们，才血气方刚，就以此自恃，又不能披戴铠甲手执兵器去保卫国家；只知穿上剑客的服装，行踪诡秘，到处逞弄权术，大则身陷危亡，小则自讨耻辱，竟没有一个可以幸免的。

【原文】

国之兴亡，兵之胜败，博学所至，幸讨论之。入帷幄①之中，参庙堂②之上，不能为主尽规以谋社稷，君子所耻也。然而每见文士，颇③读兵书，微有经略。若居承平之世，睥睨宫阃④，幸灾乐祸，首为逆乱，诖误⑤善良；如在兵革之时，构扇⑥反覆，纵横说诱，不识存亡，强相扶戴：此皆陷身灭族之本也。诚之哉！诚之哉！

【注释】

①帷幄：帐幕，此指天子决策之处。

②庙堂：朝廷。指人君接受朝见、议论政事的殿堂。

③颇：很。这里是略微的意思。

④宫阃(kǔn)：帝王后宫。

⑤诖(guà)误：贻误；连累。

⑥构扇：也作"构煽"，挑拨煽动。

【译文】

国家的兴亡，战争的胜败，对此如果已具有广博的学识，也是可以讨论这个问题的。一个人进入国

家决策机关,在朝廷的殿堂上参与国政,却不能为君主尽谋划之责以求得国家的安定富足,这是君子所引以为耻辱的。但我常常看见一些文士,兵书既读得很少,兵法也只是略知概要。如果处在太平盛世,他们会热心于侦伺后宫动静,为每一点动乱而幸灾乐祸,领头犯上作乱,以致牵连善良之辈;如果处在战乱时期,他们会到处挑拨煽动,八方游说,翻手为云,覆手为雨,看不清存亡的趋向,却竭力扶持拥戴别人称王。这些行为都是招致丧身灭族的祸根,对此要警惕! 千万要警惕!

【原文】

习五兵①,便乘骑,正可称武夫尔。今世士大夫,但不读书,即称武夫儿,乃饭囊酒瓮也②。

【注释】

①五兵:五种兵器。《周礼·夏官·司兵》:"掌五兵五盾。"郑玄注引郑司农云:"五兵者,戈、殳、戟、酋矛、夷矛也。"此指车之五兵。步卒之五兵,则无夷矛而有弓矢。

②饭囊酒瓮:即现在俗称酒囊饭袋之意。瓮,一种陶制盛器。

【译文】

熟悉五种兵器,擅长骑马,方可称作武夫。现在的士大夫,只要不读书,就称作武夫,其实只是酒囊饭袋一个。

【评析】

《诚兵》篇是作者告诉子女不要通过习武事来取得官职,达到富贵。作者结合家族的历史,说明颜氏家族是以儒雅知名的,而家族中爱好武术的人多无成就,甚至结局悲惨。并且认为要想保全自己的门户,就要以儒雅为业,远离武术。

养生第十五

【原文】

神仙之事,未可全诬;但性命①在天,或难钟②值。人生居世,触途牵絷;幼少之日,既有供养之勤;成立之年,便增妻孥之累。衣食资须,公私驱役;而望遁迹山林,超然尘滓,千万不遇一尔。加以金玉之费③,炉器④所须,益非贫士所办。学如牛毛,成如麟角⑤。华山之下，白骨如莽，何有可遂之理？考之内教，纵使得仙，终当有死，不能出世，不愿议曹专精于此。若其爱养神明⑥，调护气息，慎节起卧，均适寒暄，禁忌食饮，将饵药物，遂其所禀⑦，不为夭折者，吾无间然⑧。诸药饵法，不废世务也。庾肩吾常服槐实⑨，年七十余，目看细字，须发犹黑。邺中朝士，有单服杏仁、枸杞、黄精、术、车前得益者甚多⑩，不能一一说尔。吾尝患齿，摇动欲落，饮食热冷，皆苦疼痛。见《抱朴子》牢齿之法，早朝叩齿三百下为良⑪；行之数日，即便平愈，今恒持之。此辈小术，无损于事，亦可修也。凡欲饵药，陶隐居《太清方》中总录甚备，但须精审，不可轻脱。近有王爱州在邺学服松脂⑫，不得节度，肠塞而死，为药所误者甚多。

【注释】

①性命：这里指万物的天赋和禀受。

②钟：适逢。

③金玉之费：炼丹药时耗费的金、玉。

④炉器：指炼丹炉。

⑤麟角：麒麟的角，比喻珍贵稀少。

⑥神明：指人的精神，心思。

⑦禀：赐予，赋予。

⑧间然：找空子。这里指批评。

⑨槐实：槐的果实。可入药。

⑩杏仁、枸杞、黄精、术、车前：均为中药名。

⑪早朝叩齿三百下为良：《抱朴子·应难》："或问坚齿之道，抱朴子曰：'能养以华池，浸以醴液，清晨建齿三百过者，永不动摇。'"

⑫松脂：松树树干所分泌的树脂。

【译文】

　　神仙之类的事情，不能说都是假的，万物的天赋和禀受由上天来决定，这种机会是很难遇到的。人生活在世上，所牵挂得太多。小时候，有侍奉父母的辛劳；成年了，却又不能摆脱妻儿的拖累。这边想着家里的衣食需求，那边还惦记着公事、私事；虽然如此的辛勤劳苦，但是真正希望隐居山林、达到超凡脱俗的人，千万个人中也遇不到一个啊。加上炼丹要耗费黄金宝玉，还有炉鼎器具之类，这更不是贫士所能办到的。学道的人多如牛毛，成仙的人却凤毛麟角。看华山下面的白骨多得像野草一般，哪里有称心如意的道理？如果放在佛教之中考究这个问题，就是成了仙，最后还是不免一死，并不能彻底摆脱人世间的羁绊，我不想让你们专心致志地做这样的事。如果是为了爱惜

精神,调理气息,而因此起居有规律,穿衣冷暖适当,饮食有所禁忌,吃一些补药来滋养身体,收到延年益寿的效果,我对此是没有什么可批评的。掌握各种服药的方法,不要因此而误事。庾肩吾常服用槐树果实,七十多岁的时候,眼睛还能看清小字,胡须头发也还很黑。有些邺城的朝廷官员专门服用杏仁、枸杞、黄精、白术、车前,从中获益多多,这些不能一一列举。我曾经患有牙疼的小病,牙齿松动几乎要掉了,不管是吃冷的还是热的都疼痛难耐。看了《抱朴子》里固齿的方法:早上起来叩牙三百次。我试着坚持了几天,牙竟然好了,现在我还保持着这一习惯。这一类的小方法,并不妨碍别的事情,不妨试试。要想服用补药的话,陶隐居的《太清方》中收录了很多,但必须细心地挑选,不能轻率地去用。最近有个叫王爱州的人,在邺城效仿别人服用松脂,因为方法不当,结果肠子被堵,人也死了。像这种被药物所害的例子是很多的。

【原文】

夫生不可不惜,不可苟惜①。涉险畏之途,干祸难之事,贪欲以伤生,谗慝②而致死,此君子之所惜哉;行诚孝而见贼③,履仁义而得罪,丧身以全④家,泯躯⑤而济国,君子不咎⑥也。自乱离已来,吾见名臣贤士,临难求生,终为不救,徒取窘辱,令人愤懑。侯景之乱,王公将相,多被戮辱,妃主姬妾,略无全者。唯吴郡太守张嵊⑦,建义不捷,为贼所害,辞色不挠⑧;及鄱阳王世子谢夫人,登屋诟⑨怒,见⑩射而毙。夫人,谢遵女也。何贤智操行若此之难?婢妾引决若此之易?悲夫!

【注释】

①苟惜:以不正当手段爱惜。

②慝(tè):灾害;祸患。

③贼:诋毁。

④全:保全。

⑤泯躯:捐躯。

⑥咎(jiù):责怪;怪罪。

⑦张嵊(shèng):字四山,曾经领兵讨伐侯景,兵败被杀。

⑧辞色不挠:言辞和神色不屈服。

⑨诟(gòu):辱骂。

⑩见:被。

【译文】

人的生命不可以不爱惜,也不可以无原则地吝惜。踏上那危险可怕的道路,做下那

颜氏家训·孔子家语

招灾蒙难的事情,贪图肉欲而损伤身体,遭受谗言而枉送性命,在这些事情上君子是爱惜他的生命的;如果是奉行忠孝而被诋毁,施行仁义而获罪责,舍身以保全家庭,捐躯以拯救祖国,那么,君子是不会抱怨的。自从乱离以来,我看见那些名臣贤士,临难求生,终未获救,白白地自取羞辱,真是令人愤懑。"侯景之乱"时,王公将相,大都受辱被杀,妃主姬妾,几乎没有得以保全的。只有吴郡太守张嵊,兴师讨贼没有能够取胜,被贼军杀害,当他兵败被俘之时,言辞神色毫无屈服的表现;还有鄱阳王世子萧嗣之妻谢夫人,登上房屋怒骂群贼,被箭射死。谢夫人是谢遵的女儿。为什么那些贤德智慧的官绅们坚守操行是如此困难,而那些婢女妻妾自杀成仁却是如此容易?真是可悲啊!

【评析】

在《养生》篇中,作者介绍了不同的养生方法,但是这些养生都是身外的因素,真正的养生还应该是内在的自身的因素,要设法使自己远离祸害,既要注意修身养性,又要注意为人处世的方法。否则,再健康的身体,再懂得养生之道也不会长寿百岁;或者傲物而受刑,或者贪溺而取祸。

归心①第十六

【原文】

三世②之事,信而有征,家世归心,勿轻慢也。其间妙旨,具诸经论③,不复于此,少能赞述;但惧汝曹犹未牢固,略重劝诱尔。

【注释】

①归心:从心里归附。这里是归心佛教之意。

②三世:佛教以过去、现在、未来为三世。

③经论:佛教以经、律、论为三藏。经为佛所自说,论是经义的解释,律即戒规。

【译文】

佛家所说的过去、未来、现在"三世"的事情,是可靠而有根据的,我们家世代归心佛教,不能对此抱无所谓的态度。这佛教中的精妙的内容,都见于佛教的经、论中,我不用再在这里称美转述了;只是怕你们对佛教的信念还不够坚定,所以再对你们稍加劝勉诱导。

【原文】

原夫四尘五荫^①,剖析形有;六舟^②三驾^③,运载群生;万行归空,千门入善,辩才智惠,岂徒《七经》^④、百氏之博哉? 明非尧、舜、周、孔所及也。内外两教,本为一体,渐极为异,深浅不同。内典^⑤初门,设五种禁;外典^⑥仁义礼智信,皆与之符。仁者,不杀之禁也;义者,不盗之禁也;礼者,不邪之禁也;智者,不酒之禁也;信者,不妄之禁也。至如畋狩军旅,燕享^⑦刑罚,因民之性,不可卒除,就为之节,使不淫^⑧滥尔。归周、孔而背释宗^⑨,何其迷也!

【注释】

①四尘五荫:佛教语。四尘是指色、香、味、触;五荫是指色、受、想、行、识。

②六舟:佛教语。即"六度",又叫"六到彼岸"。指使人由生死的此岸渡到涅槃的彼岸的六种法门:布施、持戒、忍辱、精进、精虑(禅定)、智慧(般若)。

③三驾:佛教以羊车喻声闻乘,鹿车喻缘觉乘,牛车喻菩萨乘,总称"三驾"。

④七经:七部儒家经典。具体指《诗》《书》《礼》《易》《乐》《春秋》《论语》。

⑤内典:佛教徒称佛经为内典。

⑥外典:佛教徒称佛书以外的典籍为外典。

⑦燕享:同"宴飨",帝王设宴招待群臣。

⑧淫:过分。

⑨释宗:佛教。因佛教的创始人为释迦牟尼,故称。

【译文】

推究色、香、味、触四尘和色、受、想、行、识五荫的道理,剖析世间万物的奥秘,借助布施、持戒、忍辱、精进、静虑、智慧和六舟声闻、缘觉、菩萨三驾,去普度众生:让众生通过种种戒行,皈依于"空";通过种种法门,渐臻于善。其中的辩才和智慧,难道只能与儒家的"七经"及诸子百家的广博相提并论吗? 佛教的境界,显然不是尧、舜、周公、孔子之道所能赶得上的。佛学作为内教,儒学作为外教,本来同为一体。两者教义中有区别的,深浅程度也不相同。佛教经典的初级阶段,设有五种禁戒,而儒家经典所讲的仁、义、礼、智、信,都与它们相合。仁就是不杀生的禁戒,义就是不偷盗的禁戒,礼就是不淫乱的禁戒,智就是不酗酒的禁戒,信就是不虚妄的禁戒。至于像狩猎、征战、饮宴、刑罚等行为,我们还得顺随着老百姓的天性,不能把它们一下子全部根除掉,只能让它们存在而有所节制,不至于过分发展。由此看来,那些皈依周公、孔子之道却违背佛教宗旨的人,是多么糊涂啊!

【原文】

俗之谤者,大抵有五:其一,以世界外事及神化无方为迂诞也;其二,以吉凶祸福或未报应为欺诳也;其三,以僧尼行业多不精纯为奸慝也;其四,以糜费金宝减耗课役为损国也;其五,以纵有因缘①如报善恶,安能辛苦今日之甲,利益后世之乙乎?为异人也。今并释之于下云。

【注释】

①因缘:佛教语。梵语尼陀那。意指产生结果的直接原因及促成这种结果的条件。

【译文】

世俗诽谤佛教的说法,大致有以下五种情况:第一,认为佛教所说的现实世界之外的世界以及那些神奇诡异无法测定的事情是荒唐悖理的;第二,认为人的吉凶祸福未必就有相应的报应,佛教因果报应之说只是一种欺诈蒙骗的伎俩;第三,认为和尚、尼姑这个行当里的人多数不清白,佛院寺庙乃藏奸纳垢之所;第四,认为佛教耗费金银财宝,和尚、尼姑们不纳税,不服役,这是对国家利益的一种严重损害;第五,认为即使有因缘之事,也是善有善报,恶有恶报,怎么能够让今天的某甲含辛茹苦,以便让后世的某乙得到好处呢? 这是不同的两个人啊。现在,我对上述五种情况一并作如下解释。

【原文】

释一曰:夫遥大之物,宁可度量? 今人所知,莫若天地。天为积气,地为积块,日为阳精,月为阴精,星为万物之精,儒家所安也。星有坠落,乃为石矣:精若是石,不得有光,性又质重,何所系属? 一星之径,大者百里,一宿首尾,相去数万;百里之物,数万相连,阔狭从斜,常不盈缩。又星与日月,形色同尔,但以大小为其等差;然而日月又当石也? 石既牢密,乌兔①焉容? 石在气中,岂能独运? 日月星辰,若皆是气,气体轻浮,当与天合,往来环转,不得错违,其间迟疾,理宜一等;何故日月五星②二十八宿,各有度数,移动不均? 宁当气坠,忽变为石? 地既淬浊,法应沉厚,凿土得泉,乃浮水上;积水之下,复有何物? 江河百谷,从何处生? 东流到海,何为不溢? 归塘③尾闾,渫何所到? 沃焦④之石,

何气所然⑤？潮汐去还，谁所节度？天汉⑥悬指，那不散落？水性就下，何故上腾？天地初开，便有星宿；九州⑦未划，列国未分，翦疆区野，若为躔次⑧？封建已来，谁所制割？国有增减，星无进退，灾祥祸福，就中不差；乾象⑨之大，列星之伙，何为分野，止系中国？昂⑩为旄头，匈奴之次；西胡、东越、雕题、交阯，独弃之乎？以此而求，迄无了者，岂得以人世寻常，抑必宇宙外也。

【注释】

①乌兔：古代神话传说日中有乌，月中有兔。

②五星：指金、木、水、火、土五大行星。

③归塘：即归墟，传说为海中无底之谷。

④沃焦：古代传说中东海南部的大石山。

⑤然："燃"的本字。

⑥天汉：即银河。

⑦九州：传说中的我国中原上古行政区划。即为冀、兖、青、徐、扬、荆、豫、梁、雍。

⑧躔（chán）次：日月星辰运行的轨迹。

⑨乾象：天象。

⑩昂（mǎo）：星名，二十八宿之一。

【译文】

我对第一种指责的解释是：对那些极远极大的东西，难道可以测量出来吗？现在人们所知道的最大的东西，还没有超过天地的。天是云气堆积而成，地是土块堆积而成，太阳是阳刚之气的精华，月亮是阴柔之气的精华，星星是宇宙万物的精华，这是儒家所喜欢的说法。星星有时会从天上坠落下来，到地上就变成了石头。但是，这万物的精华如果是石头，就不应该有光亮，而且石头的特性又很沉重，靠什么把它们系挂在天上呢？一颗星星的直径，大的有一百里；一个星座从头到尾，相隔有数万里。直径一百里的物体，在天空数万里相连，它们形状的宽窄、排列的纵横，竟然都保持一定而没有盈缩的变化。再说，星星与太阳、月亮相比，它们的形状、色泽都相同，只是大小有差别；既然如此，那么太阳、月亮也应当是石头吗？石头的特性既然是那样坚固，那三足乌和蟾蜍、玉兔，又怎么会在石头中间存身呢？而且，石头在大气中，难道能够自行运转吗？如果太阳、月亮和星星都是气体，那么气体很轻浮，它们就应当与天空合而为一，它们围绕大地来回环绕转动，就不应该相互错位，这运行中间速度的快慢，按理应该是一样的；但为什么太阳、月亮、五星、二十八宿，它们运行时各有各的度数，速度并不一致？难道它们作为气体，坠落的时候，就突然变成石头了吗？大地既然是浊气下降凝集成的物质，按理说应该是沉重而厚实的了；但如果往地下挖土，却能够挖出泉水来，说明大地是浮在水上的，那么，积水之下，又有些什么东西呢？长江、大河及众多的山泉，它们都是从哪里发源的？它们向东流入大海，那海水为什么不见溢出来？据说海水是通过归塘、尾闾排泄出去的，那它们最终又到何处去了呢？如果说海水是被东海沃焦山的石头烧掉的，那沃焦山的石头又是由什么点燃的呢？那潮汐的涨落，是靠谁来节制调度？那银河悬挂在天空，为什么不会散落下来？水的特性是往低处流的，为什么又会上升到天空中去？天地初开的时候，就有星宿了，那时九州还没有划分，列国也还没有出现，那么，当时天上的星宿又是如何运行的呢？封邦建国以来，到底是谁对它们进行了分封割据呢？地上的国家有增有减，天上的星宿却没有发生什么改变，这中间人世的吉凶祸福，依然不断发生。天空如此之大，星宿如此之多，为什么以天上星宿的位置，来划分地上州郡的区域只限于中国一地呢？被称作旄头的昴星是代表胡人的，其位置对应着匈奴的疆域，那么，像西胡、东越、雕题、交趾这些地区，就该被上天所抛弃吗？对上述种种问题进行探究，至今无人能弄明白，是否因为这些问题按人世间的寻常道理解释不了，而必须到宇宙之外寻求答案呢？

【原文】

释二曰：夫信谤之征，有如影响①；耳闻目见，其事已多，或乃精诚不深，业缘②未感，时傥差阑，终当获报耳。善恶之行，祸福所归。九流③百氏，皆同此论，岂独释典为虚妄乎？项橐④、颜回之短折，伯夷、原宪之冻馁⑤，盗跖、庄蹻⑥之福寿，齐景、桓魋⑦之富强，若引之先业⑧，冀以后生，更为通耳。如以行善而偶钟祸报，为恶而傥值福征，便生怨尤，即为欺诡；则亦尧、舜之云虚，周、孔之不实也，又欲安所依信而立身乎？

【注释】

①影响：影子与回声。

②业缘：佛教指善业生善果、恶业生恶果的因缘。谓一切众生的境遇、生死都由前世业缘所决定。

③九流：战国时的九个学术流派。即儒家、道家、阴阳家、法家、名家、墨家、纵横家、杂家、农家。又有小说家一派，合为十家。

④项橐（tuó）：春秋时代鲁国的一位神童，虽然只有七岁，孔夫子依然把他当做老师一般请教，后世尊项橐为圣公。

⑤冻馁：过分的寒冷与饥饿。

⑥庄眜(mèi):战国人。楚庄王之后。

⑦桓眜(mèi):即向眜。春秋时宋大夫。

⑧业:即梵语"羯磨"。佛教谓在六道中生死轮回,是由业决定的。业包括行动、语言、思想意识三个方面,分别指身业、口业、意业。

【译文】

我对第二种指责的解释是:我相信那些诽谤佛教因果报应之说的种种证据,就好像影之随形,响之应声一样可以明白无误地加以验证。这类事,我耳闻目睹是非常之多的。有时报应之所以没有发生,或许是当事者的精诚还不够深厚,"业"与"果"还没有发生感应的缘故。倘如此,则报应就有早迟的区别,但或迟或早,终归会发生的。一个人的善与恶的行为,将分别招致福与祸的报应。中国的九流百家,都持有与此相同的观点,怎么能单单认为佛经所说是虚妄的呢?像项橐、颜回的短命而死,伯夷、原宪的挨饿受冻;盗跖、庄眜的有福长寿,齐景公、桓眜的富足强大,如果我们把这看成是他们的前辈的善业或恶业的报应,或者把他们从善或为恶的报应寄托在他们的后代身上,那就说得通了。如果因为有人行善而偶然遭祸,为恶却意外得福,你便产生怨尤之心,认为佛教所说的因果报应只是一种欺诈蒙骗,那就好比是说尧、舜之事是虚假的,周公、孔子也不可靠,那么你又能相信什么,你又凭什么去立身处世呢?

【原文】

释三曰:"开辟已来①,不善人多而善人少,何由悉责其精洁乎?见有名僧高行,弃而不说;若睹凡僧流俗,便生非毁。且学者之不勤,岂教者之为过?俗僧之学经律②,何异世人之学《诗》、《礼》?以《诗》、《礼》之教,格朝廷之人,略无全行者;以经律之禁,格出家之辈,而独责无犯哉?且阙行之臣,犹求禄位;毁禁之侣,何惭供养③乎?其于戒行④,自当有犯。一披法服,已堕僧数,岁中所计,斋讲诵持,比诸白衣⑤,犹不啻山海也。

【注释】

①开辟以来:相传盘古开天辟地,指自有天地以来。

②经律:佛教徒称记述佛的言论的书叫经,记述戒律的书叫律。

③供养:因佛教徒不事生产,靠人提供食物,所以称为"供养"。

④戒行:佛教指恪守戒律的操行。

⑤白衣:因佛教徒穿黑衣,所以称世俗之人为"白衣"。

【译文】

我对于第三种指责的解释是:自从开天辟地有了人类以来,不善良的人多而善良的人少,怎么能够要求每一位僧人都是清白高尚的呢? 有些人明明看见了那些名僧们的高尚德行,却抛在一边不予称扬;但若是看到那些平庸的僧人的粗俗行为,就竭力指责诋毁。况且,受学的人不用功,难道是教育者的过错吗? 那些平庸的僧人学习佛经、戒律,与世人学习《诗》《礼》有什么不同? 假如用《诗》《礼》中的教义,来衡量朝廷中的官员,恐怕没有几个人是完全够格的;同样,用佛经、戒律中的禁条,来衡量这些出家僧人,怎么能够唯独要求他们不犯过错呢? 而且,那些缺乏道德的臣子们,仍在那里追求高官厚禄;那些违犯禁条的僧侣们,又何必对自己接受供养感到惭愧呢? 他们对于佛教的戒行,自然难免有违犯的时候;但他们一旦披上法衣,就算进入了僧侣的行业,一年到头所干的事,无非是吃斋念佛、讲经修行,比起世俗之人来说,其道德修养的差距又不只是山高海深那样巨大了。

【原文】

释四曰:内教多途,出家自是一法耳。若能诚孝在心,仁惠为本,须达①、流水②,不必剃落须发;岂令罄井田而起塔庙,穷编户以为僧尼也? 皆由为政不能节之,遂使非法之寺,妨民稼穑,无业之僧,空国赋算,非大觉③之本旨也。抑又论之:求道者,身计也;惜费者,国谋也。身计国谋,不可两遂。诚臣徇主而弃亲,孝子安家而忘国,各有行也,儒有不屈王侯高尚其事,隐有让王辞相避世山林;安可让其赋役,以为罪人? 若能偕化黔首④,悉入道场,如妙乐⑤之世,禳盱⑥之国,则有自然稻米,无尽宝藏,安求田蚕之利乎?

【注释】

①须达:为舍卫国给孤独长者的本名,是祇园精舍的施主。

②流水:《金光明经》:"流水长者见涸池中有十千鱼,遂将二十大象,载皮囊,盛河水置池中,又为称祝宝胜佛名。后十年,鱼同日升忉利天,是诸天子。"此举流水长者救鱼事,以为仁惠之证。

③大觉:佛教语。指佛的觉悟。

④黔首:老百姓。

⑤妙乐:古代西印度国名。

⑥禳(ráng)盱:即眠盱。印度古代神话中国王名,即转轮王。

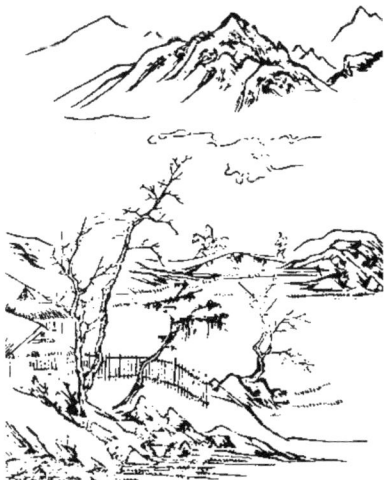

【译文】

　　我对第四种指责的解释是:佛教修持的方法有许多种,出家为僧只是其中的一种。如果一个人能够把忠、孝放在心上,以仁、惠作为立身之本,像须达、流水两位长者所做的那样,也就不必非得剃掉头发胡须去当僧人不可了;又哪里用得着把所有的田地都拿去盖宝塔、寺庙,让所有的在册人口都去当和尚、尼姑呢? 那都是因为执政者不能够节制佛事,才使得那些非法而起的寺庙妨碍了百姓的耕作,使得那些不事生计的僧人耗空了国家的税收,这就不是佛教大觉的本旨了。但我还是要强调一下,谈到追求真理,这是个人的打算;谈到珍惜费用,这是国家的谋划。个人的打算与国家的谋划,是不可能两全其美的。作为忠臣,就应该以身殉主,为此不惜放弃奉养双亲的责任;作为孝子,就应该使家庭安宁和睦,为此不惜忘掉为国家服务的职责,因为两者各有各的行为准则啊。儒家中有不为王公贵族所屈、耿介独立、清高自许的人,隐士中有辞去王侯、丞相的职位到山林中远避尘世的人,我们又怎么能去算计这些人应承担的赋税,把他们当成逃避赋税的罪人呢? 如果我们能够感化所有的老百姓,使他们统统皈依佛教,就像佛经中所说的妙乐、转轮王等国度的情况一样,那就会有自然生长的稻米,数不尽的宝藏,哪里用得着再去追求种田、养蚕的微利呢?

【原文】

　　释五曰:形体虽死,精神犹存。人生在世,望于后身①似不相属;及其殁后,则与前身似犹老少朝夕耳。世有魂神,示现梦想,或降童妾,或感妻孥,求索饮食,征须福祐,亦为不少矣。今人贫贱疾苦,莫不怨尤前世不修功业;以此而论,安可不为之作地②乎? 夫有子孙,自是天地间一苍生耳,何预身事? 而乃爱护,遗其基址,况于己之神爽③,顿欲弃之哉? 凡夫蒙蔽,不见未来,故谓彼生与今非一体耳;若有天眼④,鉴其念念⑤随灭,生生⑥不断,岂可不怖畏邪? 又君子处世,贵能克己复礼,济时益物。治家者欲一家之庆,治国者欲一国之良,仆妾臣民,与身竟何亲也,而为勤苦修德乎? 亦是尧、舜、周、孔虚失愉乐耳。一人修道,济度几许苍生? 免脱几身罪累? 幸熟思之! 汝曹若观俗计,树立门户,不弃妻子,未能出家;但当兼修戒行,留心诵读,以为来世⑦津梁,人生难得,无虚过也。

【注释】

　　①后身:佛教认为人死要转生,故有前身、后身之说。

　　②为之作地:为他后身留有余地。

　　③神爽:神魂,心神。

　　④天眼:佛教所说五眼之一。即天趣之眼,能透视六道、远近、上下、前后、内外及

未来等。

　　⑤念念：指极短的时间。

　　⑥生生：佛教指轮回。

　　⑦来世：佛教谓人死后会重新投生，故称转生之事为"来世"。

【译文】

　　我对于第五种指责的答复是：人的形体虽然死去，但精神仍旧存在。人生活在世上时，觉得自己与来世的后身似乎没有什么关系，等到他死了以后，才发现自己与前身的关系就好像老人与小孩、清晨与傍晚的关系那样密切。世界上有死人的魂灵向亲人托梦的事，或托梦于他的童仆侍妾，或托梦于他的妻子儿女，向他们索要饮食，求取福祉，这类事是不少的。现在的人若是处在贫贱疾苦的境地，没有不怨恨前世不修功业的；就从这一点来说，怎么可以不早修功业，以便为来世留有余地呢？一个人有儿子、孙子，他与儿子、孙子各自都是天地间的黎民百姓，相互间有什么关系？而这个人尚且知道爱护他的儿孙们，把自己的房产基业留传给他们，何况对于自己本人的魂灵，怎可弃置而不顾呢？那些凡夫俗子们冥顽不灵，看不见未来之事，所以他们说来生、前生与今生不是同一个人。如果能够有一双透视未来的天眼，让这些人通过它照见自己的生命在一瞬间由诞生到消亡，又由消亡到诞生，这样生死轮回，连绵不断，他难道不感到害怕吗？再说，君子生活在这个世界上，贵在能够克制私欲，谨守礼仪，匡时救世，有益他人。作为管理家庭的人，就希望家庭能够幸福；作为治理国家的人，就希望国家能够昌盛。这些人与自己的仆人、侍妾、臣属、民众有什么亲密关系，值得这样卖力地为他们辛苦操持呢？也不过是像尧、舜、周公、孔子那样，是为了别人的幸福而牺牲个人的欢乐罢了。一个人修身求道，可以救济多少苍生？免掉多少人的罪累呢？希望你们仔细考虑一下这个问题。你们若是顾及世俗的责任，要建立家庭，不抛弃妻子儿女，以至不能出家为僧，也应当修养品性，恪守戒律，留心于佛经的诵读，把这些作为通往来世幸福的桥梁。人生是非常宝贵的，可不要虚度啊！

【原文】

　　儒家君子，尚离庖厨，见其生不忍其死，闻其声不食其肉①。高柴②、折像③，未知内教，皆能不杀，此乃仁者自然用心。含生之徒，莫不爱命；去杀之事，必勉行之。好杀之人，临死报验，子孙殃祸，其数甚多，不能悉录耳，且示数条于末。

【注释】

　　①"儒家"四句本自《孟子·梁惠王上》："君子之于禽兽也，见其生，不忍见其死；

闻其声,不忍食其肉。是以君子远庖厨也。"

②高柴:春秋时代齐文公十八世孙高柴,字子羔,又称子皋。齐国人,孔子弟子。

③折像:《后汉书·方术传》:"折像幼有仁心,不杀昆虫,不折萌芽。"

【译文】

儒家的君子,都远离厨房,因为他们若是看见那些禽兽活着时的样子,就不忍心看见它们被杀掉;他们若是听见禽兽的惨叫声,就吃不下它们的肉。像高柴、折像这两个人,他们并不了解佛教的教义,却都不愿意杀生,这就是仁慈的人天生的善心。凡是有生命的东西,没有不爱惜它的生命的;关于不杀生的事,你们一定要努力做到。好杀生的人,临死会受到报应,子孙也会跟着遭殃,这类事情很多,我不能全部记录下来,现在姑且抄示几条于本章之末。

【原文】

梁世有人,常以鸡卵白和沐,云使发光,每沐辄二三十枚。临死,发中但闻啾啾数千鸡雏声。

【译文】

梁朝的时候有一个人,常常拿鸡蛋清和在水里洗头发,说这样可使头发光亮,每洗一次就要用去二三十枚鸡蛋。到他临死的时候,只听见头发中传出几千只雏鸡的啾啾叫声。

【原文】

江陵刘氏,以卖鳝①羹为业。后生一儿头是鳝,自颈以下,方为人耳。

【注释】

①鳝:通称"黄鳝""鳝鱼",其体细长,黄色有黑斑,肉可食。

【译文】

江陵的刘氏,以卖鳝鱼羹为生。后来他有了一个小孩,长了一个鳝鱼头,从颈部以下,才是人形。

【原文】

王克为永嘉郡守,有人饷羊,集宾欲餔。而羊绳解,来投一客,先跪两拜,便入衣中。此客竟不言之,固无救请。须臾,宰羊为羹,先行至客。一脔①入口,便下皮内,周行遍体,痛楚号叫;方复说之。遂作羊鸣而死。

【注释】

①脔(luán):切成块的肉。

【译文】

　　王克任永嘉太守的时候,有人送他一只羊,他就邀集宾客来打算举办一个宴会。等把羊牵出来时,那羊突然挣脱绳子,奔到一位客人面前,先跪下拜了两拜,便钻到客人衣服里去。这位客人竟然一言不发,坚持不为这只羊求情。一会儿,那只羊就被拉去宰杀后做成肉羹端了上来,那肉羹先送到这位客人面前。他挟起一块羊肉才送入口中,像是有种毒素进了皮内,在全身运行,这位客人痛苦号叫,方才开口说此情况。却是发出阵阵羊叫声死去了。

【原文】

　　世有痴人,不识仁义,不知富贵并由天命。为子娶妇,恨其生资不足,倚作舅姑①之尊。蛇虺其性,毒口加诬,不识忌讳,骂辱妇之父母,却成教妇不孝己身,不顾他恨。但怜己之子女,不受己之儿妇。如此之人,阴纪②其过,鬼夺其算③。慎不可与为邻,何况交结乎？避之哉！

【注释】

①舅姑:丈夫的父母。
②纪:同"记"。记载。
③算:寿命。

【译文】

　　世间有一种愚痴人,不懂得仁义,也不知道富贵皆由天命。他为儿子娶媳妇,恨那媳妇的嫁妆太少,仗着自己当公公婆婆的尊贵身份,怀着毒蛇一样的心性,对媳妇恶意辱骂,一点不懂得忌讳,甚至谩骂侮辱媳妇的父母,其实,这反而是教媳

妇不用孝顺自己,也不顾她的怨恨。这种人只知道疼爱自己的子女,却不知道爱护自己的儿媳。像这种人,阴曹会把它的罪过记载下来,鬼神也会减掉他的寿命。你们千万不可与这种人做邻居,更何况与这种人交朋友呢?还是躲他远点吧!

【评析】

在《归心》篇中,作者所说的归心即为归于佛心。作者生活的年代,正是佛教极为流行的时期。受这一大环境的影响,社会上的人把佛教称为内典,把儒教称为外典,并且认为儒佛两教原本是一体的。作者受佛学的影响很深,一生重视儒学,同时还是一个虔诚的佛教徒,在儒佛双重思想的影响下,他结合自己的体会深情地告诫子孙:克己从善,修身养性;把握现在,来世图报。我们在阅读中,要取其精华,对封建迷信的内容,应注意鉴别。

卷 六

128

书证第十七

【原文】

《诗》云:"参差①荇菜②。"《尔雅》云:"荇,接余也。"字或为莕③。先儒解释皆云:"水草,圆叶细茎,随水浅深。今是水悉有之,黄花似莼④,江南俗亦呼为猪莼,或呼为荇菜。"刘芳⑤具有注释。而河北俗人多不识之,博士⑥皆以参差者是苋菜⑦,呼人苋为人荇,亦可笑之甚。

【注释】

①参差:长短不齐。

②荇(xìng)菜:多年水生草本植物。嫩茎可食,全草可入药。

③莕(xìng):荇。

④莼(chún):亦称水葵。多年生水草,嫩叶可食。

⑤刘芳:字伯文,北魏彭城人。曾撰《毛诗笺音义证》十卷。

⑥博士:学识渊博,贯通古今的人。

⑦苋(xián)菜:一年生草本植物。叶有绿紫两色,花黄绿色,嫩苗可食用。

【译文】

《诗经》上说:"参差荇菜。"《尔雅》解释说:"荇菜,就是接余。"荇字有时也写作"莕",前代学者们的解释都说:荇菜是一种水草,圆叶细茎,其高低随水的深浅而定,现在凡是有水的地方都有它,它那黄色的花就像水葵,江南民间也称它叫猪莼,也有人叫它荇菜。后魏的刘芳对此都有注释。而河北地区的一般人大都不认识它,博士们都把《诗经》中所说的"参差荇菜"认作苋菜,把人苋叫作人荇,也确实非常可笑了。

【原文】

《诗》云:"谁谓荼苦①?"《尔雅》、《毛诗传》并以荼,苦菜也。又《礼》云:"苦菜秀。"案:《易统通卦验玄图》②曰:"苦菜生于寒秋,更冬历春,得夏乃成。"今中原苦菜则如此也。一名游冬,叶似苦苣而细,摘断有白汁,花黄似菊。江南别有苦菜,叶似酸浆③,其花或紫或白,子大如珠,熟时或赤或黑,此菜可以释劳。案:郭璞④注《尔雅》,此乃蘵⑤黄蒢也。今河北谓之龙葵。梁世讲《礼》者,以此当苦菜;既无宿根,至春方生耳,亦大误也。又高诱⑥注《吕氏春秋》曰:"荣⑦而不实曰英。"苦菜当言英,益知非龙葵也。

【注释】

①谁谓荼苦:见《诗·邶风·谷风》。

②《易统通卦验玄图》:此书《隋书·经籍志》著录,未著撰人。

③酸浆:草名。

④郭璞:字景纯,河东闻喜(今属山西)人。东晋文学家、训诂学家。

⑤蘵(bǐng):蘵草,叶似酸浆,花小而白,中心黄,江东以作葅食。

⑥高诱:东汉涿郡涿(今河北涿县)人。著有《吕氏春秋注》等。

⑦荣:开花。

【译文】

《诗经》上说:"谁谓荼苦?"《尔雅》《毛诗传》都以荼为苦菜。此外,《礼记》上说:"苦菜秀。"按:《易统通卦验玄图》上说:"苦菜生长于寒冷的秋天,经冬历春,到夏天就长成了。"现在中原一带的苦菜就是这样的。它又名游冬,叶子像苦苣而比苦苣细小,

摘断后有白色的汁液,花黄色像菊花。江南一带另外有一种苦菜,叶子像酸浆草,它的花有的紫有的白,结的果实有珠子那么大,成熟时颜色有的红有的黑。这种菜可以消除疲劳。按:郭璞注的《尔雅》中,认为这种苦菜就是晒草,即黄陈。现在河北一带把它叫作龙葵。梁朝讲解《礼记》的人,把它当做中原的苦菜,它既没有隔年的宿根,又是在春天才生长,这也是一个大的误释。另外高诱在《吕氏春秋》注文中说:"只开花不结实的叫英。"苦菜的花就应当叫作英,由此更说明它不是龙葵。

【原文】

《月令》①云:"荔挺出。"郑玄注云:"荔挺,马薤②也。"《说文》云:"荔,似蒲③而小,根可为刷。"《广雅》④云:"马薤,荔也。"《通俗文》亦云马蔺。《易统通卦验玄图》云:"荔挺不出,则国多火灾。"蔡邕⑤《月令章句》云:"荔似挺。"高诱注《吕氏春秋》云:"荔草挺出也。"然则《月令注》荔挺为草名,误矣。河北平泽率生之。江东颇有此物,人或种于阶庭,但呼为旱蒲,故不识马薤。讲《礼》者乃以为马苋;马苋堪食,亦名豚耳,俗名马齿。江陵尝有一僧,面形上广下狭;刘缓幼子民誉,年始数岁,俊晤⑥善体物,见此僧云:"面似马苋。"其伯父缙因呼为荔挺法师。绍亲讲《礼》名儒,尚误如此。

【注释】

①《月令》:《礼记》篇名。
②马薤(xiè):草本植物名。
③蒲:草本植物名。
④《广雅》:训诂书。
⑤蔡邕(yōng):东汉文学家、书法家。
⑥俊晤:亦作"俊悟"。聪明卓异。

【译文】

《月令》说:"荔挺出。"郑玄作的注释说:"荔挺就是马薤。"《说文解字》说:"荔像蒲而较小,根可做刷子。"《广雅》说:"马薤就是荔。"《通俗文》也称它为马蔺。《易统通卦验玄图》说:"荔草茎儿长不出,则国家多火灾。"蔡邕的《月令章句》说:"荔草以它的茎儿冒出地面。"高诱注释《吕氏春秋》说:"荔草的茎儿冒出来。"这样看来,郑玄的《月令注》把"荔挺"作为草名是错误的了。这种草在河北地区的沼泽地带到处都有。江东地区则少有此物,有的人把它种在阶庭内,只不过是称它为旱蒲,所以就不知道马薤的名字。讲解《礼记》的人竟把它当成马苋;马苋是可以吃的,也叫作豚耳,俗名叫马齿。江陵曾经有一位僧人,脸形上宽下窄;刘缓的小儿子叫民誉,年龄才几岁,却异常聪明,善于描摹事物,他看见这位僧人就说:"他的脸像马苋。"民誉的伯父刘绍因此就称呼这位僧人叫荔挺法师。刘绍本人就是讲解《礼记》的有名学者,尚且会有这样的误解。

【原文】

《诗》云:"将其来施施。"《毛传》云:"施施,难进之意。"郑《笺》①云:"施施,舒行兒也。"《韩诗》②亦重为施施。河北《毛诗》皆云施施。江南旧本,悉单为施,俗遂是之,恐为少误。

【注释】

①郑《笺》:郑玄对《毛诗》的注释。

②《韩诗》:《诗》文学派之一,汉初韩婴所传。

【译文】

《诗经》说:"将其来施施。"《毛传》说:"施施,难以前进的意思。"郑玄《笺》说:"施施,缓缓行走的样子。"《韩诗外传》也是重叠为"施施"二字。河北本《毛诗》都写作"施施"。江南过去的《诗经》版本,全都单写作"施",众人就认可了它,这恐怕是个小小的错误。

【原文】

《礼》云:"定犹豫,决嫌疑①。"《离骚》曰:"心犹豫而狐疑。"先儒未有释者。案:《尸子》②曰:"五尺大为犹。"《说文》云:"陇西谓犬子为犹。"吾以为人将犬行,犬好豫在人前,待人不得,又来迎候,如此返往,至于终日,斯乃豫之所以为未定也,故称犹豫。或以《尔雅》曰:"犹如麂③,善登木。"犹,兽名也,既闻人声,乃豫缘木,如此上下,故称犹豫。狐之为兽,又多猜疑,故听河冰无流水声,然后敢渡。今俗云:"狐疑,虎卜④。"则其义也。

【注释】

①定狄豫,决嫌疑:《礼记·曲礼》:"决嫌疑,定犹与。"

②《尸子》:书名。《隋书·经籍志》:"《尸子》二十卷,秦相卫鞅上客尸佼撰。"

③麂(jǐ):一种小型鹿类动物。

④虎卜:卜筮的一种。传说虎能以爪画地,观奇偶以卜食,后人效之为一种卜术,称虎卜。

【译文】

《礼经》说:"定犹豫,决嫌疑。"《离骚》说:"心犹豫而狐疑。"前代学者没有进行解释的。按:《尸子》说:"五尺长的狗叫作犹。"《说文解字》说:"陇西把犬子叫作犹。"我认为人带着狗行走,狗喜欢预先走在人的前面,等人等不到,又返回来迎候,像这样来来去去,直到一天结束,这就是"豫"字具有游移不定的含义的原因,所以叫作犹豫。也有的人根据《尔雅》的说法:"犹的样子像麂,善于攀登树木。"犹是一种野兽的名称,听到人声后,就预先攀援树木,像这样上上下下,所以叫作犹豫。狐狸作为一种野兽,又性多猜疑,所以要听到河面冰层下没有流水声,然后才敢渡河。今天的俗语说:"狐疑,虎卜。"就是这个含义。

【原文】

《左传》曰:"齐侯①秷,遂疚。"《说文》云:"秷,二日一发之疟。疚,有热疟也。"案:齐侯之病,本是间日一发,渐加重乎故,为诸侯忧也。今北方犹呼秷疟,音皆。而世间传本多以秷为疥,杜征南②亦无解释,徐仙民音介,俗儒③就为通云:"病疥④,令人恶寒,变而成疟。"此臆说也。疥癣小疾,何足可论,宁有患疥转作疟乎?

【注释】

①齐侯:指齐景公。
②杜征南:即杜预,字元凯。西晋人。曾授征南大将军,撰有《春秋左氏经传集解》。
③俗儒:浅陋迂腐的儒士。
④疥(jiè):疥疮,即由疥虫引起的皮肤传染病。

【译文】

《左传》说:"齐侯秷,遂疚。"《说文》说:"秷是两天发作一次的疟疾。疚是有热度的疟疾。"按:齐侯的病,本来是两天发作一次,较原来逐渐加重,所以成了诸侯忧虑的事。现在北方仍然叫作秷疟,发音为"皆"。而世间的传本大多把"秷"写作"疥",杜预也没有作解释,徐仙民注音作"介",浅薄的学者依照这个说法为之疏通说:"患了疥疮,使人产生畏寒的症状,就转变成了疟疾。"这是一种想当然的说法。疥癣这种小毛病,有什么值得说的,难道会有生疥疮而转变成疟疾的吗?

【原文】

《尚书》曰:"惟影响①。"《周礼》云:"土圭②测影,影朝影夕。"《孟子》曰:"图影③失形。"《庄子》云:"罔两问影。"如此等字,皆当为光景④之景。凡阴景者,因光而生,故即谓为景。《淮南子》呼为景柱⑤，《广雅》云："晷柱⑥挂景。"并是也。至晋世葛洪《字苑》傍始加彡，音於景反。而世间辄改治《尚书》《周礼》《庄》《孟》从葛洪字，甚为失矣。

【注释】

①影响：影子和回声。

②土圭(guī)：古代用以测日影、正四时和测度土地的器具。

③图影：画面上的景物。

④光景：光和阴影。景，后作"影"。

⑤景柱：即影柱。古代测日影，定时刻的表柱。

⑥晷柱：即晷表，日晷上测量日影的标竿。

【译文】

《尚书》说："惟影响。"《周礼》说："土圭测影，影朝影夕。"《孟子》说："图影失形。"《庄子》说："罔两问影。"像这些"影"字，都应当做"光景"的景。凡是阴景，都是因为有光才产生的，所以就叫作景。《淮南子》称为景柱，《广雅》说："晷柱挂景。"都是这样的。到了晋代葛洪的《字苑》中，才开始在旁边加"彡"，注音为"於景反"。而世上的人就把《尚书》《周礼》《庄子》《孟子》中的"景"字改从葛洪《字苑》中的"影"字，这是十分错误的。

【原文】

太公《六韬》①，有天陈、地陈、人陈、云鸟之陈。《论语》曰："卫灵公问陈于孔子。"《左传》："为鱼丽之陈②。"俗本多作阜傍车乘之车。案诸陈队，并作陈，郑之陈。夫行陈之义，取于陈列耳，此六书③为假借也，《苍》④、《雅》及近世字书，皆无别字；唯王羲之《小学章》，独阜傍作车，纵复俗行，不宜追改《六韬》、《论语》、《左传》也。

【注释】

①《六韬》：古代兵书名。分为《文韬》《武韬》《龙韬》《虎韬》《豹韬》《犬韬》。

②鱼丽之陈：军阵名。陈，通"阵"。

③六书：古人分析汉字造字的理论。即象形、指事、会意、形声、转注、假借。

④《苍》：《苍颉篇》。

【译文】

姜太公的《六韬》，有天陈、地陈、人陈、云鸟之陈。《论语》说："卫灵公问陈于孔

子。"《左传》说:"为鱼丽之陈。"俗本多写作"阜"字旁加车乘的"车"字。按:以上几个陈队,都写作陈国、郑国的"陈"。行陈的含义,是从"陈列"这个词中取用过来的,这在六书中就是假借,《苍颉篇》《尔雅》以及近世的字书,都没有写成别的字;只有王羲之的《小学章》中,唯独是"阜"旁加"车"字,即使俗体流行,也不应该追改《六韬》《论语》《左传》中的"陈"字作"阵"字。

【原文】

《易》有蜀才注,江南学士,遂不知是何人。王俭①《四部目录》,不言姓名,题云:"王弼②后人。"谢炅、夏侯该③,并读数千卷书,皆疑是谯周④;而《李蜀书》一名《汉之书》,云:"姓范名长生,自称蜀才。"南方以晋家渡江⑤后,北间传记,皆名为伪书,不贵省读⑥,故不见也。

【注释】

①王俭:南齐琅邪临沂人,字仲宝。曾任秘书丞等职。撰有《七志》《元徽四部书目》等书。

②王弼(bì):三国魏山阳人,字辅嗣。曾任尚书郎。著有《道略论》,并注《易》《老子》。

③夏侯该:此人应为撰《汉书音》《四声韵略》的夏侯泳,为南朝梁人。

④谯周:三国蜀巴西西充国人,字允南。著有《法训》《五经论》《古史考》等百余篇。

⑤晋家渡江:指西晋灭亡后,司马睿在长江以南的建康(今江苏南京)建立东晋王朝。

⑥省读:阅读。

【译文】

《易经》有蜀才作注的本子,江南的学士,竟然不知道蜀才是什么人。王俭的《四部目录》中,也没有谈他的姓名,写作:"王弼后人。"谢炅、夏侯该都是读了数千卷书的人,他俩都怀疑这人是谯周;而《蜀李书》(一名《汉之书》)上说:"这人姓范,名长生,自称蜀才。"在南方,因为晋朝渡江之后,北方的传记,都被指为伪书,人们不重视阅读它们,所以没见到这段文字。

【原文】

《汉书》:"田肎贺上。"江南本皆作"宵"字。沛国刘显①,博览经籍,偏精班《汉》,梁代谓之《汉》圣。显子臻②,不坠家业。读班史③,呼为田肎。梁元帝尝问之,答曰:"此无义可求,但臣家旧本,以雌黄改'宵'为'肎'"。元帝无以难之。吾至江北,见本为"肎"。

【注释】

①刘显:字嗣芳,沛国相人。以精研《汉书》著称。《梁书》有传。

②显子臻:《梁书·刘显传》:"显有三子:莠、荏、臻。臻早著名。"又刘臻在《隋书·文学》有传。

③班史:指班固的《汉书》。

【译文】

《汉书》说:"田肎贺上。"江南的版本都把"肎"写作"宵"字。沛国人刘显,博览经籍,特别精研班固的《汉书》,梁代称他为《汉》圣。刘显的儿子刘臻,不失家传儒业。他读班固的《汉书》时,读作"田肎"。梁元帝曾经就这个问题问过他,他回答说:"这没有什么含义可求,只是因为我家里传下的旧本中,用雌黄把'宵'字改成了'肎'字。"梁元帝也没办法难住他。我到江北时,看见那里的版本就写作"肎"。

【原文】

简策①字,竹下施束②,末代隶书③,似杞、宋之宋④,亦有竹下遂为夹者;犹如刺字之傍应为束,今亦作夹。徐仙民《春秋、礼音》,遂以莢为正字,以策为音,殊为颠倒。《史记》又作悉字,误而为述,作姤字,误而为妬,裴、徐、邹⑤皆以悉字音述,以姤字音妬。既尔,则亦可以亥为豕字音,以帝为虎字音乎?

【注释】

①简策:编连成册的竹简。

②束:音次。

③隶书:字体名。由篆书简化演变而成。始于秦代,普遍使用于汉魏。

④杞、宋:春秋时的两个国名。

⑤裴:即裴骃,字龙驹。徐:即徐广,字野民。邹:即邹诞生。

135

【译文】

简策的"策"字，是"竹"下面放一个"束"，后代的隶书，写得就像杞国、宋国的"宋"字，也有在"竹"下放一个"夹"字的；就像刺字的偏旁应该是"束"，现在也写成"夹"一样。徐仙民的《春秋左氏传音》《礼记音》就是以"英"为正字，以"策"作读音，完全弄颠倒了。《史记》又在写"悉"字时，误写成"述"，在写"妒"字时，误写成"姤"，裴骃、徐广、邹诞生都用"悉"字给"述"字注音，用"妒"字给"姤"字注音。既然这样，难道也可以用"亥"字为"豕"字注音，以"帝"字为"虎"字注音吗？

【原文】

《太史公记》①曰："宁为鸡口，无为牛后(後)。"此是删②《战国策》耳。案：延笃③《战国策音义》曰："尸，鸡中之主。从，牛子。"然则，"口"当为"尸"，"后(後)"当为"从(從)"，俗写误也。

【注释】

①《太史公记》：汉、魏、南北朝人称司马迁《史记》为《太史公记》。

②删：节取，采取。

③延笃：字叔坚。汉南阳人。博通经传及百家之言，以文章名于时。

【译文】

《史记》说："宁为鸡口，无为牛後。"这是节取《战国策》中的文字。按：延笃的《战国策音义》说："尸，鸡中之主。从，牛子。"这样看来，鸡口的"口"字应当作"尸"字，牛後的"後"字应当作"从"字，世俗流行的写法是错误的。

【原文】

《太史公》①论英布曰："祸之兴自爱姬，生于炻媚，以至灭国。"又《汉书·外戚传》亦云："成结宠妾妒媚之诛②。"此二"媚"并当作"睞"③，睞亦妒也，义见《礼记》《三苍》。且《五宗世家》亦云："常山宪王④后妒盉。"王充《论衡》云："妒夫盉妇生，则忿怒斗讼。"益知睞是妒之别名。原英布之诛为意⑤贲赫耳，不得言媚。

【注释】

①《太史公》：即《史记》。

②妒(dù)媚之诛：此言赵飞燕事。赵飞燕为汉成帝皇后，与其妹赵昭仪专宠十余

年,皆无子。成帝死后,司隶解光奏言赵氏杀后宫所产诸子,汉哀帝未予追究。平帝即位,赵飞燕被废为庶人,遂自杀。

③睐(lài):男子嫉妒妻妾。也泛指嫉妒。

④常山宪王:即刘舜。汉景弟少子,立为常山王。卒谥宪。

⑤意:怀疑。

【译文】

《史记》中太史公评论英布说:"祸之兴自爱姬,生于炻媚,以至灭国。"另外,《汉书·外戚传》也说:"成结宠妾妬媚之诛。"这两个"媚"字都应当作"睐"字,睐也就是妬,这个字的含义见于《礼记》《三苍》。况且《史记·五宗世家》也说:"常山宪王后妬盉。"王充《论衡》说:"妬夫盉妬生,则忿怒斗讼。"更可明白"睐"是"妬"的别名。推究英布被杀的原因,是因为他怀疑贲赫,所以不能说成"媚"。

【原文】

《汉书》云:"中外褆①福。"字当从示。褆,安也,音匙匕之匙,义见《苍》《雅》《方言》②。河北学士皆云如此。而江南书本③,多误从手④,属文者对耦⑤,并为提挈之意,恐为误也。

【注释】

①褆:颜师古注:"褆,安也。"

②《苍》《雅》:指《三苍》和《尔雅》。

③江南书本:指在江南地区通行的写本。

④多误从手:赵曦明曰:"下云'恐为误',则此处'误'字衍。"

⑤对耦:也作对偶。指字句两两相对,以加强语言的表达效果。

【译文】

《汉书》说:"中外褆福。""褆"字应当从"礻"。褆,安的意思,发音是匙匕的"匙",其含义见于《三苍》《尔雅》《方言》。河北的学士都说是这样的。而江南的写本中,这个字多从手,撰写文章的人写对偶句时,都把它当成提挈的意思,恐怕是错的。

【原文】

《汉明帝纪》①:"为四姓小侯立学②。"按:桓帝加元服③,又赐四姓及梁、邓小侯帛,是知皆外戚④也。明帝时,外戚有樊氏、郭氏、阴氏、马氏为四姓。谓之小侯者,或以年小获封,故须立学耳。或以侍祠猥朝⑤,侯非列侯⑥,故曰小侯,《礼》云:"庶方小侯⑦。"则其义也。

【注释】

①《汉明帝纪》:此应为《后汉书·明帝纪》。赵曦明曰:"'汉'上当有'后'字。"

②小侯:旧时称功臣子孙或外戚子弟之封侯者为小侯。李贤注引袁宏《后汉纪》曰:"又为外戚樊氏、郭氏、阴氏、马氏诸子弟立学,号四姓小侯,置'五经'师。以非列侯,故曰小侯。"立学:设置学校。

③元服:指冠。古称行冠礼为加元服。

④外戚:指帝王的母族、妻族。

⑤侍祠:侍祠侯。应劭《汉官典职》有四姓侍祠侯。

⑥列侯:诸侯。指王子封为侯者。

⑦庶方小侯:《礼记·曲礼下》言"庶方小侯,人天子之国曰某人,于外曰子,自称曰孤"。

【译文】

《后汉书·明帝纪》说:"为四姓小侯立学。"按:汉桓帝行冠礼,又赐给四姓及梁、邓小侯丝帛,由此知道他们都是外戚。汉明帝的时候,外戚有樊氏、郭氏、阴氏、马氏这四姓。把他们称为小侯的原因,可能是因为年纪尚小就获得封爵,所以还须立学。有人以为他们属侍祠侯猥朝侯,这些个侯不是封于王子之列的诸侯,所以叫作小侯,《礼记》说:"庶方小侯。"就是它的含义。

【原文】

《后汉书》云:"鹳雀衔三鳝①鱼。"多假借为鳝鲔②之鳝;俗之学士,因谓之为暗鱼。案:魏武《四时食制》:"鳝鱼大如五斗奁③,长一丈。"郭璞注《尔雅》:"鳝长二三丈。"安有鹳雀能胜一者,况三乎?鳝又纯灰色,无文章也。鳝鱼长者不过三尺,大者不过三指,黄地黑文,故都讲④云:"蛇鳝,卿大夫服之象⑤也。"《续汉书》及《搜神记》亦说此事⑥,皆作"鳝"字。孙卿⑦云:"鱼鳖鳝鳝。"及《韩非》、《说苑》皆曰:"鳝似蛇,蚕似睾⑧。"并作"鳝"字。假"鳝"为"鳝",其来久矣。

【注释】

①鳝:黄鳝。此字原作"暗",为"鳝"的异体字。

②鲔(wěi)：即鲟鱼。

③奁(lián)：古代盛放梳妆用品的器具，多为圆形、长方形或多边形。

④都讲：门弟子中成绩优良者。

⑤象：征象。

⑥《续汉书》：晋秘书监司马彪撰；《搜神记》：志怪之书。晋干宝撰。

⑦孙卿：即荀卿。

⑧羍：鳞翅目昆虫的幼虫。青色，似蚕，大如手指。

【译文】

《后汉书》说："鹳雀口衔三条鳝鱼。"这个鳝字大多假借为鳣、鲔的"鳣"字。那些世俗的学者，因此而称呼它为眣鱼。按：魏武《四时食制》说："鳣鱼大如五斗奁，长度为一丈。"郭璞在《尔雅》注文中说："鳣鱼长度为二三丈。"哪里会有鹳雀能够衔得起一条鳣鱼的，何况是三条呢？而且鳣鱼是纯灰色，身上没有花纹。鳝鱼长的不过三尺，大的粗细不超过三指，黄的底色黑的花纹，所以门弟子中成绩优良者说："蛇鳝是卿大夫衣服的征象。"《续汉书》及《搜神记》也说到此事，都写作"鳝"字。荀卿说："鱼鳖鳅鳣。"以及《韩非子》《说苑》都说："鳣像蛇，蚕像羍。"都写作"鳣"字。假借"鳣"作"鳝"，由来已久了。

【原文】

《后汉书·杨由传》云："风吹削肺①。"此是削札牍之柿耳。古者，书误则削之，故《左传》云"削而投之"是也。或即谓札②为削，王褒《童约》曰："书削代牍③。"苏竟④书云："昔以摩研编削之才。"皆其证也。《诗》云："伐木浒浒⑤。"毛《传》云："浒浒，柿貌也。"史家假借为肝肺字，俗本因是悉作脯腊之脯，或为反哺⑥之哺。学士因解云："削哺，是屏障之名。"既无证据，亦为妄矣！此是风角⑦占候耳。《风角书》⑧曰："庶人风者，拂地扬尘转削。"若是屏障，何由可转也？

【注释】

①削肺：即削札牍时削下的碎片。

②札：古代书写用的小而薄的木片。

③牍：古代写字用的木板。

④苏竟：字伯况，扶风平陵人。

⑤浒浒：伐木声。

⑥反哺：鸟雏长成，衔食喂养其母。

⑦风角：古代占候之术。

⑧《风角书》：讲风角占候之书。

【译文】

《后汉书·杨由传》说："风吹削肺。"这个"肺"就是削札牍的"柿"。古时候，字写错了就把它刮削掉，所以《左传》说"削而投之"就是这个意思。也有把"札"叫作"削"的，王褒《童约》说："书削代牍。"苏竟的信中说："昔以摩研编削之才。"都是"札"作"削"的证据。《诗经》说："伐木浒浒。"毛《传》解释说："浒浒，柿貌也。"史官们用假借之法把"柿"字改成了肝肺的"肺"字，世上流行的版本又据此全都写成了脯腊的"脯"字，或者写作反哺的"哺"字。学者们因此解释《后汉书》中的"削哺"一词说："削哺，是屏障之名。"这种解释既无证据，也只能算是主观臆测了。"风吹削哺"讲的是风角占候。《风角书》上说："庶人风者，拂地扬尘转削。"如果"削"是指屏障，怎么可能转动呢？

【原文】

《晋中兴书》①："太山②羊曼③，常颓纵任侠，饮酒诞节④，兖州号为䶀伯⑤。"此字皆无音训。梁孝元帝常谓吾曰："由来不识。唯张简宪⑥见教⑦，呼为㘲羹⑧之㘲。自尔便遵承之，亦不知所出。"简宪是湘州刺史张缵谥也，江南号为硕学⑨。案：法盛世代殊近，当是耆老⑩相传；俗间又有䶀䶀语，盖无所不施，无所不容之意也。顾野王⑫《玉篇》误为黑傍沓。顾虽博物，犹出简宪、孝元之下，而二人皆云重边。吾所见数本，并无作黑者。䶀是多饶积厚之意，从黑更无义旨。

【注释】

①《晋中兴书》：南朝宋何法盛所撰，全书共七十八卷，一作八十卷。何法盛在宋孝武帝时为奉朝请，校书东宫。

②太山：即泰山。

③羊曼：字祖延，晋代人。为人不拘礼法。

④诞节：放纵而不拘小节。

⑤䶀(tà)伯：放纵豁达之人。

⑥张简宪：即张缵，字伯绪，谥号简宪。

⑦见教:教导我。见,用在动词前,指称自己。

⑧嚃(tà)羹:吃羹时不加咀嚼连菜吞下。

⑨硕学:博学的人。硕,大。

⑩耆(qí)老:老年人。耆,古代六十岁称耆,也泛指年纪大。

⑪鹈:重复,重叠。

⑫顾野王:南朝陈人,精通经史,著有《玉篇》三十卷。

【译文】

《晋中兴书》说:"泰山的羊曼,曾经是为人疏慢放纵、扶弱济贫,好酒贪杯、漫无节制,兖州那里的人把他称为鹈伯。"这个"鹈"字的意思各种书里都没有进行解释。梁孝元帝曾经对我说:"我从前不认识这个字。只有张简宪曾经教过我,把它叫作'嚃'羹的嚃字。从那以后我就遵从这个读音了,也不知道它的出处。"简宪是湘州刺史张缵的谥号,江南地区的人称他为饱学之士。按:著《晋中兴书》的何法盛离我们年代很近,那个"鹈"字应当是老人们传下来的。社会上又有"鹈鹈"这个词语,大致是无所不施、无所不容的意思。顾野王的《玉篇》误写为黑旁加沓。顾野王这人虽然博学多闻,但他的学识还是在张缵、梁孝元帝之下,而后二人都说是重字边。我所见到的几个本子,都没有作黑旁的。鹈是多饶积厚的意思,从黑旁就完全不知道它的含义何在了。

【原文】

《古乐府》歌词,先述三子,次及三妇,妇是对舅姑之称。其末章云:"丈人且安坐,调弦未遽央①。"古者,子妇供事舅姑,旦夕在侧,与儿女无异,故有此言。丈人亦长老之目,今也俗犹呼其祖考②为先亡丈人。又疑"丈"当作"大",北间风俗,妇呼舅为大人公。"丈"之与"大",易为误耳。近代文士,颇作《三妇诗》,乃为匹嫡并耦己③之群妻之意,又加郑、卫之辞④,大雅君子⑤,何其谬乎?

【注释】

①未遽央:仓促未尽的意思。

②祖考:指已故的祖辈、父辈。

③耦己:成双。

④郑、卫之辞:指春秋时郑国、卫国的歌词。后用以代指淫荡的文学作品。

⑤大雅君子:指道德才学俱佳者。

【译文】

《古乐府·相逢行》的歌词，先记述三个儿子，其次才述及三个媳妇。媳妇是相对公婆而言的称呼。这首歌词的末章说："丈人且安坐，调弦未遽央。"古时候，媳妇供养侍奉公婆，早晚都在两老身旁，与儿女没有两样，所以歌词中有这些话。丈人也可作为长辈老人的称呼，现在的习惯仍然把某人的已故祖、父称为先亡丈人。我又怀疑"丈"字应当写作"大"字，北方地区的风俗，媳妇称呼公公为大人公。"丈"字与"大"字，是很容易误写的。近代的文士，有很多人写有《三妇诗》，内容却是描写自己与妻妾配对成双的事，又加入一些淫邪的词句，这些道德高尚才能出众的人，为什么如此荒谬呢？

【原文】

《古乐府》歌百里奚①词曰："百里奚，五羊皮，忆别时，烹伏雌，吹扊扅②；今日富贵忘我为！""吹"当作炊煮之"炊"。案：蔡邕《月令章句》曰："键，关牡也，所以止扉，或谓之剡移③。"然则当时贫困，并以门牡木作薪炊耳。《声类》作扊，又或作启。

【注释】

①百里奚：春秋时秦穆公贤相。

②扊扅(yǎn yǎn)：门闩。

③剡(yǎn)移：门闩。

【译文】

《古乐府》歌咏百里奚的歌词说："百里奚，五羊皮，忆别时，烹伏雌，吹扊扅；今日富贵忘我为！""吹"字应当写作炊煮的"炊"。按：蔡邕的《月令章句》说："键，就是关牡，是用它来闩门的，有人也称它为剡移。"这样看来，百里奚夫妇当时很贫困，把门闩也当做薪柴烧了。这个字《声类》写作"扊"，有的书也写作"启"。

【原文】

或问："《山海经》，夏禹及益所记，而有长沙、零陵、桂阳、诸暨，如此郡县不少，以为何也？"答曰："史之阙文，为日久矣；加复秦人灭学①，董卓焚书②，典籍错乱，非止于此。譬犹《本草》神农所述，而有豫章、朱崖、赵国、常山、奉高、真定、临淄、冯翊等郡县名，出诸药物；《尔雅》周公所作，而云'张仲孝友③'；仲尼修《春秋》，而《经》④书孔丘卒；《世本》⑤左丘明所书，而有燕王喜、汉高祖；《汲冢琐语》⑥，乃载《秦望碑》⑦；《苍颉篇》李斯所造，而云'汉兼天下，海内并厕，豨⑧黥⑨韩⑩覆，畔讨灭残'；《列仙传》刘向所造，而

142

《赞》云七十四人出佛经;《列女传》亦向所造,其子歆又作《颂》,终于赵悼后⑪,而传有更始韩夫人、明德马后及梁夫人嫕⑫;皆由后人所羼⑬,非本文也。"

【注释】

①秦人灭学:指秦始皇"焚书坑儒"之事。

②董卓焚书:指东汉末年董卓作乱时,烧概观阁,焚烧经典之事。

③张仲孝友:张仲孝顺父母、关爱兄弟。张仲,西周宣王时人,比周公晚百余年。

④《经》:此处指《左传》。

⑤《世本》:书名。本书主要记黄帝以来至春秋时列国诸侯大夫的氏姓、世系、都邑等。

⑥《汲冢琐语》:西晋太康二年,汲郡人不准盗掘魏襄王墓,得《琐语》一书,本书主要记载战国时期各国卜梦妖怪之事。

⑦《秦望碑》:指秦始皇东游秦望山时所立的碑。

⑧豨(xī):指汉人陈豨。

⑨黥(qíng):黥刑,墨刑。

⑩韩:指韩信。

⑪赵悼后:战国时期赵悼襄王赵偃之后。

⑫嫕(yì):性情和蔼可亲。

⑬羼(chàn):本为群羊杂居,引申为错乱混杂。

【译文】

　　有人问:"《山海经》这本书,是由夏禹和伯益记述的,而里面有长沙、零陵、桂阳、诸暨,像这一类的秦、汉地名不少,这是什么原因呢?"我回答说:"史书上的缺疑,由来已久了,再加上秦人毁灭学术,董卓焚烧书籍,典籍发生错乱,造成的问题还不止于您说的这些。比如像《本草》这本书是神农所记述的,然而里面有豫章、朱崖、赵国、常山、奉高、真定、临淄、冯翊等汉代的郡县名称,出产各种药物;《尔雅》是周公撰写的,而书中却说出'张仲孝友'的话;孔子修订《春秋》,而《春秋左氏传》却写着孔子死亡的语句;《世本》是左丘明撰写的,而里面却有燕王喜、汉高祖之名;《汲冢琐语》发掘于战国时代,里面却记载有《秦望碑》的文字。《苍颉篇》是秦丞相李斯所撰写,里面却说'汉朝兼并天下,海内英雄竞相参与,陈豨被施墨刑,韩信遭败覆,叛臣被讨伐,残贼被消灭';《列仙传》是西汉人刘向所撰写,而书中的《赞》却说有七十四人出自佛经;《列女传》也是刘向所撰写,他的儿子刘歆又写了《列女传颂》,记事终止于赵悼后,而传中却有更始韩夫人、明德马后及梁夫人嫚。以上所述都是由后人掺杂进去的,不是原文。"

【原文】

或问曰:"《东宫旧事》何以呼鸱尾为祠尾①?"答曰:"张敞②者,吴人,不甚稽古③,随宜记注,逐乡俗讹谬,造作书字耳。吴人呼祠祀为鸱祀,故以祠代鸱字;呼绀为禁,故以糸傍作禁代绀字;呼盏为竹简反,故以木傍作展代盏字;呼镟字为霍字,故以金傍作霍代镟字;又金傍作患为臀字,木傍作鬼为魁字,火傍作庶为炙字,既下作毛为髻字;金花则金傍作华,窗扇则木傍作扇④;诸如此类,专辄⑤不少。"

【注释】

①《东宫旧事》:书名。《隋书·经籍志》著录十卷,未著撰人,《旧唐书·经籍志》题张敞撰,与颜氏同。鸱尾:宫殿屋脊正脊两端构件上的装饰。

②张敞:晋吴郡吴人,仕至侍中尚书,吴国内史。

③稽古:研习古事。

④以上十二句,颜氏举"逐乡俗讹谬"而造作的俗字共九例,分别写作:鸱、瞔、瞙、瞕、槐、睒、瞜、瞞、睸。

⑤专辄:专断,专擅。

【译文】

有人问道:《东宫旧事》为什么称鸱尾为祠尾?"我回答说:"因为作者张敞是吴地人,不太研习古事,随手记述注解,顺从了乡俗的错误,造作了这类字体。吴地人称呼祠祀为鸱祀,所以用祠代鸱字;称呼绀为禁,所以用糸旁加禁代替绀字;称盏为'竹简反'的音,所以用木旁加展代替盏字;称呼镟字为霍字,所以用金旁加霍代替镟字;又用金旁加患代替臀字,木旁加鬼代替魁字,火旁加庶代替炙字,既下加毛代替髻字;金花就用金旁加华字表示,窗扇就用木旁加扇字表示。诸如此类,任意妄写的字实在不少。"

【原文】

柏人城①东北有一孤山,古书无载者。唯阚骃②《十三州志》以为舜纳于大麓,即谓此山,其上今犹有尧祠焉;世俗或呼为宣务山,或呼为虚无山,莫知所出。赵郡士族有李穆叔、季节③兄弟,李普济,亦为学问,并不能定乡邑此山。余尝为赵州佐,共太原王邵读柏人城西门内碑。碑是汉桓帝时柏人县民为县令徐整所立,铭曰:"山有巏嵍④,王乔⑤所仙⑥。"方知此巏嵍山也。巏字遂无所出。嵍字依诸字书,即旄丘⑦之旄也。

旄字,《字林》一音亡付反,今依附俗名,当音权务耳。入邺,为魏收说之,收大嘉叹⑧。值其为《赵州庄严寺碑铭》,因云:"权务之精。"即用此也。

【注释】

①柏人城:古地名。在今河北省唐山市西。

②阚(kàn)骃:字玄阴。北魏敦煌人。著有《十三州志》。

③李穆叔、季节:李公绪、李概兄弟。李公绪博通经史,著有《典言》《礼质疑》《丧服章句》《古今略纪》《赵纪》《赵语》等。

④罐䂄(quán wù):即尧山,在今河北隆尧西。

⑤王乔:传说中的仙人王子乔。

⑥仙:名词用作动词。成仙、修仙。

⑦旄丘:前高后低的山丘。

⑧嘉叹:赞叹。

【译文】

柏人城东北有一座孤山,古书中没有记载它的。只有阚骃的《十三州志》认为舜进入大麓,就是说的这座山,它的上面现在还有尧的祠庙;世人有的称它为宣务山,有的称它为虚无山,没有谁知道这些称呼的来历。赵郡的士族中有李公绪、李概兄弟和李普济,也可算有学问的人,都不能判定他们家乡这座山的名称。我曾经担任赵州佐,与太原的王邵一起读柏人城西门内的石碑。碑是汉桓帝时柏人县的民众为县令徐整竖立的,上面的铭文说:"有一座罐䂄山,是王子乔成仙的地方。"我才知道这山就是罐䂄山。罐字却不知道它的出处。䂄字依照各种字书,就是旄丘的"旄"字;《字林》给旄字注一音作亡付反,现在依照通俗的名称,应当读作"权务"的音。我到邺城后,对魏收说了这件事,魏收对此大加赞许。正赶上他撰写《赵州庄严寺碑铭》,于是写了"权务之精"这句话,就是使用了我说的这个典故。

【原文】

或问:"一夜何故五更? 更何所训?"答曰:"汉、魏以来,谓为甲夜、乙夜、丙夜、丁夜、戊夜,又云鼓①,一鼓、二鼓、三鼓、四鼓、五鼓,亦云一更、二更、三更、四更、五更,皆以五为节。《西都赋》②亦云:'卫以严更之署。'所以尔者,假令正月建寅③,斗柄④夕则指寅,晓则指午矣;自寅至午,凡历五辰。冬夏之月,虽复长短参差,然辰间辽阔,盈不过六,缩不至四,进退常在五者之间。更,历也,经也,故曰五更尔。"

【注释】

①鼓：卢文弨谓此鼓字衍。

②《西都赋》：汉代文学家、史学家班固创作的大赋。

③建寅：夏历以寅月为岁首，故称"建寅"。

④斗柄：北斗七星中，玉衡、开阳、摇光三星组成斗柄，称作"杓"。

【译文】

有人问："一夜为什么有五更？'更'字作什么解释？"我回答说："汉、魏以来，一夜的五个时辰被称为甲夜、乙夜、丙夜、丁夜、戊夜，又叫作鼓，一鼓、二鼓、三鼓、四鼓、五鼓，也叫作一更、二更、三更、四更、五更，都是以五来划分时间段落。《西都赋》也说：'卫以严更之署。'之所以这样，是因为假如把正月作为建寅之月，北斗星的斗柄日落时就指向寅的区间，日出时就指向午的区间；从寅时到午时，共经历了五个区间。冬天和夏天的月份，白昼和夜晚的时间虽然又长短不齐，但是对时辰的宽广来说，增长不会超过六个时辰，减短不会低于四个时辰，进退常在五个时辰之间。更，是经历、经过的意思，所以说叫五更。"

【原文】

《尔雅》云："术，山蓟也。"郭璞注云："今术似蓟而生山中①。"案：术叶其体似蓟，近世文士，遂读蓟为筋肉之筋，以耦地骨用之②，恐失其义。

【注释】

①术、蓟：均为草名。

②以耦地骨用之：意为"以'山蓟（筋）'与'地骨'为对偶。"耦，通"偶"。地骨，桐杞。

【译文】

《尔雅》说："术，就是山蓟。"郭璞的注说："术像蓟，生长在山中。"按：术的叶子其形状就像蓟，近代的文人，竟然把蓟读成筋肉的筋，以"山蓟（筋）"作为"地骨"的对偶来使用它，恐怕失去了它的正确发音。

【原文】

或问:"俗名傀儡子①为郭秃,有故实乎?"答曰:"《风俗通》云:'诸郭皆讳秃。'当是前代人有姓郭而病秃者,滑稽戏调②,故后人为其象,呼为郭秃,犹《文康》③象庾亮耳。"

【注释】

①傀儡(kuǐ lěi)子:即傀儡戏,现在通称作木偶戏。

②戏调:开玩笑。

③《文康》:乐舞名。又名《礼毕》。因扮演晋太尉庾亮,亮谥号为文康,故名。

【译文】

有人问:"俗称傀儡戏叫郭秃,有什么典故出处吗?"我回答说:"《风俗通》上面讲:'所有姓郭的人都忌讳秃字。'当是前代人有姓郭而患秃头病的人,善于滑稽调笑,所以后人就制作了他的形象作傀儡,把它叫作郭秃,就像《文康》乐舞中出现庾亮的形象一样。"

【原文】

客有难主人曰:"今之经典,子皆谓非,《说文》所言,子皆云是,然则许慎胜孔子乎?"主人拊掌①大笑,应之曰:"今之经典,皆孔子手迹耶?"客曰:"今之《说文》,皆许慎手迹乎?"答曰:"许慎检②以六文③,贯④以部分⑤,使不得误,误则觉之。孔子存其义而不论其文也。先儒尚得改文从意,何况书写流传耶? 必如《左传》止戈为武,反正为乏,皿虫为蛊,亥有二首六身之类,后人自不得辄改也,安敢以《说文》校其是非哉? 且余亦不专以《说文》为是也,其有援引经传,与今乖⑥者,未之敢从⑦。又相如《封禅书》曰:'导⑧一茎六穗于庖⑨,牺⑩双觡⑪共抵⑫之兽。'此导训择,光武诏云:'非徒有豫养导择之劳'是也。而《说文》云:'导是禾名。'引《封禅书》为证;无妨自当有禾名导,非相如所用也。'禾一茎六穗于庖',岂成文乎? 纵使相如天才鄙拙,强为此语;则下句当云'麟双觡各共抵之兽',不得云牺也。吾尝笑许纯儒,不达文章之体,如此之流,不足凭信。大抵服其为书,隐括⑬有条例⑭,剖析穷根源,郑玄注书,往往引以为证;若不信其说,则冥冥⑮不知一点一画,有何意焉。"

【注释】

①拊(fǔ)掌:拍手,鼓掌。表示欢乐或愤激。

②检:考查,察验。

③六文:指六书。

④贯:通。

⑤部分:按部首分类。

⑥乖:差别,不同。

⑦未之敢从:即"未敢从之",否定句中代词作宾语前置。

⑧导:选择。

⑨庖:厨房。

⑩牺:宗庙祭祀的牲畜。

⑪觡(gé):骨角。

⑫抵:角的底部。

⑬隐括:此指修订。

⑭条例:体例。

⑮冥冥:懵懂无知的样子。

【译文】

　　有位客人非难我说:"今天的经典,你都说不对,《说文》所说的,你都说对,这么说来,许慎比孔子还高明吗?"我拍手大笑,回答他说:"今天的经典,都是孔子的亲笔手迹吗?"客人说:"今天的《说文》,都是许慎的亲笔手迹吗?"我回答道:"许慎用六书来检验文字,用分出的部首串串全书,使它们不致出现错误,出现错误就能发现。孔子保留文句的含义而不讨论文字本身。前辈学者尚能改动经典的文字以顺从文句的含义,何况经过书写流传呢? 必须是像《左传》里所说的止戈为武,反正为乏,皿虫为蛊,亥有二首六身这类情况,后人自然不能随便改动,哪能用《说文》来校订它们的是非呢? 况且我也不是只以《说文》为是,《说文》中有援引经传的文句,与今天的经传文句不相符合的,我就不敢顺从它。又比如司马相如的《封禅书》说:'导一茎六穗于庖,牺双觡共抵之兽。'这个导字就解释作择,汉光武帝的诏书说:'非徒有豫养导择之劳'的导字,就是这个含义。而《说文》却说:'蕖是禾名。'并引《封禅书》为证。我们不妨说本来就有一种禾叫蕖,却不是司马相如在《封禅书》中使用的。否则,'禾一茎六穗于庖',难道能成文句吗? 就算是司马相如的天资低下拙劣,很勉强地写下了这句话;那么下一句也应当说'麟双觡各共抵之兽',而不应该说'牺'。我曾经嘲笑许慎是一个专一于文字的纯粹儒者,不懂得文章的体制,像这一类情况,就不足以凭信。但总的说来我佩服许慎撰写的这本书,审定文字有条例可依,剖析文字含义能够穷尽它的根源,郑玄注解经书,往往引用《说文》作为证据。如果我们不相信《说文》的说法,就会懵懵懂懂地不知道文字的一点一画还有什么意义。"

【原文】

案:弥縫①字从二间舟,《诗》云:"縫之秬秠②"是也。今之隶书,转舟为日;而何法盛《中兴书》③乃以舟在二间为舟航字,谬也。《春秋说》以人十四心为德,《诗说》以二在天下为西,《汉书》以货泉④为白水真人,《新论》⑤以金昆为银,《国志》⑥以天上有口为吴,《晋书》以黄头小人为恭,《宋书》以召刀为邵,《参同契》以人负告为造:如此之例,盖数术⑦谬语,假借依附,杂以戏笑耳。如犹⑧转贡字为项,以叱为七,安可用此定文字音读乎? 潘、陆⑨诸子《离合诗》《赋》《耀卜》⑩《破字经》⑪及鲍昭⑫《谜字》,皆取会流俗⑬,不足以形声论之也。

【注释】

①弥縫:绵延。

②秬(jù)、秠:黑黍。

③《中兴书》:即《晋中兴书》。

④货泉:东汉王莽时货币名。钱币上有"货泉"二字。

⑤《新论》:汉桓谭撰。已佚。

⑥《国志》:即《三国志》。西晋陈寿撰。

⑦数术:即术数。有关天文、历法、占卜方面的学问。

⑧如犹:当作犹如。

⑨潘、陆:指潘岳、陆机,均为西晋文学家。

⑩《耀(bà)卜》:占卜书名。耀,古代占卜时日的器具,后称为"星盘"。

⑪《破字经》:书名。破字,即拆字。

⑫鲍昭:即鲍照,南朝宋文学家。

⑬流俗:社会上流行的风俗习惯。

【译文】

按:弥縫的縫字从二间舟,就是《诗经》说的"縫之秬秠"的縫字。现在的隶书,把舟改写为日。而何法盛的《晋中兴书》却以舟在二间为舟航的航字,这是错误的。《春秋说》以人十四心为德字,《诗说》以二在天下为西字,《汉书》以货泉二字拆开作白水真人四字,《新论》以金昆为银字,《三国志》以天上有口为吴字,《晋书》以黄头小人为恭字,《宋书》以召刀组成邵字,《周易参同契》以人背负告为造字。像这一类例子,都是玩弄术数的荒谬言语,不过是假托附会,把游戏玩笑穿插在中间罢了。就好像把贡字转变成项字,把叱字当成七字一样,哪里能用这种方法审定文字的读音呢?潘岳、陆机诸人的《离合诗》《离合赋》《耀卜》《破字经》以及鲍照的《谜字》，都是迎合社会上流行的风气，不能够用来规范的字形字音来评论它们。

【原文】

河间邢芳语吾云："《贾谊传》云：'日中必熭①。'注：'熭，暴也。'曾见人解云：'此是暴疾之意，正言日中不须臾，卒然便昃②耳。'此释为当乎？"吾谓邢曰："此语本出太公《六韬》，案字书，古者暴晒字与暴③疾字相似，唯下少异，后人专辄加傍日耳。言日中时，必须暴晒，不尔者，失其时也。晋灼④已有详释。"芳笑服而退。

【注释】

①熭(wèi)：晒干，烤干。

②昃(zè)：指太阳西斜。

③暴(zè)：同"暴"。暴疾。

④晋灼：晋尚书郎，河南人，著有《汉书音义》。

【译文】

河间人邢芳对我说："《汉书·贾谊传》上说：'日中必熭。'注解是：'熭，暴也。'我曾经看见有人解释说：'这个暴是暴疾的意思，就是说太阳当顶不一会儿，突然间就西斜了。'这个解释恰当吗？"我对邢芳说："《贾谊传》中的这句话原本出自太公《六韬》，根据字书看，古时候暴晒的暴字与暴疾的暴字很相似，只是下面部分稍微不同，后来的人主观地在暴字旁边加了个日旁。这句话意思是说太阳当顶时，必须暴晒物品，不这样的话，就会失去时机。关于这点晋灼已有详细解释。"邢芳听了我的说明后含笑信服并告退了。

【评析】

《书证》篇主要是对经、史、文章所作的零星考证，内容丰富，考证的结论多数是可信的。当然，由于作者的历史性局限，有些问题说得不够准确，这也是可以理解的，我们在阅读的时候注意就是了。作者撰写本篇的主要目的也不是考证本身，意在告诫子孙，读书要广，学问要深，对于一个问题的解决，要三思而后定结论,不可盲目,不可草率。本篇研究、处理问题的方法还是值得我们借鉴的。

卷　七

音辞第十八

【原文】

夫九州之人,言语不同,生民已①来,固常然矣。自《春秋》标齐言之传,《离骚》目楚词之经,此盖其较明之初也。后有扬雄著《方言》,其言大备。然皆考名物之同异,不显声读之是非也。逮②郑玄注《六经》,高诱解《吕览》、《淮南》,许慎造《说文》,刘熹制《释名》,始有譬况假借以证音字耳。而古语与今殊别,其间轻重清浊③,犹未可晓;加以内言外言、急言徐言④、读若之类,益使人疑。孙叔言创《尔雅音义》,是汉末人独知反语。至于魏世,此事大行⑤。高贵乡公不解反语,以为怪异。自兹厥后,音韵锋出,各有土风⑥,递相非笑,指马⑦之谕,未知孰是。共以帝王都邑,参校方俗,考核古今,为之折衷。榷而量之,独金陵与洛下耳。南方水土和柔,其音清举⑧而切诣,失在浮浅,其辞多鄙俗。北方山川深厚,其音沉浊而鈋钝⑨,得其质直,其辞多古语。然冠冕君了,南方为优;闾里小人,北方为愈。易服而与之谈,南方士庶,数言可辩;隔垣而听其语,北方朝野,终日难分。而南染吴、越,北杂夷虏,皆有深弊,不可具论。其谬失轻微者,则南人以钱为涎,以石为射,以贱为羡,以是为舐;北人以庶为戍,以如为儒,以紫为姊,以洽为狎。如此之例,两失甚多。至邺已来,唯见崔子约、崔瞻叔侄,李祖仁、李蔚兄弟,颇事言词,少为切正。李季节⑩著《音韵决疑》,时有错失;阳休之造《切韵》,殊为疏野。吾家儿女,虽在孩稚,便渐督正之;一言讹替,以为己罪矣。云为品物,未考书记者,不敢辄名,汝曹所知也。

【注释】

①已:同"以",表示时间、方位、数量的界限。

②逮:到。

③清浊：语音学术语。指语音的清声与浊声，发音时声带不振动的为清声，反之为浊声。

④急言徐言：汉代譬况字音用语。

⑤大行：广泛流行。

⑥土风：方音土语。

⑦指马：战国时名家公孙龙提出"物莫非指，而指非指""白马非马"等命题，讨论名与实之间的关系。后以"指马"指称争辩是非、差别。

⑧清举：声音清脆而悠扬。

⑨铫(é)钝：浑厚，不尖锐。

⑩李季节：名概，字季节。

【译文】

全国各地的人，言语各不相同，自从有人类以来，已经一向如此。自从《春秋公羊传》标出对齐国方言的解释，《离骚》被看作楚人语词的经典作品，这大概就是语言差异开始明显的初级阶段吧。后来，扬雄写出了《方言》一书，这方面的论述就大为完备了。但书中都是考辨事物名称的异同，并不显示读音的是与非。直到郑玄注释《六经》，高诱诠解《吕览》《淮南子》，许慎撰写出《说文解字》，刘熹编著了《释名》，这才开始有譬况假借的方法用来验证字音。然而古代语言与今天的语言有着很大差别，这中间语音的轻重清浊，仍然不能了解；再加上他们是采用内言外言、急言徐言、读若这一类的注音方法，就更让人疑惑不解。孙叔言创制了《尔雅音义》一书，这是汉末人唯独懂得使用反切法注音的。到了魏国时代，这种注音法盛行起来。高贵乡公曹髦不懂反切注音法，被人们认为是一桩奇怪的事。从那以后，音韵方面的论著成果大量脱颖而出，各自带有地方口语的色彩，相互之间非难嘲笑，是非曲直，也难以作出判断。看来只能是大家都用帝王都城的语言，参照比较各地方言，考查审核古今语音，用来替它们确定一个恰当的标准。经过这样的反复研究斟酌，只有金陵和洛阳的语言适合作为正音。南方的水土平和温柔，所以南方人的口音清脆悠扬、快速急切，它的弱点在于浮浅，其言辞多鄙陋粗俗。北方的山川深邃宽厚，所以北方人的口音低沉粗重、滞浊迟缓，体现了它的质朴劲直，它的言辞多古代语汇。然而谈到官宦君子的语言，还是南方地区的为优；谈到市井小民的语言，则是北方地区的较胜。让南方人变易服装而与他们交谈，那么南方的官绅与平民，通过几句话就可分辨出他们的身份；隔着墙听北方人谈话，则北方的官绅和平民，你一整天也难以区分出来。然而南方的语言已经沾染了吴越地区的方言，北方的语言已经杂糅了异族的词汇，两者都有严重的弊端，在此不能够一一加以评论。它们中错误差失较轻的例子,则如南方人把钱读作涎,把石读作射,把贱读作羡,把是读作舐;北方人把庶读作戍,把如读作儒,把紫读作姊,把洽读作狎。像这些例子,两者的差失都很多。我到邺城以来,只看到崔子约、崔瞻叔侄,李岳、李蔚兄弟,对语言略有研究,稍微作了些切磋补正的工作。李概所著的《音韵决疑》,时时出现错误差失;阳休之编著的《切韵》,十分粗略草率。我家的儿女们,虽然还在孩童时代,我就开始在这方面对他们进行矫正;孩子一个字有讹误差失,我都把它视为自己的罪过。家中所做各种物品,没有经过从书本中考证过的,就不敢随便称呼名字,这是你们所知道的吧。

【原文】

古今言语,时俗不同;著述之人,楚、夏各异①。《苍颉训诂》②,反稗为逋卖③,反娃为於乖④;《战国策》音刎为免,《穆天子传》音谏为间⑤;《说文》音戛为棘⑥,读皿为猛⑦;《字林》音看为口甘反,音伸为辛;《韵集》以成、仍、宏、登合成两韵,为、奇、益、石分作四章;李登⑧《声类》以系音羿,刘昌宗《周官音》读乘若承:此例甚广,必须考校。前世反语,又多不切,徐仙民《毛诗音》反骤为在碼,《左传音》切椽为徒缘,不可依信,亦为众矣。今之学士,语亦不正;古独何人,必应随其讹僻乎?《通俗文》曰:"入室求曰搜。"反为兄侯。然则兄当音所荣反。今北俗通行此音,亦古语之不可用者。玙璠⑨,鲁人宝玉,当音余烦,江南皆音藩屏之藩。岐山当音为奇,江南皆呼为神祇之祇。江陵陷没,此音被于关中,不知二者何所承案。以吾浅学,未之前闻也。

【注释】

①楚、夏:楚指春秋战国时的楚国地域;夏指华夏,即中原地区。此处楚、夏泛指南、北地区。

②《苍颉训诂》:书名。后汉杜林撰。《旧唐书·经籍志》著录。

③反稗为逋卖:反切稗字的音为逋卖,即用逋的声母和卖的韵母拼读出稗字。

④反娃为於乖:段玉裁曰:"娃,於佳切,在十三佳,以於乖切之,则在十四皆。"

⑤音谏为间:《穆天子传》三:"道里悠远,山川间之。"郭璞注:"间音谏。"《唐韵》谏古晏反,在谏韵,间古苋反(去声),在裥韵。谏、裥韵不同类,故颜氏以郭注为非。

⑥音戛为棘:《唐韵》戛音古黠反,在黠韵,棘音纪力反,在职韵。二音韵部不同,故颜氏以《说文》为非。

⑦读皿为猛:《切韵》音皿武永反,音猛莫杏反,同在梗韵,而猛为二等字,皿为三等字,音之洪细有别。故颜氏以皿音猛为非。周祖谟以为猛从孟声,孟从皿声,猛、孟、皿三字古音亦相近。

153

⑧李登:三国魏人,撰有《声类》一书,《隋书·经籍志》著录作十卷,已佚。

⑨玙璠(yú fán):美玉。

【译文】

　　古代和今天的语言,因为时俗的变化而有所不同,进行著述的人,因为地处南、北而在语音上表现出差异。《苍颉训诂》一书,把稗的反切音注为逋卖,把娃的反切音注为於乖;《战国策》把刿注音为免,《穆天子传》把谏注音为间;《说文》把戛注音为棘,把皿读为猛;《字林》把看注音为口甘反,把伸注音为辛;《韵集》把成、仍和宏、登分别合成两个韵,把为、奇、益、石却分成四个韵;李登的《声类》以系作羿的音,刘昌宗的《周官音》把乘读作承。这类例子是很普遍的,必须对它们进行考校。前代人标注的反语,又有很多不确切,徐邈的《毛诗音》把骤的反切音注为在碍,《左传音》把椽的反切音注为徒缘,那是不可以依凭的,这种情况也是很多的了。今天的学者,语音也有不正确的,古人难道有什么特殊的地方,一定要依随他们的谬误呢?《通俗文》上说:"入室求曰搜。"服虔把搜的反切音注为兄侯。如果这样,那么兄应当发音为所荣反。现在北方的习惯就通行这个音,这也是古代言语中不可沿用的。玙璠,是鲁国人的宝玉,璠的反切应当发音为余烦,江南地区的人都把这个字发音为藩屏的藩。岐山的岐应当发音为奇,江南地区都把它呼为神祇的祇。江陵城陷落的时候,这两个音就流行于关中,不知道是根据什么语音来的,凭我肤浅的学识,还没有听说过。

【原文】

　　北人之音,多以"举""莒"为"矩";唯李季节云:"齐桓公与管仲于台上谋伐莒,东郭牙望见桓公口开而不闭,故知所言者莒也。然则莒、矩必不同呼①。"此为知音矣。

【注释】

　　①呼:音韵学名词。汉语音韵学家依据口、唇的形态将韵母分为开口呼、齐齿呼、合口呼、撮口呼四类,合称四呼。

【译文】

　　北方人的语音,大多把"举""莒"读为"矩"。只有李季节说:"齐桓公和管仲在台上商议攻伐莒国,东郭牙看见齐桓公的嘴是张开而不是闭拢,所以知道齐桓公所说的是莒国。这样看来莒、矩一定有开口合口的区别。"这就是通晓音韵的人了。

【原文】

　　夫物体自有精粗,精粗谓之好恶①;人心有所去取,去取谓之好恶②。此音见于葛洪、徐邈③。而河北学士读《尚书》云好生恶杀。是为一论物体,一就人情,殊不通矣。

【注释】

①好恶:好和坏的意思。卢文弨曰:"好、恶并如字读。"
②好恶:喜爱和讨厌的意思。
③此音见于葛洪、徐邈:指第二个"好恶"的读音见于葛洪、徐邈的音韵学著作。

【译文】

　　器物自身有精致或粗糙的分别,这种精致或粗糙就称之为好或恶;人的感情对某样事物有所弃取,这种弃取的态度称之为好或恶。这后一个"好、恶"的读音见于葛洪、徐邈的撰著。而河北地区的读书人读《尚书》的时候却读作"好(呼皓切)生恶(乌各切)杀"。这样,读音取了评论器物精致或粗糙的读音,而意思却是表达感情弃取的意思,就太说不通了。

【原文】

　　邪者,未定之词。《左传》曰:"不知天之弃鲁邪? 抑鲁君有罪于鬼神邪①?"《庄子》云:"天邪地邪②?"《汉书》云:"是邪非邪③?"之类是也。而北人即呼为也,亦为误矣。难者曰:"《系辞》云:'乾坤,《易》之门户邪?'此又为未定辞乎?"答曰:"何为不尔! 上先标问,下方列德④以折之耳。"

【注释】

①以上二句见《左传·昭公二十六年》,第二句末邪字未见。二句意思是说:"不知是上天抛弃鲁国呢? 还是鲁君得罪了鬼神呢?"
②天邪地邪:是天呢,还是地呢?
③是邪非邪:是对呢,还是不对呢?
④列德:阐明阴阳之德。

【译文】

　　邪,是表示疑问的词。《左传》说:"不知天之弃鲁邪? 抑鲁君有罪于鬼神邪?"《庄子》说:"天邪? 地邪?"《汉书》说:"是邪? 非邪?"这类"邪"字都是这种用法。而北方

人就把它读成"也",这是错误的。责难我的人说:"《周易·系辞》说:'乾坤,《易》之门户邪?'这个'邪'也是表示疑问的词吗?"我回答说:"为什么不是! 上面先标明疑问,下面才阐明阴阳之德的道理以作出结论。"

【原文】

江南学士读《左传》,口相传述,自为凡例①,军自败曰败,打破人军曰败。诸记传未见补败反,徐仙民读《左传》,唯一处有此音,又不言自败、败人之别,此为穿凿耳。

【注释】

①凡例:通例,章法。

【译文】

江南地区的学者读《左传》,是用口相互传述,自订章法,自家军队失败说成败(蒲迈反),打败别的军队说成败(补败反)。各种传记中也未看见注音为补败反,徐邈所读的《左传》,只有一处注了这个音,又不说明自败、败人的区别,这就显得有些牵强附会了。

【原文】

古人云:"膏粱①难整。"以其为骄奢自足,不能克励②也。吾见王侯外戚,语多不正,亦由内染贱保傅③,外无良师友④故耳。梁世有一侯,尝对元帝饮谑⑤,自陈"痴钝",乃成"飔⑥段",元帝答之云:"飔异凉风,段非干木。"谓"郢州"为"永州",元帝启报简文,简文云:"庚辰吴入,遂成司隶。"如此之类,举口皆然。元帝手教诸子侍读,以此为诫。

【注释】

①膏粱:精美食物。

②克励:刻苦自励。

③保傅:古代保育、教导太子等贵族子弟及未成年帝王、诸侯的男女官员,统称为保傅。

④友:协助,帮助。

⑤饮谑:饮酒戏谑。

⑥飔(sī):凉风。

【译文】

古人说："膏粱子弟其性难正。"是因为他们骄横奢侈自我满足，不能够克制私欲，力求上进。我看见那些王侯外戚，语音大多不纯正，也是由于内受下贱保傅的熏染，外无良师协助的缘故。梁朝有一位侯王，曾经与梁元帝一起饮酒戏谑，他自称"痴钝"，却说成"飔段"，梁元帝戏答他说："飔不同于凉风，段也不是干木。"他又把"郢州"说成"永州"，梁元帝把此事告知简文帝，简文帝说："庚辰日吴人进入郢都的郢，却成了后汉的司隶校尉鲍永的永。"像这一类例子，这位侯王张口就是。梁元帝亲自教授几位儿子的侍读，就以这位侯王的错讹为诫。

【原文】

河北切攻字为古琮，与工、公、功三字不同，殊为僻①也。比世有人名暹，自称为研；名琨，自称为臗；名研，自称为汪；名砣，自称为碘。非唯音韵舛错，亦使其儿孙避讳纷纭②矣。

【注释】

①僻：差错。

②纷纭：盛多、杂乱的样子。

【译文】

河北地区的人反切攻字为古琮，与工、公、功三字的读音不同，这是大错。近代有一个人名为暹，他自称为研；有一个人名为琨，他自称为臗；有一个人名为研，他自称为汪；有一个人名为砣，他自称为碘。不仅音韵有错讹，也使他们的儿孙辈在避讳时纷繁杂乱，不知如何依从。

【评析】

《音辞》篇主要讲述了语言和音韵方面的有关内容。作者认识到各地方音、方言的差异是一种自然现象，并认为这种差异受到生活环境的影响，同时指出南北方语言存在的差异。颜之推要求自己的子女不要受方言的影响，从小养成正确发音的习惯，这样有助于避免出现错误。而且他告诫子女：对于知识的学习，要实事求是，没有考证的，不是自己亲身经历的，不要草率给出结论。

杂艺第十九

【原文】

真草①书迹,微须留意。江南谚云:"尺牍书疏,千里面目②也。"承晋、宋余俗,相与③事之,故无顿④狼狈⑤者。吾幼承门业⑥,加性爱重,所见法书⑦亦多,而玩习功夫颇至,遂不能佳者,良⑧由无分故也。然而此艺不须过精。夫巧者劳而智者忧,常为人所役使,更觉为累;韦仲将遗戒,深有以也。

【注释】

①真草:书体名,真书和草书。真书,即带有隶书痕迹的楷书。

②千里面目:千里之外可以看到的面目。

③相与:共同、一道。

④顿:顿时。

⑤狼狈:为难窘迫。

⑥门业:家门素业。

⑦法书:作为法则以供学习的字。

⑧良:实在。

【译文】

楷书、草书的书法,需要稍加用心。江南的谚语说:"一尺长短的信函,就是你在千里之外给人看到的面貌。"那里的人上承晋、宋流传下来的风气,大家都信奉这句话,所以没有把字写得很马虎的。我从小继承家传的学业,加上生性对书法喜爱偏重,所看到的书法范本也多,玩味研习的功夫下得颇深,但书法水平最终不高,确实是因为我没有天分的缘故吧。但是这门技艺也不需要过于精湛。巧者多劳,智者多忧,因为字写得好就经常被人使唤,反而感觉是一种负担。韦仲将给子孙留下不要学习书法的诫言,是很有道理的。

【原文】

王逸少①风流②才士,萧散③名人,举世惟知其书,翻④以能自蔽也。萧子云每叹曰:"吾著《齐书》,勒⑤成一典,文章弘义,自谓可观;唯以笔迹得名,亦异事也。"王褒地胄清华⑥，才学优敏，后虽入关，亦被礼遇。犹以书工，崎岖⑦碑碣之间，辛苦笔砚之役，尝悔恨曰："假使吾不知书，可不至今日邪？"以此观之，慎勿以书自命。虽然，厮猥⑧之人，以能书拔擢⑨者多矣。故道不同不相为谋也。

【注释】

①王逸少：东晋王羲之，字逸少，著名书法家。

②风流：杰出的。

③萧散：潇洒，不受拘束。

④翻：反而。

⑤勒：编写。

⑥地胄(zhòu)清华：门第清高显贵。地胄：地位、门第。

⑦崎岖：跋涉，奔波。

⑧厮猥：地位低下。

⑨拔擢(zhuó)：选拔提升。

【译文】

　　王羲之是个风流才士，潇洒闲散的名人，举世的人都知道他的书法，反而因此而掩盖了他的其他才能。萧子云常常感叹说："我撰著《齐书》，编纂成为一部史籍典策，这中间的文采大义，自以为是可观的，却只是以书法得名，也是一件怪事啊。"王褒门第高贵，学识渊博，才思敏捷，后来虽然被迫入关，也仍然受到礼遇。但他还是因为工于书法，只能奔波于碑碣之间，辛辛苦苦地挥毫写字，他曾经悔恨地说："假如我不懂得书法，大概不会弄到今天这个样子吧？"由此看来，千万不要以书法自命。虽是这样，那些地位低下的人，因为会书法而得到提拔的也很多。所以说目标不同的人是讲不到一块的。

【原文】

　　梁氏秘阁①散逸以来，吾见二王②真草多矣，家中尝得十卷；方知陶隐居、阮交州、萧祭酒诸书③，莫不得羲之之体，故是书之渊源。萧晚节所变，乃右军④年少时法也。

【注释】

①秘阁：即内府，古代宫中珍藏图书之处。

②二王：指王羲之、王献之父子。

159

③陶隐居：即陶弘景。阮交州：即阮研，字文几，官至交州刺史。

④右军：即王羲之，官至右军将军。

【译文】

梁朝秘阁的图书散逸以来，我所看到的二王的楷书、草书墨迹还很多，家里就曾经收藏有十卷。由此我才知道陶弘景、阮研、萧子云三人的各种书法，没有不受王羲之书法影响的，所以王羲之的书体是书法的渊源。萧子云晚年书体有所变化，却是变成了王羲之少年时期的笔法。

【原文】

江南闾里间有《画书赋》，乃陶隐居①弟子杜道士所为；其人未甚识字，轻为轨则②，托名贵师，世俗传信，后生颇为所误也。

【注释】

①陶隐居：即陶弘景。善书法。下文"贵师"亦指陶隐居。

②轨则：准则。

【译文】

江南地区民间有《画书赋》流传，是陶隐居弟子杜道士所作。这个人认不得多少字，却轻率地为绘画书法制定准则，还假托名师，世人也就轻易传布相信，后生晚辈多有被它所贻误的。

【原文】

画绘之工，亦为妙矣；自古名士，多或能之。吾家尝有梁元帝手画蝉雀白团扇及马图，亦难及也。武烈太子①偏能写真，坐上宾客，随宜②点染，即成数人，以问童孺，皆知姓名矣。萧贲③、刘孝先、刘灵，并文学已外，复佳此法。玩阅古今，特可宝爱。若官未通显，每被公私使令，亦为猥役④。吴县顾士端出身湘东王国侍郎，后为镇南府刑狱参军，有子曰庭，西朝中书舍人⑤，父子并有琴书之艺，尤妙丹青⑥，常被元帝所使，每怀羞恨。彭城刘岳，橐之子也，仕为骠骑府管记⑦、平氏县⑧令，才学快士⑨，而画绝伦。后随武陵王⑩入蜀，下牢之败⑪，遂为陆护军⑫画支江寺壁，与诸工巧杂处。向使三贤都不晓画，直运素业⑬，岂见此耻乎？

【注释】

①武烈太子:梁元帝长子,名方等,字实相。年二十二战死,谥武烈。

②随宜:随意的意思。

③萧贲:南齐竟陵王萧子良之孙,字文涣,有文才,能书善画。

④猥役:杂役。

⑤西朝:指江陵。梁元帝建都于此。中书舍人:中书省属官。

⑥丹青:丹砂和青䂩,为中国画中常用颜色。此泛指绘画艺术。

⑦管记:指记室,掌章表书记文檄。

⑧平氏县:属南阳。故城在今河南桐柏县西。

⑨快士:豪爽之士。

⑩武陵王:即萧纪,字世询。梁武帝第八子,天监十三年封武陵王。

⑪下牢:梁朝宜州旧治,在今湖北宜昌市西北。下牢之败:指梁元帝承圣二年武陵王萧纪的叛军被陆法和击败之事。

⑫陆护军:即陆法和。

⑬素业:清素之业,指儒业。

【译文】

　　绘画技艺的工巧,也是十分奇妙的。自古以来的名士,很多都很擅长此道。我们家里曾经有梁元帝亲手画的蝉雀白团扇和马图,也是一般人难以赶上的。武烈太子特别擅长人物写生,座上的宾客,他随手勾画,就成了几个人像,拿去问小孩,小孩都能知道这几个人像画的是谁。萧贲、刘孝先、刘灵都是除文学之外,又擅长绘画的人物。他们平时鉴别赏玩的古今名画,特别当成宝贝珍爱。但习画的人如果官职没有通达显赫,就经常被公家或私人叫去为他们画画,这也是一项苦差事。吴县的顾士端做过湘东王国侍郎,后来担任镇南府刑狱参军,他有个儿子叫顾庭,在梁朝任中书舍人。他们父子俩都会弹琴和书法,尤其绘画技艺很高,所以也经常被梁元帝叫去画画,父子俩常常感到羞愧和愤恨。彭城的刘岳,是刘橐的儿子,任骠骑府管记、平氏县令,是位有才学的豪爽之士,绘画的水平无人可及。后来他随同武陵王萧纪进入蜀地,武陵王的军队在下牢失败以后,他被陆护军遣去画支江寺的壁画,与工匠们混杂在一起。以上三位贤人假如都不懂得绘画,而是专攻儒学,难道会蒙受这种耻辱吗?

【原文】

　　弧矢①之利,以威天下,先王所以观德择贤,亦济身之急务也。江南谓世之常射,以

为兵射,冠冕儒生,多不习此;别有博射②,弱弓长箭,施于准的③,揖让升降④,以行礼焉。防御寇难,了无所益。乱离之后,此术遂亡。河北文士,率晓兵射,非直⑤葛洪一箭,已解追兵,三九⑥宴集,常糜⑦荣赐。虽然,要轻禽,截狡兽,不愿汝辈为之。

【注释】

①弧矢:弓箭。

②博射:我国古代一种游戏性的习射方式。

③准的:箭靶。

④揖让升降:指"博射"的礼节。

⑤直:只。

⑥三九:三公九卿。

⑦糜(mí):得到。

【译文】

弓箭的锋利,可以威服天下,前代帝王以此观察人的德行,选择贤才,同时也是保全自身的紧要事情。江南地区称社会上的一般习射叫作兵射,仕宦人家的读书人大多不操习它;另有一种博射,用软弓长箭,射在箭靶上,讲究揖让进退,以此表达礼节。对于防御敌寇,却毫无用处。战乱之后,这种射法也不再出现了。河北的文人,大都懂得兵射,不但能像葛洪那样,用它来防身,而且在三公九卿出席的宴会上,常靠它分到赏赐。虽然如此,遇到那些拦轻捷的飞禽、截狡猾的野兽的围猎,我还是不愿你们去参加。

【原文】

卜筮①者,圣人之业也;但近世无复佳师,多不能中。古者,卜以决疑,今人生疑于卜;何者?守道信谋,欲行一事,卜得恶卦,反令忧忧②,此之谓乎!且十中六七,以为上手③,粗知大意,又不委曲④。凡射奇偶,自然半收,何足赖也。世传云:"解阴阳者,为鬼所嫉,坎壈贫穷,多不称泰。"吾观近古以来,尤精妙者,唯京房⑤、管辂⑥、郭璞⑦耳,皆无官位,多或罹灾,此言令人益信。倘值世网⑧严密,强负此名,便有讹误,亦祸源也。及星文风气,率不劳为之。吾尝学《六壬式》⑨,亦值世间好匠,聚得《龙首》、《金匮》、《玉軨变》、《玉历》十许种书,讨求无验,寻亦悔罢。凡阴阳之术,与天地俱生,亦吉凶德刑⑩,不可不信;但去圣既远,世传术书,皆出流俗,言辞鄙浅,验少妄多。至如反支⑪不行,竟以遇害;归忌⑫寄宿,不免凶终:拘而多忌,亦无益也。

【注释】

①卜筮：古时预测吉凶,用龟甲称卜,用蓍草称筮,合称卜筮。

②怵怵：忧惧不安的样子。

③上手：上等手艺。

④委曲：这里是详尽的意思。

⑤京房：西汉人,字君明。善占卜。后被处死。

⑥管辂：三国时魏人,字公明。善占卜。

⑦郭璞：晋朝人。字景纯。好经术,通阴阳历算、卜筮之术。后被王敦所杀。

⑧世网：比喻社会上法律礼教、伦理道德对人的束缚。

⑨《六壬式》：《隋书·经籍志》著录《六壬式经杂占》九卷,《六壬释兆》六卷。

⑩德刑：恩泽与处罚。

⑪反支：古代术数星名之说,以反支日为禁忌之日。

⑫归忌：不宜回家的忌日。

【译文】

卜筮,是圣人从事的职业,但近代还没有好的巫师,所以卜筮的结果大多不能应验。古时候,用占卜来解决疑惑,现在的人却因为占卜而产生疑惑,这是什么原因呢? 一个人恪守道义,相信自己的谋划,打算去干一件事,却卜得一个恶卦,反而使他忧惧不安,这就是所说的因占卜而产生疑惑的情况吧! 况且今人十次占卜有六七次应验,就被看成占卜高手,那些对占卜术只是粗知大意,对情况又不详尽了解的人,对是或否两种结果进行占卜,自然也就只能有一半应验了。这种占卜术有什么值得信赖的呢? 社会上流传说:"懂得阴阳之术的人,会被鬼所妒嫉,其命运坎坷,穷困潦到,大多不得平安。"我看近古以来特别精通占卜术的人,只有京房、管辂、郭璞,他们都没有得到官位,多遭受了灾祸,这句话就使人更加相信了。如果碰到世网严密,勉强地背上善于占卜的名声,就会产生失误,这也是招来祸患的根源。至于观察天文气象以预测吉凶之事,你们一概不要去做。我曾经学习过《六壬式》,也遇到过社会上的好术士,搜集到《龙首》《金匮》《玉轳变》《玉历》等十来种书,对它们进行研究探讨却没有效验,随即就为此感到后悔。阴阳之术,与天地一齐产生,这也是上天对人间昭示吉凶、施加思泽和惩罚的手段,不可不相信;但我们距离圣人的时代已经很远,社会上流传的有关阴阳术数的书,都出自平庸者之手,语言粗鄙肤浅,应验的少,虚妄的多。至于像反支日不宜出行,可有人照样遇害;归忌日需寄宿在外,可有人还是不免惨死。说明这类说法死板而多禁忌,也是没有什么好处的。

【原文】

算术亦是六艺①要事；自古儒士论天道，定律历者，皆学通之。然可以兼明，不可以专业。江南此学殊少，唯范阳祖暅②精之，位至南康③太守。河北多晓此术。

【注释】

①六艺：古代教育学生的六种科目，谓指礼、乐、射、御、书、数。

②祖暅(gèng)：南朝梁人，字景烁。南北朝著名数学家祖冲之之子。

③南康：郡名，治所赣县(即今江西赣州)。

【译文】

算术也是六艺中很重要的一项，自古以来，学者们谈论天文，制定律历，都要懂得它，但是这门学问可以附带地掌握，不可以把它作为专业。江南地区懂得这门学问的人很少，只有范阳的祖暅精通它，祖暅这人官至南康太守。河北地区的人大多通晓这门学问。

【原文】

医方之事，取妙极难，不劝汝曹以自命也。微解药性，小小和合①，居家得以救急，亦为胜事，皇甫谧，殷仲堪则其人也。

【注释】

①小小：稍稍。和合：调合，这里是配药剂的意思。

【译文】

看病开药方的事，要想达到精妙的地步是很困难的，我不想劝你们以此作为追求目标。只要稍微懂一点药性，能配一点药方，家中能够以此救急，也就是一桩好事了，皇甫谧、殷仲堪就是这样的人。

【原文】

《家语》曰："君子不博①，为其兼行恶道故也。"《论语》云："不有博弈②者乎？为之，犹贤乎已。"然则圣人不用博弈为教；但以学者不可常精，有时疲倦，

则傁为之,犹胜饱食昏睡,兀然端坐耳。至如吴太子以为无益,命韦昭论之;王肃、葛洪、陶侃之徒,不许目观手执③,此并勤笃之志也。能尔为佳。古为大博则六箸,小博则二楚④,今无晓者。比世所行,一楚十二棋,数术浅短,不足可玩。围棋有手谈、坐隐之目⑤,颇为雅戏;但令人耽愦,废丧实多,不可常也。

【注释】

①博:博戏,又叫局戏,为古代一种游戏,六箸十二棋。

②弈:围棋。

③王肃:三国时魏人。字子雍。著名经学家。葛洪:东晋道教理论家。陶侃:西晋人。陶在任荆州刺史时,见佐吏玩博戏、围棋,就将上述器具投之于江。

④箸:本义筷子,此指博戏时所用竹棍。楚(qióng):博戏时所用骰子。

⑤手谈、坐隐:均为下围棋的别称。

【译文】

《孔子家语》说:"君子不玩博戏,是因为博戏也会使人走入邪道。"《论语》说:"不是有玩博戏下围棋的游戏吗?玩玩这些,也比什么都不干好。"那么圣人是不用博戏、围棋作为施教手段的。只要读书人不时时专于此道,有时疲倦,偶而玩玩,比吃饱了饭整天昏睡,或呆呆地坐着要好。至于像吴太子认为下围棋无益,叫韦昭写文章论述它的害处;王肃、葛洪、陶侃不许眼观棋盘、手执棋子,这些都是对本职工作勤奋专心的表现。能够这样当然好。古时候玩大博用六根竹棍,小博用两个骰子,现在已经没有懂得这种玩法的人了。现在流行的玩法,是用一个骰子十二个棋子,术数浅短,不值得一玩。围棋有手谈、坐隐等名目,是一种颇为高雅的游戏;但使人沉溺其中,旷废丧失的事确实太多,不可经常下。

【评析】

《杂艺》篇的主要内容是说经、史、文章以外的棋琴书画、骑射、算术、医学等都是一门技艺,适当地掌握一些对自己会很有好处,除了扩大知识面以外,还可以增强自身技能,提高生存能力。但是,有一些是封建迷信,对于这些内容最好是不信、不学、不用。

终制第二十

【原文】

死者,人之常分①,不可免也。吾年十九,值梁家丧乱,其间与白刃为伍者,亦常数辈②;幸承馀福,得至于今。古人云:"五十不为夭。"吾已六十余,故心坦然,不以残年③为念。先有风气④之疾,常疑奄然⑤,聊书素怀,以为汝诫。

【注释】

①常分:定分。

②辈:次。

③残年:人将尽的岁月。指晚年。

④风气:病名。

⑤奄然:奄忽。此指死亡。

【译文】

死亡是人间常有的事,不可避免。在我十九岁的时候,恰好梁朝动荡不安,许多日子是在刀剑丛中度过的,多亏祖上的保佑,我才活到了今天。正如古人所说的:"活到50岁就不算短命了。"我已经有六十多岁了,所以心里异常平静,也很坦然,没有后顾之忧。以前我患有风湿病,常常会怀疑自己会突然死去,因此在这里记下我自己的一些想法,也算是对你们的嘱咐或者训诫吧。

【原文】

今年老疾侵,傥然奄忽①,岂求备礼乎? 一日放臂,沐浴而已,不劳复魄,殓②以常衣。先夫人弃背之时,属世荒馑③,家涂空迫,兄弟幼弱,棺器率薄,藏④内无砖。吾当松棺二寸,衣帽已外,一不得自随,床上唯施七星板;至如蜡弩牙、玉豚、锡人之属,并须停省,粮罂⑤明器,故不得营,碑志旒旐⑥,弥在言外。载以鳖甲车,衬土而下,平地无坟;若惧拜扫不知兆域⑦,当筑一堵低墙于左右前后,随为私记耳。灵筵勿设枕几,朔望祥禫,唯下白粥清水干枣,不得有酒肉饼果之祭。亲友来馈酹⑧者,一皆拒之。汝曹若违吾心,有加先妣,则陷父不孝,在汝安乎? 其内典功德,随力所至,勿刳竭生资,使冻馈也。四时祭祀,周、孔所教,欲人勿死其亲,不忘孝道也。求诸内典,则无益焉。杀生为之,翻增罪累。若报罔极之德,霜露之悲,有时斋供,及七月半盂兰盆,望于汝也。

【注释】

①奄忽:死亡。

②殓(liàn):给死者穿衣入棺。

③荒馑:饥荒。

④藏:墓穴、坟墓。

⑤粮罂:盛粮的陶器,大肚小口,古代墓葬用的冥器。

⑥旒旐(liú zhào):指铭旌,即竖在灵柩前标志死者官职和姓名的旗幡。

⑦兆域:墓地四周的疆界,亦称墓地。

⑧酹(lèi):以酒浇地,表示祭奠。

【译文】

　　我现在年纪已老且疾病缠身,倘若突然死去,是不是会要求你们对我礼仪周备呢?哪一天我死了,只要求为我沐浴遗体而已,不劳你们行复魄之礼,身上只须穿着普通的衣服。你们的祖母去世的时候,正碰上闹饥荒,家庭境况空乏窘迫,我们几兄弟还年幼单弱,因此,你们祖母的棺木就很简朴单薄,墓内连砖也没有一块。我也只应当备办二寸厚的松木棺材一口,除了衣服帽子以外,其他东西一概不要随带去,棺材底部只须放一块七星板。至于像蜡弩牙、玉豚、锡人这类东西,都应该裁撤不用,粮罂冥器,本来就不要去料理,更不用提碑志铭旌了。棺材用鳖甲车运载,墓底用土衬垫就可下葬,墓的上面是平地而不要垒坟。如果你们担心拜祭扫坟时不知道墓地的界线,就要在墓地的左右前后修筑一堵低墙,顺便在上面做一个标志。灵床上不要设置枕几,每逢朔日望日祥禫祭奠,只须用白粥清水干枣等物,不许用酒肉饼果作祭品。亲友们来奠祭的,要一概谢绝。你们如果违反了我的心愿,把我的丧礼规格置于你们祖母之上,那就是把我陷于不孝的境地,你们能够心安吗?至于念佛诵经等佛教功德,可量力而行,不要因此而耗尽资财,使你们遭受冻馁之苦。一年四季对先辈行祭祀之礼,这是周公、孔子所教于我们的,是希望人们不要忘记他们死去的亲人,不要忘记孝道。如果要到佛经中去寻找根据,就没有什么好处了。靠杀生来进行祭祀活动,反而会增加我们的罪过。如果你们要报达父母的恩德,抒发思念亲人的伤悲,那么除了有时候供奉斋品外,到每年七月十五的盂兰盆节,我也是盼望能得到你们的斋供的。

【原文】

孔子之葬亲也,云:"古者,墓而不坟。丘东西南北之人①也,不可以弗识②也。"于是封③之崇四尺。然则君子应世行道④,亦有不守坟墓之时,况为事际⑤所逼也!吾今羁旅,身若浮云,竟未知何乡是吾葬地;唯当气绝便埋之耳。汝曹宜以传业扬名为务,不可顾恋朽壤⑥,以取埏没⑦也。

【注释】

①东西南北之人:指到处漂泊,居无定所。

②识:标志,记号。

③封:积土为坟。

④应世:应付世事。行道:实践自己的主张。

⑤事际:情势。

⑥朽壤:腐土,此指坟墓。

⑦埏(yān)没:埋没。

【译文】

孔子在安葬父母亲的时候说:"古时候,只筑墓而不垒坟。我孔丘是东西南北漂泊不定之人,墓上不可以没有标志。"于是就垒了四尺高的坟。那么君子应付世事,实践自己的主张,也有不能守着坟墓的时候,何况是为情势所逼迫啊!我现在客居他乡,身子像浮云一样般飘泊不定,竟然不知道哪方乡土是我的埋葬之地,只应该断气后便就地埋葬。你们应该以传承家业播扬名声为己任,不可顾恋我葬身的墓地,以致埋没了自己。

【评析】

所谓《终制》,就是送终的礼制。这是作者给后人提出的要求,相当于现在的遗嘱。作者一生坎坷,历经风雨,在当时大环境的影响下,家世不断衰败,自己也日渐衰老,骨肉离别已成定局。经过大风大浪的颜之推,嘱咐子女:自己死后不要厚葬,不要搞铺张浪费,要以自己的前途为重,不要过度悲伤而误了大事。

孔

子

家

语

卷　一

相鲁第一

【原文】

孔子初仕,为中都宰①。制为养生送死之节,长幼异食,强弱异任,男女别涂,路无拾遗,器不雕伪。为四寸之棺,五寸之椁②,因丘陵为坟,不封、不树。行之一年,而西方之诸侯则焉。

定公③谓孔子曰:"学子此法以治鲁国,何如?"孔子对曰:"虽天下可乎,何但鲁国而已哉!"于是二年,定公以为司空,乃别五土之性④,而物各得其所生之宜,咸得厥所。

先时,季氏葬昭公于墓道之南,孔子沟而合诸墓焉⑤。谓季桓子曰:"贬君以彰己罪,非礼也。今合之,所以掩夫子之不臣。"

由司空为鲁大司寇⑥,设法而不用,无奸民。

【注释】

①中都:鲁邑,在今山东省汶上县西。宰:一邑长官。

②椁:棺木有二重,里面称棺,外面称椁。

③定公:鲁国国君,名姬宋,定公是谥号。

④五土之性:旧注:"一曰山林,二曰川泽,三曰丘陵,四曰坟衍,五曰原隰。"坟衍指肥沃平旷的土地。原隰指广平低湿之地。

⑤沟:挖沟。合诸墓:表示同一墓域。

⑥大司寇:主管刑狱的官,为六卿之一。

【译文】

　　孔子刚做官时，担任中都邑的邑宰。他制定了使老百姓生有保障、死得安葬的制度，提倡按照年纪的长幼吃不同的食物，根据能力的大小承担不同的任务，男女走路各走一边，在道路上遗失的东西没人拾取据为己有，器物不求浮华雕饰。死人装殓，棺木厚四寸、椁木厚五寸，依傍丘陵修墓，不建高大的坟，不在墓地周围种植松柏。这样的制度施行一年之后，西方各诸侯国都纷纷效法。

　　鲁定公对孔子说："学习您的施政方法来治理鲁国，您看怎么样？"孔子回答说："就是天下也足以治理好，岂只是治理好鲁国呢！"这样实施了两年，鲁定公任命孔子做了司空。孔子根据土地的性质，把它们分为山林、川泽、丘陵、高地、沼泽五类，各种作物都种植在适宜的环境里，都得到了很好的生长。

　　早先，季平子把鲁昭公葬在鲁国先王陵寝的墓道南面（使昭公不能和先君葬在一起，以泄私愤），孔子做司空后，派人挖沟把昭王的陵墓与先王的陵墓圈连到一起。孔子对季平子的儿子季桓子说："令尊以此羞辱国君却彰显了自己的罪行，这是破坏礼制的行为。现在把陵墓合到一起，可以掩盖令尊不守臣道的罪名。"

　　之后，孔子又由司空升为鲁国的大司寇，他虽然设立了法律，却派不上用场，因为没有犯法的奸民。

【原文】

　　定公与齐侯会于夹谷①，孔子摄相事，曰："臣闻有文事者必有武备，有武事者必有文备。古者诸侯并出疆，必具官以从，请具左右司马②。"定公从之。

　　至会所，为坛位，土阶三等，以遇礼相见，揖让而登。献酢③既毕，齐使莱人以兵鼓噪，劫定公。孔子历阶④而进，以公退，曰："士，以兵之。吾两君为好，裔夷之俘敢以兵乱之，非齐君所以命诸侯也！裔不谋夏，夷不乱华，俘不干盟，兵不偪好，于神为不祥，于德为愆义，于人为失礼，君必不然。"齐侯心怍，麾而避之。

　　有顷，齐奏宫中之乐，俳优侏儒戏于前⑤。孔子趋进，历阶而上，不尽一等，曰："匹夫荧侮诸侯者，罪应诛。请右司马速刑焉！"于是斩侏儒，手足异处。齐侯惧，有惭色。

　　将盟，齐人加载书曰："齐师出境，而不以兵车三百乘从我者，有如此盟。"孔子使兹无还⑥对曰："而不返我汶阳之田，吾以供命者，亦如之。"

　　齐侯将设享礼⑦，孔子谓梁丘据曰："齐鲁之故，吾子何不闻焉？事既成矣，而又享之，是勤执事。且牺象不出门⑧，嘉乐不野合。享而既具，是弃礼；若其不具，是用秕稗也。用秕稗，君辱；弃礼，名恶。子盍图之？夫享，所以昭德也。不昭，不如其已。"乃不果享。

齐侯归,责其群臣曰:"鲁以君子道辅其君,而子独以夷狄道教寡人,使得罪。"于是乃归所侵鲁之四邑⑨及汶阳之田。

【注释】

①齐侯:齐国国君。夹谷:即今山东莱芜境内的夹谷山。

②左右:正副。司马:掌管军事的官。

③献酢:主客互相揖让敬酒。

④历阶:一步一级地快步登阶。

⑤俳优:演舞蹈滑稽戏的人。侏儒:身体矮小的杂技艺人。

⑥兹无还:人名。旧注:"鲁大夫。"

⑦享礼:宴会礼仪。

⑧牺象:牛形和象形的酒器。门:这里指宫门。

⑨四邑:旧注:"郓、讙、龟、阴也。"一说龟阴为一邑之名。

【译文】

鲁定公和齐侯在齐国的夹谷举行盟会,孔子代理司仪,孔子对鲁定公说:"我听说,举行和平盟会一定要有武力作为后盾,而进行军事活动也一定要有和平外交的准备。古代的诸侯离开自己的疆域,必须配备应有的文武官员随从,请您带上正副司马。"定公听从了孔子的建议。

到举行盟会的地方,筑起盟会的高台,土台设立三个台阶。双方诸侯互致礼节,谦让着登上高台。互赠礼品互相敬酒后,齐国一方派莱人军队擂鼓呼叫,威逼鲁定公。孔子快步登上台阶,保护鲁定公退避,说:"鲁国士兵,你们去攻击莱人。我们两国国君在这里举行友好会盟,远方夷狄的俘虏竟敢拿着武器行暴,这绝不是齐君和天下诸侯友好邦交之道。远方异国不得谋我华夏,夷狄不得扰乱中国,俘虏不可扰乱会盟,武力不能逼迫友好。否则,这不但是对神明的不敬,从道德上讲是不义,从为人上讲是失礼。齐侯必然不会这么做吧?"齐侯听了孔子的话,内心感到愧疚,挥手让莱人军队撤了下去。

过了一会儿,齐国方面演奏宫廷乐舞,歌舞艺人和矮人小丑在国君面前表演歌舞杂技、调笑嬉戏。孔子快步登上台阶,站在第二阶上说:"卑贱的人敢戏弄诸侯国君,罪当斩。请右司马迅速对他们用刑。"于是斩杀了侏儒小丑,砍断手足。齐侯心中恐慌,脸上露出惭愧的神色。

正当齐、鲁两国就要歃血为盟时,齐国在盟书上加了一段话说:"将来齐国发兵远征时,鲁国假如不派三百辆兵车从征,就要按照本盟约规定加以制裁。"孔子让鲁大夫兹无还针锋相对地回应道:"你齐国不归还我汶河以北的属地,而要让鲁国派兵跟从的话,齐国也要按本盟约的条文接受处罚。"

齐侯准备设宴款待鲁定公。孔子对齐大夫梁丘据说:"齐、鲁两国的传统礼节,阁下难道没听说过吗?会盟既然已经完成,贵国国君却要设宴款待我国国君,这岂不是徒然烦扰贵国群臣?何况牛形和象形的酒器,按规矩不能拿出宫门,而雅乐也不能在荒野演奏。假如宴席上配备了这些酒器,就是背弃礼仪;假如宴席间一切都很简陋,就如同舍弃五谷而用秕稗。简陋的宴席有伤贵国国君的脸面,背弃礼法贵国就会恶名昭彰,希望您慎重考虑。宴客是为了发扬君主的威德,假如宴会不能发扬威德,倒不如干脆作罢更好。"于是齐国就取消了这次宴会。

齐国国君回到都城,责备群臣说:"鲁国的臣子用君子之道辅佐他们的国君,而你们却偏偏用偏僻蛮荒的少数部族的行为方式误导我,招来这些羞辱。"于是,齐国归还了以前侵占鲁国的四座城邑和汶河以北的土地。

【原文】

孔子言于定公曰:"家不藏甲①,邑无百雉之城②,古之制也。今三家③过制,请皆损之。"乃使季氏宰仲由隳三都④。叔孙辄不得意于季氏⑤,因费宰公山弗扰率费人以袭鲁⑥。孔子以公与季孙、叔孙、孟孙入于费氏之宫⑦,登武子之台⑧。费人攻之,及台侧,孔子命申句须、乐颀勒士众下伐之⑨,费人北。遂隳三都之城。强公室,弱私家,尊君卑臣,政化大行。

【注释】

①家:指卿大夫。甲:旧注:"甲,铠也。"即武装。
②邑:卿大夫所居城邑。雉:古代计算城墙面积的单位。一雉之墙长三丈,高一丈。旧注:"高丈、长丈曰堵,三堵曰雉。"
③三家:指当时鲁国势力很大的权臣季孙、叔孙、孟孙三家。
④宰:卿大夫家臣或采邑长官。仲由:字子路,孔子弟子。隳(huī):毁坏。三都:指费、郈、成三地,分别为季孙、叔孙、孟孙的都城。
⑤叔孙辄:叔孙氏庶子。不得意于季氏:"季氏"当作"叔孙氏",《春秋左传注·定公十二年》杜注:"辄不得志于叔孙氏。"即得不到叔孙氏重用。《家语》旧注:"不得志于叔孙氏。"
⑥费宰:费城长官。公山弗扰:人名,费城长官。

173

⑦费氏之宫：费氏住宅。《左传》定公十二年作"入于季氏之宫"。译文从《左传》。

⑧武子之台：旧说台在季氏宅内。

⑨申句须、乐颀：鲁大夫。

【译文】

孔子对鲁定公说："卿大夫的家中不能私藏兵器铠甲，封地内不能建筑一百雉规模的都城，这是古代的礼制。当前季孙氏、叔孙氏、孟孙氏三家大夫的城邑都逾越了礼制，请您削减他们的势力。"于是派季氏家臣仲由拆除三家大夫的城池——季孙氏的都城费、叔孙氏的都城郈、孟孙氏的都城成。叔孙氏的庶子叔孙辄得不到叔孙氏的器重，联合费城的长官公山弗扰率领费人进攻鲁国都城曲阜。孔子保护着鲁定公，和季孙氏、叔孙氏、孟孙氏三大夫躲入季氏的住宅，登上武子台。费人进攻武子台，攻到台的一侧，孔子命令申句须、乐颀两位大夫统领士卒前去抵挡，费人败退。这样，终于削减了三座都邑的城池。这一行动使鲁国国君的权力得到加强，大夫的势力被削减，国君得到尊崇，臣子地位下降，政治教化措施得到执行。

【评析】

这一篇讲了孔子为官的几件事。第一件事是说孔子为中都宰、司空和司寇。孔子这时的为官事迹，虽说散见《左传》《礼记·檀弓上》《史记·孔子世家》，但都没有本书详细。为官中都宰时，孔子制定礼仪，培育厚朴风俗，使社会养老爱幼，男女有别，死葬有制，受到定公重视，孔子升为司空。在管理土地上，先是辨别土地性质，看哪种土地适合种植哪种作物，这说明我们先人早已有了耕种经验。孔子做司空的第二件事，就是坚守礼制，说服权臣，使鲁昭公墓葬与先祖之墓合二为一。孔子为大司寇，制定了法律，但因风俗美善，竟没有奸诈犯法之民。第三件事是夹谷之会，孔子在会中占尽风光。"有文事者必有武备，有武事者必有文备"，这是警世名言。"裔不谋夏，夷不乱华，俘不干盟，兵不偪好"，这是华夷之辨。至于斩侏儒，似和儒家思想不符。孔子还建议鲁定公隳毁了季孙、叔孙、孟孙三家大夫不合礼法的都邑，使鲁国的君权得到加强。

始诛第二

【原文】

孔子为鲁司寇^①，摄行相事，有喜色。仲由问曰："由闻君子祸至不惧，福至不喜，今夫子得位而喜，何也？"孔子曰："然，有是言也。不曰'乐以贵下人'乎？"于是朝政七日而诛乱政大夫少正卯^②，戮之于两观之下，尸于朝三日^③。

子贡进曰："夫少正卯，鲁之闻人也。今夫子为政而始诛之，或者为失乎？"孔子曰："居^④，吾语汝以其故。天下有大恶者五，而窃盗不与焉。一曰心逆而险，二曰行僻而坚^⑤，三曰言伪而辩，四曰记丑而博^⑥，五曰顺非而泽。此五者，有一于人，则不免君子之诛，而少正卯皆兼有之。其居处足以撮徒成党^⑦，其谈说足以饰褒莹众，其强御足以反是独立^⑧，此乃人之奸雄者也，不可以不除。夫殷汤诛尹谐，文王诛潘正^⑨，周公诛管蔡，太公诛华士^⑩，管仲诛付乙，子产诛史何^⑪，是此七子皆异世而同诛者，以七子异世而同恶，故不可赦也。《诗》云：'忧心悄悄^⑫，愠于群小。'小人成群，斯足忧矣。"

【注释】

①司寇：主管刑狱的官。

②朝政：执政。少正卯：鲁大夫。和孔子同时讲学。

③尸于朝三日：在朝廷暴尸三天。

④居：坐下。

⑤行僻而坚：行为邪僻而意志坚定。

⑥记丑而博：《荀子》杨惊注："丑，谓怪异之事。"旧注："丑谓非义。"译文采用杨说。

⑦撮徒成党：旧注："撮，聚。"《荀子》作"聚徒成群"。

⑧强御足以反是独立：强暴有势力足以反对正道而独立成家。

⑨"文王"句：文王名姬昌，周武王父，居岐山之下，周朝开始强大，号西伯。"潘正"《荀子·宥坐》作"潘止"，《说苑·指武》作"潘阯"。事迹不详。

⑩"太公"句：太公即姜太公，姜姓，吕氏，名尚，周文王师。帮助武王灭殷，封于齐。华士：旧注："士之为人虚伪，亦聚党也。"《韩非子》说他"耕而后食，凿井而饮"，大概是

个隐士。

⑪"子产"句:子产名侨,字子产,郑国著名政治家。史何:《荀子·宥坐》作"邓析、史付",《说苑·指武》作"邓析"。

⑫忧心悄悄:忧心忡忡。

【译文】

孔子做鲁国的大司寇,代理行使宰相的职务,表现出高兴的神色。弟子仲由问他:"我听说君子祸患来临不恐惧,幸运降临也不表现出欢喜。现在您得到高位而流露出欢喜的神色,这是为什么呢?"孔子回答说:"对,确实有这样的说法。但不是有'显贵了而仍以谦恭待人为乐事'的说法吗?"就这样,孔子执掌朝政七天就诛杀了扰乱朝政的大夫少正卯,在宫殿门外的两座高台下杀了他,还在朝廷暴尸三日。

孔子弟子子贡向孔子进言:"这个少正卯,是鲁国知名的人,现在老师您执掌朝政首先就杀掉他,可能有些失策吧?"孔子回答说:"坐下来,我告诉你杀他的缘由。天下称得上大恶的有五种,连盗窃的行为也不包括在内。一是通达事理却又心存险恶,二是行为怪僻而又坚定固执,三是言语虚伪却又能言善辩,四是对怪异的事知道得过多,五是言论错误还要为之润色。这五种大恶,人只要有其中之一恶,就免不了受正人君子的诛杀,而少正卯五种恶行样样都有。他身居一定的权位就足以聚集起自己的势力结党营私,他的言论也足以迷惑众人伪饰自己而得到声望,他积蓄的强大力量足以叛逆礼制成为异端。这就是人中的奸雄啊!不可不及早除掉。历史上,殷汤杀掉尹谐,文王杀掉潘正,周公杀掉管叔、蔡叔,姜太公杀掉华士,管仲杀掉付乙,子产杀掉史何,这七个人生于不同时代但都被杀了头,原因是七个人尽管所处时代不同,但具有的恶行是一样的,所以对他们不能放过。《诗经》中所说的:'忧亡心如焚,被群小所憎恶。'如果小人成群,那就足以令人担忧了。"

【原文】

孔子为鲁大司寇①,有父子讼者,夫子同狴执之,三月不别。其父请止,夫子赦之焉。

季孙②闻之不悦,曰:"司寇欺余,曩告余曰:'国家必先以孝',余今戮一不孝以教民孝,不亦可乎?而又赦,何哉?"

冉有③以告孔子,子喟然叹曰:"呜呼!上失其道而杀其下,非理也。不教以孝而听其狱,是杀不辜。三军大败,不可斩也。狱犴④不治,不可刑也。何者?上教之不行,罪不在民故也。夫慢令谨诛,贼也。征敛无时,暴也。不试责成,虐也。政无此三者,然后刑可即也。《书》⑤云:'义刑义杀,勿庸以即汝心⑥,惟曰未有慎事。'言必教而后刑也,既陈道德以先服之。而犹不可,尚贤以劝之;又不可,即废之;又不可,而后以威惮之。若是三年,而百姓正矣。其有邪民不从化者,然后待之以刑,则民咸知罪矣。《诗》⑦云:'天子是毗,俾民不迷⑧。'是以威厉而不试,刑错⑨而不用。今世则不然,乱其教,繁其刑,使民迷惑而陷焉,又从而制之,故刑弥繁而盗不胜也。夫三尺之限⑩,空车不能登者,何哉?峻故也。百仞之山,重载陟焉,何哉?陵迟故也。今世俗之陵迟久矣,虽有刑法,民能勿逾乎?"

【注释】

①大司寇:鲁有三卿,司空兼司寇,孟孙兼职。司空下有小司寇,孔子似乎是小司寇,《荀子·宥坐》作"孔子为鲁司寇"。

②季孙:鲁桓公子季友后裔,又称季孙氏,三卿之一,司徒兼冢宰。自鲁文公后,季孙行父、季孙宿等都是鲁国实权人物。

③冉有:即冉求,字子有,孔子弟子,季氏家臣。

④狱犴:这里指刑狱。

⑤《书》:这里指《尚书·康诰》,文字有出入。

⑥勿庸以即汝心:旧注:"庸,用也。即,就也。刑教皆当以义,勿用以就汝心之所安。"即不要只求符合你的心意。

⑦《诗》:这里指《诗经·小雅·节南山》。

⑧俾民不迷:旧注:"俾,使也。"迷:迷失。

⑨错:放置。

⑩限:《荀子·宥坐》作"岸",这里指险阻。

【译文】

孔子做鲁国的大司寇,有父子二人来打官司,孔子把他们羁押在同一间牢房里,过了三个月也不判决。父亲请求撤回诉讼,孔子就把父子二人都放了。

季孙氏听到这件事,很不高兴,说:"司寇欺骗我,从前他曾对我说过:'治理国家一定要以提倡孝道为先。'现在我要杀掉一个不孝的人来教导百姓遵守孝道,不也可以吗?司寇却又赦免了他们,这是为什么呢?"

冉有把季孙氏的话告诉了孔子,孔子叹息说:"唉!身居上位不按道行事而滥杀百姓,这违背常理。不用孝道来教化民众而随意判决官司,这是滥杀无辜。三军打了败仗,是不能用杀士卒来解决问题的;刑事案件不断发生,是不能用严酷的刑罚来制止的。为什么呢?统治者的教化没有起到作用,罪责不在百姓一方。法律松弛而刑杀严酷,是杀害百

姓的行径;随意横征暴敛,是凶恶残酷的暴政;不加以教化而苛求百姓遵守礼法,是残暴的行为。施政中没有这三种弊害,然后才可以使用刑罚。《尚书》说:'刑杀要符合正义,不能要求都符合自己的心意,断案不是那么顺当的事。'说的是先施教化后用刑罚,先陈说道理使百姓明白敬服。如果还不行,就应该以贤良的人为表率引导鼓励他们;还不行,才放弃种种说教;还不行,才可以用威势震慑他们。这样做三年,而后百姓就会走上正道。其中有些不从教化的顽劣之徒,对他们就可以用刑罚。这样一来百姓都知道什么是犯罪了。《诗经》说:'辅佐天子,使百姓不迷惑。'能做到这些,就不必用严刑峻法,刑法也可搁置不用了。当今之世却不是这样,教化紊乱,刑法繁多,使民众迷惑而随时会落入陷阱。官吏又用繁多的刑律来控制约束,所以刑罚越繁盗贼越多。三尺高的门槛,即使空车也不能越过,为什么呢?是因为门槛高的缘故。一座百仞高的山,负载极重的车子也能登上去,为什么呢?因为山是由低到高缓缓升上去的,车就会慢慢登上去。当前的社会风气已经败坏很久了,即使有严刑苛法,百姓能不违犯吗?"

【评析】

这篇第一部分记载了孔子诛少正卯的事。

第二部分讲法制与教化关系,说理十分深刻。孔子主张先教后诛,如果不教而诛,是暴虐行为。国家首先要进行道德教育,然后要树立正面形象加以引导,如果不从,才能加以刑威。

王言解第三

【原文】

孔子闲居,曾参侍①。孔子曰:"参乎,今之君子,唯士与大夫之言可闻也。至于君子之言者,希也。於乎!吾以王言之,其不出户牖②而化天下。"

曾子起,下席而对曰:"敢问何谓王之言?"孔子不应。曾子曰:"侍夫子之闲也难,是以敢问。"孔子又不应。曾子肃然而惧，抠③衣而退，负席而立。

有顷，孔子叹息，顾谓曾子曰："参，汝可语明王之道与?"曾子曰："非敢以为足也，请因所闻而学焉。"

子曰："居，吾语汝！夫道者，所以明德也。德者，所以尊道也。是以非德道不尊，非道德不明。虽有国之良马，不以其道服乘④之，不可以道里。虽有博地众民，不以其道治之，不可以致霸王。是故，昔者明王内修七教⑤，外行三至。七教修，然后可以守；三至行，然后可以征。明王之道，其守也，则必折冲⑥千里之外；其征也，则必还师衽席之上。故曰内修七教而上不劳，外行三至而财不费。此之谓明王之道也。"

曾子曰："不劳不费之谓明王，可得闻乎?"

孔子曰："昔者帝舜左禹而右皋陶⑦，不下席而天下治，夫如此，何上之劳乎？政之不平，君之患也；令之不行，臣之罪也。若乃十一而税，用民之力，岁不过三日。入山泽以其时而无征，关讥⑧市鄽皆不收赋，此则生财之路，而明王节之，何财之费乎?"

曾子曰："敢问何谓七教?"

孔子曰："上敬老则下益孝，上尊齿则下益悌，上乐施则下益宽，上亲贤则下择友，上好德则下不隐，上恶贪则下耻争，上廉让则下耻节，此之谓七教。七教者，治民之本也。政教定，则本正也。凡上者，民之表⑨也，表正则何物不正？是故，人君先立仁于己，然后大夫忠而士信，民敦俗璞，男悫⑩而女贞。六者，教之致也，布诸天下四方而不怨，纳诸寻常之室而不塞。等之以礼，立之以义，行之以顺，则民之弃恶如汤之灌雪焉。"

曾子曰："道则至矣，弟子不足以明之。"

孔子曰："参以为姑止乎？又有焉。昔者明王之治民也，法必裂地以封之，分属以理之，然后贤民无所隐，暴民无所伏。使有司日省而时考之，进用贤良，退贬不肖，则贤者悦而不肖者惧。哀鳏寡，养孤独，恤贫穷，诱孝悌，选才能。此七者修，则四海之内无刑民矣。上之亲下也，如手足之于腹心；下之亲上也，如幼子之于慈母矣。上下相亲如此，故令则从，施则行，民怀其德，近者悦服，远者来附，政之致也。夫布指知寸，布手知尺，舒肘知寻⑪，斯不远之则也。周制，三百步为里，千步为井，三井而埒，埒三而矩，五十里而都，封百里而有国，乃为福积资求⑫焉，恤行者有亡。是以蛮夷诸夏⑬，虽衣冠不同，言语不合，莫不来宾。故曰无市而民不乏，无刑而民不乱。田猎罩弋⑭，非以盈宫室也；征敛百姓，非以盈府库也。惨怛以补不足，礼节⑮以损有余。多信而寡貌，其礼可守，其言可覆，其迹可履。如饥而食，如渴而饮。民之信之，如寒暑之必验。故视远若迩，非道迩也，见明德也。是故兵革不动而威，用利不施而亲，万民怀其惠。此之谓明王之守，折冲千里之外者也。"

曾子曰:"敢问何谓三至?"

孔子曰:"至礼不让,而天下治;至赏不费,而天下士悦;至乐无声,而天下民和。明王笃行三至,故天下之君可得而知,天下之士可得而臣,天下之民可得而用。"

曾子曰:"敢问此义何谓?"

孔子曰:"古者明王必尽知天下良士之名,既知其名,又知其实,又知其数及其所在焉,然后因天下之爵以尊之,此之谓至礼不让而天下治。因天下之禄以富天下之士,此之谓至赏不费而天下之士悦。如此,则天下之民名誉兴焉,此之谓至乐无声而天下之民和。故曰:'所谓天下之至仁者,能合天下之至亲也。所谓天下之至知者,能用天下之至和者也。所谓天下之至明者,能举天下之至贤者也。'此三者咸通,然后可以征。是故仁者莫大乎爱人,智者莫大乎知贤,贤政者莫大乎官能。有土之君修此三者,则四海之内供命而已矣。夫明王之所征,必道之所废者也。是故诛其君而改其政,吊其民而不夺其财。故明王之政,犹时雨之降,降至则民悦矣。是故行施弥博,得亲弥众,此之谓还师衽席之上⑯。"

【注释】

①曾参:春秋鲁人。字子舆,孔子弟子。侍:《大戴礼记》作"得",意为等到。

②户牖:门窗。

③抠:用手挖。此作提讲。

④服乘:使用,指驾车或骑乘。

⑤七教:指后文所说的敬老、尊齿、乐施、亲贤、好德、恶贪、廉让七种教化。

⑥折冲:使敌人的战车后撤。即击退敌人。

⑦皋陶:也称咎繇。传说为舜的大臣,掌刑狱之事。

⑧关讥:在关口设立界卡检查行旅。

⑨表:表率。

⑩悫:诚实、谨慎。

⑪寻:度量单位,两臂伸开为一寻。

⑫福积资求:积累生活资料。一本"求"作"裘",《大戴礼记·主言》作"畜积衣裘"。

⑬蛮夷:代指四方少数民族。诸夏:周王室分封的诸国。指中原民族。蛮:古代对南方少数民族的蔑称。夷:古代对东方少数民族的蔑称。

⑭罩:捕鱼或鸟的竹器。弋:以绳系箭而射。旧注:"罩,鱼笼,掩网。弋,缴射也。"

⑮礼节:以礼来节制。

⑯衽席之上：旧注："言安安而无忧也。"衽席：坐席。

【译文】

孔子在家闲居，弟子曾参在身边陪侍。孔子说："曾参啊！当今身居高位的人，只能听到士和大夫的言论，至于那些有高尚道德君子的言论，就很少听到了。唉，我若把成就王业的道理讲给居高位的人听，他们不出门户就可以治理好天下了。"

曾参谦恭地站起来，走下坐席问孔子："请问先生，什么是成就王业的道理呢？"孔子不回答。曾参又说："赶上先生您有空闲的时候也难，所以敢大胆向您请教。"孔子又不回答。曾参紧张而害怕，提起衣襟退下去，站在座位旁边。

过了一会儿，孔子叹息了一声，回头对曾参说："曾参啊！大概可以对你谈谈古代明君治国之道吧！"曾参回答说："我不敢认为自己有了足够的知识能听懂您谈治国的道理，只是想通过听您的谈论来学习。"

孔子说："你坐下来，我讲给你听。所谓道，是用来彰明德行的。德，是用来尊崇道义的。所以没有德行，道义不能被尊崇；没有道义，德行也无法发扬光大。即使有一国之内最好的马，如果不能按照正确的方法来使用骑乘，它就不可能在道路上奔跑。一个国家即使有广阔的土地和众多的百姓，如果国君不用正确的方法来治理，也不可能成为霸主或成就王业。因此，古代圣明的国君在内实行'七教'，对外实行'三至'。'七教'修成，就可以守卫国家；'三至'实行，就可以征伐外敌。圣明国君的治国之道，守卫国家，一定能击败千里之外的敌人；对外征伐，也一定能得胜还朝。因此说，在内实行'七教'，国君就不会因政事而烦劳；对外实行'三至'，就不至于劳民伤财。这就是所说的古代明王的治国之道。"

曾参问道："不为政事烦劳、不劳民伤财叫作明君，其中的道理可以讲给我听听吗？"

孔子说："古代帝舜身边有两个得力臣子禹和皋陶，他不用走下坐席天下就治理好了。这样，国君还有什么烦劳呢？国家政局不安，是国君最大的忧患；政令不能推行是臣子的罪责。如果实行十分之一的税率，民众服劳役一年不超过三天，让百姓按季节进入山林湖泊伐木渔猎而不滥征税，交易场所也不滥收赋税，这些都是生财之路，而圣明的君主节制田税和使用民力，怎么还会浪费财力呢？"

曾参问："敢问什么是七教呢？"

孔子回答说："居上位的人尊敬老人，那么下层百姓会更加遵行孝道；居上位的人尊敬比自己年长的人，下层百姓会更加敬爱兄长；居上位的人乐善好施，下层百姓会更加宽厚；居上位的人亲近贤人，百姓就会择良友而交；居上位的人注重道德修养，百姓就不会隐瞒自己的观点；居上位的人憎恶贪婪的行为，百姓就会以争利为耻；居上位的人讲廉洁谦让，百姓就会以不讲气节德操为耻。这就是所说的七种教化。这七教，是治理民众的根本。政治教化的原则确定了，那治民的根本就是正确的。凡是身居上位的人，都是百姓的表率，表率正还有什么不正的呢？因此国君首先能做到仁，然后大夫也就会做到忠于国君，而士也就能做到讲信义，民心敦厚民风淳朴，男人诚实谨慎女子忠贞不二。这六个方面，是教化导致的结果。这样的教化散布天下四方而不会产生怨恨情绪，用来治理普通家庭而不会遭到拒绝。用礼来区分人的等级尊卑，以道义立身处世，遵照礼法来行事，那么百姓放弃恶行就如同用热水浇灌积雪一样了。"

曾参又说："这样的治国方法确实是最好的了，只是我还不能进一步深入理解它。"

孔子说："你以为这些就够了吗？还有呢！古代圣明的君主治理百姓，按照法规，一定要把土地分封下去，分别派官吏来治理。这样，贤良的人不会被埋没，顽劣的暴民也无处隐藏。派主管官员经常视察定时考核，进用贤良的人，罢免贬斥才能品德差的官员。这样一来，贤良的人就会愉快，而才能品德差的官员就会害怕。怜悯无妻或丧妻的老年男子和无夫或丧夫的老年妇女，抚养幼年失父的孤儿和老年无子的人，同情穷苦贫困的人，诱导百姓孝敬父母尊重兄长，选拔有才能的人。一个国家做到这七个方面，那么四海之内就没有犯罪的人了。身居上位的人爱护百姓，如同手足爱护腹心；那么百姓爱戴居上位者，也如同幼儿对待慈母。上下能如此相亲，上面的命令百姓就会听从，措施也得以推行，民众会感怀他的德政，身边的人会心悦诚服，远方的人会来归附，这真是政治所达到的最高境界。伸开手指可以知道寸的长短，伸开手可以知道尺的长短，展开肘臂可以知道寻有多长，这是近在身边的准则。周代的制度以三百步为一里，一千步见方为一井，三井合为一埒，三埒成为一矩，五十里的疆域可以建大城市，分封百里的土地可以建国都，这是为了积蓄生活所需的物品，让安居的人帮助居无定所的人。因此，偏远地方的少数民族，虽然服装不同，言语不通，没有不归附的。所以说，没有市场交易百姓也不缺乏生活用品，没有严刑峻法社会秩序也不会混乱。捕猎野兽鱼鳖不是为了充盈宫室，征敛赋税也不是为了充实国库，这样精心地准备是为了补救灾年的不足，用礼节来防范淫逸奢靡。多一些诚信少一些文饰，礼法就会得到遵守，国君的话百姓就会听信，国君的行为就会成为百姓的表率。国君和百姓的关系就像饿了要吃饭,渴了要喝水一样;百姓信任国君就像相信寒来暑往的规律一样。国君离百姓虽远,可觉得就像在身边一样,这不是距离近,而是四海之内都可看到圣明的德政。所以不动用武力就有威慑之力,不必赏赐财物臣民自然亲附,天下百姓都感受国君的恩惠。这就是所说的圣明国君守御国家的方法,也是能打败千里之外敌人的原因。"

曾参又问:"敢问什么是'三至'呢?"

孔子回答说:"最高的礼节是不谦让而天下得到治理,最高的奖赏是不耗费财物而天下的士人都很高兴,最美妙的音乐是没有声音而使百姓和睦。圣明的国君努力做到这三种极致,就可以知道谁是能治理好天下的国君,天下的士人都可以成为他的臣子,天下的百姓都能为他所用。"

曾参问:"敢问这是什么意思呢?"

孔子回答说:"古代圣明的国君必定知道天下所有贤良士人的名字,既知道他们的名字,又知道他们的实际才能,还知道他们的人数,以及他们所住的地方,然后把天下的爵位封给他们使他们得到尊崇,这就是最高的礼节,不谦让而天下得到治理。用天下的禄位使天下的士人得到富贵,这就是最高的奖赏,不耗费财物而天下的士人都会高兴。如此,天下的人就会重视名誉,这就是最美妙的音乐没有声音而使百姓和睦。所以说,天下最仁慈的人,能亲和天下至亲的人;天下最明智的人,能任用天下使百姓和睦的人;天下最英明的人,能任用天下最贤良的人。这三方面都做到了,然后可以向外征伐。因此,仁慈者莫过于爱护人民,有智者莫过于知道贤人,善于执政的君主莫过于选拔贤能的官吏。拥有疆土的国君能做到这三点,那么天下的人都可以与他同呼吸共命运了。圣明君主征伐的国家,必定是礼法废弛的国家。所以要杀掉他们的国君来改变这个国家的政治,抚慰这个国家的百姓而不掠夺他们的财物。因此圣明君主的政治就像及时雨,降下百姓就欢愉。所以,他的教化施行的范围越广博,得到亲附的民众越多,这就是军队出征能得胜还朝的原因。"

【评析】

这是孔子与弟子曾参一篇完整的对话。这篇对话又见于《大戴礼记·主言》。清人王聘珍认为:"王肃私定《孔子家语》,盗窃此篇,改为《王言》,俗儒反据肃书,改窜本经,亦作《王言》,非是。"他认为本篇当作《主言》。仔细对照两篇,觉得《大戴礼》本篇多有脱漏,不及《家语》完整。本篇主要说明作为统领天下的王者,如何不出户牖而教化天下,其宗旨是"内修七教,外行三至"。

大婚解第四

【原文】

孔子侍坐于哀公①,公曰:"敢问人道孰为大?"

孔子愀然作色而对曰②:"君之及此言也,百姓之惠也。固臣敢无辞而对:人道政为大。夫政者,正也。君为正,则百姓从而正矣。君之所为,百姓之所从。君不为正,百姓何所从乎!"

公曰:"敢问为政如之何?"

孔子对曰:"夫妇别,男女亲,君臣信③。三者正,则庶物从之。"

公曰:"寡人虽无能也,愿知所以行三者之道,可得闻乎?"

孔子对曰:"古之政,爱人为大;所以治爱人,礼为大;所以治礼,敬为大;敬之至矣,大婚为大;大婚至矣,冕而亲迎。亲迎者,敬之也。是故君子兴敬为亲,舍敬则是遗亲也。弗亲弗敬,弗尊也。爱与敬,其政之本与?"

公曰:"寡人愿有言也。然冕而亲迎,不已重乎?"

孔子愀然作色而对曰:"合二姓之好,以继先圣之后,以为天下宗庙社稷之主,君何谓已重焉?"

公曰:"寡人实固④,不固安得闻此言乎!寡人欲问,不能为辞,请少进。"

孔子曰:"天地不合,万物不生。大婚,万世之嗣也,君何谓已重焉?"孔子遂言曰:"内以治宗庙之礼,足以配天地之神⑤;出以治直言之礼,足以立上下之敬。物耻则足以振之,国耻则足以兴之。故为政先乎礼,礼其政之本与!"孔子遂言曰:"昔三代明王,必敬妻子也,盖有道焉。妻也者,亲之主也。子也者,亲之后也。敢不敬与?是故,君子无不敬。敬也者,敬身为大。身也者,亲之支也,敢不敬与?不敬其身,是伤其亲;伤其亲,是伤其本也;伤其本,则支从之而亡。三者,百姓之象⑥也。身以及身,子以及子,妃以及妃,君以修此三者,则大化忾乎天下矣,昔太王之道也。如此,国家顺矣。"

公曰:"敢问何谓敬身?"

孔子对曰:"君子过言⑦则民作辞,过行则民作则。言不过辞,动不过则,百姓恭敬以从命。若是,则可谓能敬其身,敬其身则能成其亲矣。"

公曰:"何谓成其亲?"

孔子对曰:"君子者也,人之成名也。百姓与名,谓之君子,则是成其亲为君而为其子也。"孔子遂言曰:"爱政而不能爱人,则不能成其身;不能成其身,则不能安其土;不能安其土,则不能乐天;不能乐天,则不能成身。"

公曰:"敢问何能成身?"

孔子对曰:"夫其行己不过乎物,谓之成身。不过乎物,合天道也。"

公曰:"君子何贵乎天道也?"

孔子曰:"贵其不已也。如日月东西相从而不已也,是天道也;不闭而能久,是天道也;无为而物成,是天道也;已成而明之,是天道也。"

公曰:"寡人且愚冥,幸烦子志之于心也。"

孔子蹴然避席而对曰:"仁人不过乎物,孝子不过乎亲。是故,仁人之事亲也如事天,事天如事亲,此谓孝子成身。"

公曰:"寡人既闻如此言也,无如后罪何⑧?"

孔子对曰:"君之及此言,是臣之福也。"

【注释】

①哀公:鲁定公之子,名将。

②愀然:忧惧貌。作色:变了脸色。

③君臣信:《礼记·哀公问》作"君臣严"。《大戴礼·哀公问于孔子》作"君臣义"。

④固:鄙陋。这是哀公自谦之词。

⑤足以配天地之神:此指宗庙是仅次于天地的神,即能和天地之神相配。

⑥百姓之象:此指百姓会按照国君的做法去做。象:形貌,样子。旧注:"言百姓之所法而行。"

⑦过言:言辞错误。

⑧无如后罪何:将来出了过错怎么办呢? 旧注:"言寡过之难也。"

【译文】

孔子陪鲁哀公坐着说话,哀公问道:"请问治理民众的措施中,什么最重要?"

孔子的神色变得严肃起来,回答道:"您能谈到这个问题,真是百姓的幸运了,所以为臣敢不加推辞地回答这个问题。在治理民众的措施中,政事最重要。所谓政,就是正。国君做得正,那么百姓也就跟着做得正了。国君的所作所为,百姓是要跟着学的。国君做得不正,百姓跟他学什么呢?"

哀公问:"请问如何治理政事呢?"

孔子回答说:"夫妇要有别,男女要相亲,君臣要讲信义。这三件事做好了,那么其

他的事就可以做好了。"

哀公说:"我虽然没有才能,但还是希望知道实行这三件事的方法,可以说给我听听吗?"

孔子回答说:"古人治理政事,爱人最为重要;要做到爱人,施行礼仪最重要;要施行礼仪,恭敬最为重要;最恭敬的事,以天子诸侯的婚姻最为重要。结婚的时候,天子诸侯要穿上冕服亲自去迎接。亲自迎接,是表示敬慕的感情。所以君子要用敬慕的感情和她相亲相爱。如果没有敬意,就是遗弃了相爱的感情。不亲不敬,双方就不能互相尊重。爱与敬,大概是治国的根本吧!"

哀公说:"我还想问问您,天子诸侯穿冕服亲自去迎亲,不是太隆重了吗?"

孔子脸色更加严肃地回答说:"婚姻是两个不同姓氏的人和好,以延续祖宗的后嗣,使之成为天地、宗庙、社稷祭祀的主人。您怎么能说太隆重了呢?"

哀公说:"我这个人很浅陋,不浅陋,怎能听到您这番话呢? 我想问,又找不到合适的言辞,请慢慢给我讲一讲吧。"

孔子说:"天地阴阳不交合,万物就不会生长。天子诸侯的婚姻,是使社稷延续万代的大事,怎么能说太隆重了呢?"孔子接着又说:"夫妇对内主持宗庙祭祀的礼仪,足以与天地之神相配;对外掌管发布政教号令,能够确立君臣上下之间的恭敬之礼。事情不合礼可以改变,国家有丧乱可以振兴。所以治理政事先要有礼,礼不就是执政的根本吗?"孔子继续说:"从前夏商周三代圣明的君主治理政事,必定敬重他们的妻子,这是有道理的。妻子是祭祀宗桃的主体,儿子是传宗接代的人,能不敬重吗? 所以君子对妻儿没有不敬重的。敬这件事,敬重自身最为重要。自身,是亲人的后代,能够不敬重吗? 不敬重自身,就是伤害了亲人;伤害了亲人,就是伤害了根本;伤害了根本,支属就要随之灭绝。自身、妻子、儿女这三者,百姓也像国君一样都是有的。由自身想到百姓之身,由自己的儿子想到百姓的儿子,由自己的妻子想到百姓的妻子,国君能做到这三方面的敬重,那么教化就通行天下了,这是从前太王实行的治国方法。能够这样,国家就顺畅了。"

哀公问:"请问什么是敬重自身?"

孔子回答说:"国君说错了话民众就跟着说错话,做错了事民众就跟着效法。君主不说错话,不做错事,百姓就会恭恭敬敬地服从国君的号令了。如果能做到这点,就可以说能敬重自身了,这样就能成就其亲人了。"

哀公问:"什么是成就其亲人?"

孔子回答道:"所谓君子,就是有名望的人。百姓送给他的名称,称作君子,就是称他的亲人为有名望的人,而他是有名望人的儿子。"孔子接着说:"只注重政治而不能爱护民众,就不能成就自身;不能成就自身,就不能使自己的国家安定;不能使自己的国家安定,就不能无忧无虑。不能无忧无虑,就不能成就自身。"

哀公问:"请问怎么做才能成就自身?"

孔子回答说:"自己做任何事都合乎常理不越过界限,就可以说成就自身了。不逾越常理,就是合乎天道。"

哀公问:"请问君子为何尊重天道呢?"

孔子回答说:"尊重它是因为它不停顿地运行,就像太阳月亮每天东升西落一样,这就是天道;运行无阻而能长久,这也是天道;不见有所作为而万物发育成长,这也是天道;成就了自己而功业也得到显扬,这也是天道。"

哀公说:"我实在愚昧,幸亏您耐心地给我讲这些道理。"

孔子恭敬地离开坐席回答说:"仁人不能逾越事物的自然法则,孝子不能超越亲情的规范。因此仁人侍奉父母,就如同侍奉天一样;侍奉天,就如同侍奉父母一样。这就是所说的孝子成就自身。"

哀公说:"我既然听到了这些道理,将来还会有过错怎么办呢?"

孔子说:"您能说出这样的话,这是臣下的福分啊!"

【评析】

这是孔子和鲁哀公讨论婚礼意义的对话,其中涉及许多孔子的政治思想。对话先从人道谈起,孔子认为,人道中政治是第一位的。如何为政,要做到三点:夫妇别,男女亲,君臣信。然后提出"爱与敬"是"政之本",而婚礼正是爱与敬的体现。能"成亲""成身",从而使人道与天道合一。

儒行解第五

【原文】

孔子在卫①,冉求言于季孙曰:"国有圣人而不能用,欲以求治,是犹却步而欲求及

前人,不可得已。今孔子在卫,卫将用之。已有才而以资邻国,难以言智也,请以重币②迎之。"季孙以告哀公,公从之。

孔子既至,舍哀公馆焉。公自阼阶③,孔子宾阶,升堂立侍。

公曰:"夫子之服,其儒服与?"

孔子对曰:"丘少居鲁,衣逢掖之衣④。长居宋,冠章甫之冠。丘闻之,君子之学也博,其服以乡,丘未知其为儒服也。"

公曰:"敢问儒行?"

孔子曰:"略言之,则不能终其物;悉数之,则留仆⑤未可以对。"

哀公命席,孔子侍坐,曰:"儒有席上之珍以待聘,夙夜强学以待问,怀忠信以待举,力行以待取。其自立有如此者。

"儒有衣冠中,动作慎,其大让如慢,小让如伪。大则如威,小则如愧。难进而易退,粥粥若无能也。其容貌有如此者。

"儒有居处齐难⑥,其起坐恭敬,言必诚信,行必忠正。道涂不争险易之利,冬夏不争阴阳之和。爱其死以有待也,养其身以有为也。其备预有如此者。

"儒有不宝金玉而忠信以为宝,不祈土地而仁义以为土地,不求多积而多文以为富。难得而易禄也,易禄而难畜⑦也。非时不见,不亦难得乎?非义不合,不亦难畜乎?先劳而后禄,不亦易禄乎?其近人情有如此者。

"儒有委之以财货而不贪,淹之以乐好而不淫,劫之以众而不惧,阻之以兵而不慑。见利不亏其义,见死不更其守。鸷虫攫搏不程其勇⑧,引重鼎不程其力。往者不悔,来者不豫。过言不再,流言不极⑨。不断其威,不习其谋,其特立有如此者。

"儒有可亲而不可劫,可近而不可迫,可杀而不可辱。其居处不过,其饮食不溽,其过失可微辩而不可面数也。其刚毅有如此者。

"儒有忠信以为甲胄,礼义以为干橹⑩,戴仁而行,抱义而处,虽有暴政,不更其所。其自立有如此者。

"儒有一亩之宫,环堵之室⑪,荜门圭窬,蓬户瓮牖⑫。易衣而出,并日而食。上答之,不敢以疑;上不答之,不敢以谄。其为士有如此者。

"儒有今人以居,古人以稽⑬;今世行之,后世以为楷。若不逢世,上所不受,下所不推,诡谄之民有比党而危之者,身可危也,其志不可夺也。虽危起居,犹竟信其志,乃不忘百姓之病也。其忧思有如此者。

"儒有博学而不穷,笃行而不倦,幽居而不淫,上通而不困。礼必以和,优游⑭以法,慕贤而容众,毁方而瓦合。其宽裕有如此者。

"儒有内称不避亲,外举不避怨。程功积事⑮,不求厚禄。推贤达能,不望其报。君得其志,民赖其德。苟利国家,不求富贵。其举贤援能有如此者。

"儒有澡身浴德,陈言而伏。静言而正之,而上下不知也。默而翘之[16],又不急为也。不临深而为高,不加少而为多。世治不轻,世乱不沮[17]。同己不与,异己不非。其特立独行有如此者。

"儒有上不臣天子,下不事诸侯,慎静尚宽,底厉廉隅。强毅[18]以与人,博学以知服。虽以分国,视之如锱铢[19],弗肯臣仕。其规为有如此者。

"儒有合志同方,营道同术。并立则乐,相下不厌。久别则闻流言不信,义同而进,不同而退。其交有如此者。

"夫温良者仁之本也,慎敬者仁之地也,宽裕者仁之作也,逊接者仁之能也,礼节者仁之貌也,言谈者仁之文也,歌乐者仁之和也,分散者仁之施也。儒皆兼此而有之,犹且不敢言仁也。其尊让有如此者。

"儒有不陨获于贫贱,不充诎[20]于富贵,不溷君王,不累长上,不闵有司,故曰儒。今人之名儒也妄,常以儒相诟疾。"

哀公既得闻此言也,言加信,行加敬,曰:"终殁吾世,弗敢复以儒为戏矣!"

【注释】

①卫:春秋时国名。周武王弟康叔封地。治所在今河北南部、河南北部一带。

②重币:丰厚的礼物。指贵重的玉、帛、马匹等物品。

③阼阶:东阶。古代以阼为主人之位。

④逢掖之衣:宽袖之衣,古代儒者所服。旧注:"深衣之褒大也。"

⑤留仆:使太仆长时间侍奉,以致疲倦。指时间长。

⑥齐难:庄重严肃。旧注:"齐庄可畏难也。"

⑦难畜:难以留住。畜:容留。

⑧鸷虫攫搏不程其勇:鸷虫:猛鸟猛兽。攫搏:指鸟兽之抓取、搏击。程:显示。

⑨流言不极:对流言不追根问底。极:极点,极限。旧注:"流言相毁,不穷极也。"

⑩干橹:盾。小盾为干,大盾为橹。

⑪环堵之室:旧注:"方丈曰堵,一堵言其小者也。"

⑫蓬户瓮牖:用蓬草编门,以破瓮之口做窗户。

⑬稽:旧注:"稽,同。"

⑭悠游:平和自在。旧注:"和也。"

⑮程功积事:度量功绩,积累事实。

⑯默而翘之:默默地翘首等待。

⑰不沮：不沮丧。

⑱强毅：刚强坚毅。

⑲锱铢：比喻微小的东西。锱铢：古代重量单位，六铢为一锱，四锱为一两。旧注："视之轻如锱铢，十黍为铢，八两为锱。"

⑳充诎：自满而失去节制。旧注："充诎，骄吝也。一说踊跃参扰之貌。"

【译文】

孔子在卫国，冉求对季孙氏说："国家有圣人却不能用，这样想治理好国家，就像倒着走而又想赶上前面的人一样，是不可能的。现在孔子在卫国，卫国将要任用他，我们自己有人才却去帮助邻国，难以说是明智之举。请您用丰厚的聘礼把他请回来。"季孙氏把冉求的建议禀告了鲁哀公，鲁哀公听从了这一建议。

孔子回到鲁国，住在鲁哀公招待客人的馆舍里。哀公从大堂东面的台阶走上来迎接孔子，孔子从大堂西面的台阶上来觐见哀公，然后到大堂里，孔子站着陪哀公说话。

鲁哀公问孔子说："先生穿的衣服，是儒者的服装吗？"

孔子回答说："我小时候住在鲁国，穿的是宽袖的衣服；长大后住在宋国，戴的是缁布做的礼冠。我听说，君子学问要广博，穿衣服要随其乡俗。我不知道这是不是儒者的服装。"

鲁哀公问："请问儒者的行为是什么样的呢？"

孔子回答说："粗略地讲讲，不能把儒者的行为讲完；如果详细地讲，讲到侍御的人侍奉以致疲倦也难以讲完。"

鲁哀公让人设席，孔子陪坐在旁边，说："儒者如同席上的珍品等待别人来取用，昼夜不停地学习等待别人来请教，心怀忠信等待别人举荐，努力做事等待别人录用。儒者自修立身就是这样的。

"儒者的衣冠周正，行为谨慎，对大事推让好像很傲慢，对小事推让好像很虚伪。做大事时神态重像心怀畏惧，做小事时小心谨慎像不敢去做。难于进取而易于退让，柔弱谦恭像是很无能的样子。儒者的容貌就是这样的。

"儒者的起居庄重谨慎，坐立行走恭敬，讲话一定诚信，行为必定中正。在路途不与人争好走的路，冬夏之季不与人争冬暖夏凉的地方。不轻易赴死以等待值得牺牲生命的事情，保养身体以期待有所作为。儒者预先准备就是这样的。

"儒者宝贵的不是金玉而是忠信，不谋求占有土地而把仁义当做土地，不求积蓄很多财富而把学问广博作为财富。儒者难以得到却容易供养，容易供养却难以留住。不到适当的时候不会出现，不是很难得吗？不正义的事情就不合作，不是很难留住他们吗？先效力而后才要俸禄，不是很容易供养吗？儒者近乎人情就是这样的。

"儒者对于别人委托的财货不会有贪心，身处玩乐之境而不会沉迷，众人威逼也不惧怕，用武力威胁也不会恐惧。见利不会忘义，见死不改操守。遇到猛禽猛兽的攻击不度量自己的力量而与之搏斗，推举重鼎不度量自己的力量尽力而为。对过往的事情不追悔，对未来的事情不疑虑。错话不说两次，流言不去追究。时常保持威严，不学习什么权谋。儒者的特立独行就是这样的。

"儒者可以亲近而不可以胁迫，可以接近而不可以威逼，可以杀头而不可以侮辱。他们的居处不奢侈，他们的饮食不丰厚，他们的过失可以委婉地指出不可以当面数落。儒者的刚强坚毅就是这样的。

"儒者以忠信作为铠甲，以礼仪作为盾牌，心中想着仁去行动，怀抱着义来居处，即使遇到暴政，也不改变操守。儒者的自立就是这样的。

"儒者有一亩地的宅院，居住着一丈见方的房间，荆竹编的院门狭小如洞，用蓬草编作房门，用破瓮口作为窗框。外出时才换件遮体的衣服，一天的饭并为一顿吃。君上采纳他的建议，不敢产生怀疑；君上不采纳他的建议，也不敢谄媚求进。儒者做官的原则就是这样的。

"儒者与今人一起居住，而以古人的道德标准要求自己；儒者今世的行为，可以作为后世的楷模。如果生不逢时，上面没人援引，下面没人推荐，进谗谄媚的人又合伙来陷害他，只可危害他的身体，而不可剥夺他的志向。虽然能危害他的生活起居，最终他还要施展自己的志向抱负，仍将不忘百姓的痛苦。儒者的忧思就是这样的。

"儒者广博地学习而无休止，专意实行而不倦怠，独处时不放纵自己，通达于上时不离道义。遵循以和为贵的原则，悠然自得而有节制。仰慕贤人而容纳众人，有时可削磨自己的棱角而依随众人。儒者的宽容大度就是这样的。

"儒者举荐人才，对内不避亲属，对外不避有仇怨的人。度量功绩，积累事实，不谋求更高的禄位。推荐贤能而进达于上，不祈望他们的报答。国君满足了用贤的愿望，百姓依仗他的仁德。只要有利于国家，不贪图个人的富贵。儒者的举贤荐能就是这样的。

"儒者沐身心于道德之中，陈述自己的意见而伏听君命。平静地纠正国君的过失，君上和臣下都难以觉察。默默地等待，不急于去做。不在地位低下的人面前显示自己高明，不把少的功劳夸大为多。国家大治的时候，群贤并处而不自轻；国家混乱的时候，坚守正道而不沮丧。不和志向相同的人结党，也不诋毁和自己政见不同的人。儒者的特立独行就是这样的。

"儒者中有这样一类人，对上不做天子的臣下，对下不事奉诸侯，谨慎安静而崇尚宽厚，磨炼自己端方正直的品格。待人接物刚强坚毅，广博地学习而又知所当行。即

使把国家分给他,他也看做锱铢小事,不肯做别人的臣下和官吏。儒者规范自己的行为就是这样的。

"儒者交朋友,要志趣相合,方向一致,营求道义,路数相同。地位相等都高兴,地位互有上下彼此也不厌弃。久不相见,听到对方的流言蜚语绝不相信。志向相同就进一步交往,志向不同就退避疏远。儒者交朋友的态度就是这样的。

"温和善良是仁的根本,恭敬谨慎是仁的基础,宽宏大量是仁的开始,谦逊待人是仁的功能,礼节是仁的外表,言谈是仁的文采,歌舞音乐是仁的和谐,分散财物是仁的施与。儒者兼有这几种美德,还不敢说已经做到仁了。儒者的恭敬谦让就是这样的。

"儒者不因贫贱而灰心丧气,不因富贵而得意忘形。不玷辱君王,不拖累长上,不给有关官吏带来困扰,因此叫作儒。现今人们对儒这个名称的理解是虚妄不实的,经常被人称作儒来相互讥讽。"

鲁哀公听到这些话后,自己说话更加守信,行为更加严肃。说:"直到我死,再不敢拿儒者开玩笑了。"

【评析】

这是一篇孔子和鲁哀公的对话。文中生动地叙述了儒者应该具有什么样的道德行为。文中称儒者待聘、待问、待举、待取,但人格是自立的,容貌是礼让的。是有待、有为、有准备的。儒者不宝金玉,不祈土地,不求多积,但讲求仁义、忠信。儒者不贪、不淫、不惧、不慑、不亏义、不更守,是特立的。儒者是刚毅的。儒者戴仁而行,抱德而处,虽有暴政,也不逃避,精神是自立的。儒者处贫贱之中,屋小门敞,缺衣少食,但不疑不谄。儒者稽古察今,今世人望,后世楷模,身危而志不能夺,忧国忧民,有忧思意识。

问礼第六

【原文】

哀公问于孔子曰:"大礼①何如?子之言礼,何其尊也?"孔子对曰:"丘也鄙人,不足以知大礼也。"公曰:"吾子言焉!"

孔子曰:"丘闻之,民之所以生者,礼为大。非礼则无以节事天地之神焉,非礼则无以辨君臣上下长幼之位焉,非礼则无以别男女父子兄弟婚姻亲族疏数之交焉。是故君子此之为尊敬,然后以其所能教顺百姓,不废其会节^②。既有成事,而后治其文章黼黻,以别尊卑上下之等。其顺之也,而后言其丧祭之纪^③,宗庙之序。品其牺牲^④,设其豕腊,修其岁时,以敬其祭祀,别其亲疏,序其昭穆^⑤。而后宗族会燕,即安其居,以缀恩义。卑其宫室,节其服御^⑥,车不雕玑,器不影镂^⑦,食不二味,心不淫志,以与万民同利。古之明王行礼也如此。"

公曰:"今之君子胡莫之行也?"

孔子对曰:"今之君子,好利无厌,淫行不倦,荒怠慢游,固^⑧民是尽。以遂其心,以怨其政,以忤其众,以伐有道。求得当欲不以其所,虐杀刑诛不以其治。夫昔之用民者由前,今之用民者由后。是即今之君子莫能为礼也。"

【注释】

①大礼:隆重的礼仪。

②会节:旧注:"会指理之所聚而不可遗处,节谓分之所限而不可过处。"意指最重要的礼和最高的界限。

③丧祭:葬后的祭礼。纪:法度规矩。

④牺牲:供祭祀用的牲畜。

⑤昭穆:古代宗法制度,宗庙或墓地的辈次排列。以始祖居中,二世、四世、六世位于始祖左方,称昭;三世、五世、七世位于右方,称穆,用来分别宗族内部的长幼、亲疏和远近。

⑥节其服御:节省日常用度。服御:衣服车马之类。

⑦影镂:雕刻,刻镂。

⑧固:坚持,一定。

【译文】

鲁哀公向孔子请教说:"隆重的礼仪是什么样的? 您为什么把礼说得那么重要呢?"孔子回答道:"我是个鄙陋的人,不足以了解隆重的礼节。"鲁哀公说:"您还是说说吧!"

孔子回答道:"我听说,在民众生活中,礼仪是最重要的。没有礼就不能有节制地侍奉天地神灵,没有礼就无法区别君臣、上下、长幼的地位,没有礼就不能分别男女、父子、兄弟的亲情关系以及婚姻亲族交往的亲疏远近。所以,君主把礼看得非常重要,认识到这一点以后,用他所了解的礼来教化引导百姓,使他们懂得礼的重要和礼的界限。等到礼的教化卓有成效之后,才用文饰器物和礼服来区别尊卑上下。百姓顺应礼的教化后,才谈得上丧葬祭祀的规则、宗庙祭祀的礼节。安排好祭祀用的牺牲,布置好祭神祭祖用的干肉,每年按时举行严肃的祭礼,以表达对神灵、先祖的崇敬之心,区别血缘关系的亲疏,排定昭穆的次序。祭祀以后,亲属在一起饮宴,依序坐在应坐的位置上,以联结彼此的亲情。住低矮简陋的居室,穿俭朴无华的衣服,车辆不加雕饰,器具不刻镂花纹,饮食不讲究滋味,内心没有过分的欲望,和百姓同享利益。以前的贤明君主就是这样讲礼节的。"

鲁哀公问:"现在的君主为什么没有人这样做了呢?"

孔子回答说:"现在的君主贪婪爱财没有满足的时候,放纵自己的行为不感到厌倦,放荡懒散而又态度傲慢,固执地搜刮尽人民的资财。为满足自己的欲望,不顾招致百姓的怨恨,违背众人的意志,去侵犯政治清明的国家。只求个人欲望得到满足而不择手段,残暴地对待人民而肆意刑杀,不设法使国家得到治理。以前的君主统治民众是用前面说的办法,现在的君主统治民众是用后面说的办法。这说明现在的君主不能修明礼教。"

【评析】

这篇是讲礼的重要意义的。首先说明礼在事天地之神、辨尊卑之位、别亲疏与万民同利等方面的作用,同时批评现实好利无厌、淫行荒怠、禁锢人民、虐杀刑诛等非礼治现象。

五仪解第七

【原文】

哀公问于孔子曰:"寡人欲论鲁国之士,与之为治,敢问如何取之?"

孔子对曰:"生今之世,志古之道;居今之俗,服古之服。舍此①而为非者,不亦鲜乎?"

曰:"然则章甫、绚履、绅带、缙笏者,皆贤人也?"

孔子曰:"不必然也。丘之所言,非此之谓也。夫端衣玄裳②,冕而乘轩者,则志不在于食荤;斩衰菅菲③,杖而歠粥者,则志不在于酒肉。生今之世,志古之道;居今之俗,服古之服，谓此类也。"

公曰："善哉！尽此而已乎？"

孔子曰："人有五仪④，有庸人，有士人，有君子，有贤人，有圣人。审此五者，则治道毕矣。"

公曰："敢问何如，斯可谓之庸人？"

孔子曰："所谓庸人者，心不存慎终之规，口不吐训格⑤之言，不择贤以托其身，不力行以自定。见小暗大，而不知所务；从物如流，不知其所执。此则庸人也。"

公曰："何谓士人？"

孔子曰："所谓士人者，心有所定，计有所守，虽不能尽道术⑥之本，必有率也；虽不能备百善之美，必有处也。是故知不务多，必审其所知；言不务多，必审其所谓；行不务多，必审其所由。智既知之，言既道之，行既由之，则若性命之形骸⑦之不可易也。富贵不足以益，贫贱不足以损。此则士人也。"

公曰："何谓君子？"

孔子曰："所谓君子者，言必忠信而心不怨，仁义在身而色无伐，思虑通明而辞不专。笃行信道，自强不息。油然⑧若将可越，而终不可及者。此则君子也。"

公曰："何谓贤人？"

孔子曰："所谓贤人者，德不逾闲，行中规绳⑨。言足以法于天下而不伤于身，道足以化于百姓而不伤于本。富则天下无宛财，施则天下不病贫。此则贤者也。"

公曰："何谓圣人？"

孔子曰："所谓圣人者，德合于天地，变通无方。穷万事之终始，协庶品之自然，敷其大道而遂成情性。明并日月，化行若神。下民不知其德，睹者不识其邻。此谓圣人也。"

公曰："善哉！非子之贤，则寡人不得闻此言也。虽然，寡人生于深宫之内，长于妇人之手，未尝知哀，未尝知忧，未尝知劳，未尝知惧，未尝知危，恐不足以行五仪之教。若何？"

孔子对曰："如君之言，已知之矣，则丘亦无所闻焉。"

公曰："非吾子，寡人无以启其心。吾子言也。"

孔子曰："君入庙，如右⑩，登自阼阶，仰视榱桷，俯察机筵⑪，其器皆存，而不睹其人。君以此思哀，则哀可知矣。昧爽夙兴，正其衣冠；平旦⑫视朝，虑其危难。一物失理，乱亡之端。君以此思忧，则忧可知矣。日出听政，至于中冥，诸侯子孙，往来为宾，行礼揖让，慎其威仪。君以此思劳，则劳亦可知矣。缅然⑬长思，出于四门，周章远望，睹亡国之墟，必将有数焉。君以此思惧，则惧可知矣。夫君者，舟也；庶人者，水也。水所以载舟,亦所以覆舟。君以此思危,则危可知矣。君既明此五者,又少留意于五仪之事,则于政治何有失矣!"

【注释】

①舍此:旧注"舍,读去声,训为'处'"。意为处于这种境况的人,有此种作为的人。

②端衣玄裳:指穿着礼服。端衣:古代祭祀时所穿的礼服。玄:黑红色。

③斩衰:古代丧服,用粗麻布做成,不缝边。营菲:据《荀子·哀公》当作"营屦",草鞋。

④五仪:五个等次。

⑤训格:规范,典范。

⑥道术:道德学术。

⑦形骸:人的形体、躯壳。

⑧油然:从容安详的样子。

⑨规绳:指规范、法则。规:校正圆形的用具。绳:木工用的墨线。

⑩君入庙,如右:君指国君。如右:《荀子·哀公》作"而右",指从右边走。古人以右为尊。

⑪机筵:筵席。也作"几筵"。

⑫平旦:清晨。

⑬缅然:悠思貌。

【译文】

鲁哀公向孔子问道:"我想评论一下鲁国的人才,和他们一起治理国家,请问怎么选拔人才呢?"

孔子回答说:"生活在当今的时代,倾慕古代的道德礼仪;依现今的习俗而生活,穿着古代的儒服。有这样的行为而为非作歹的人,不是很少见吗?"

哀公问:"那么戴着殷代的帽子,穿着鞋头上有装饰的鞋子,腰上系着大带子并把笏板插在带子里的人,都是贤人吗?"

孔子说:"那倒不一定。我刚才说的话,并不是这个意思。那些穿着礼服,戴着礼帽,乘着车子去行祭祀礼的人,他们的志向不在于食荤;穿着用粗麻布做的丧服,穿着草鞋,拄着丧杖喝粥来行丧礼的人,他们的志向不在于酒肉。生活在当今的时代,却倾慕古代的道德礼仪;依现代的习俗生活,却穿着古代的儒服,我说的是这一类人。"

哀公说:"你说得很好! 就仅仅是这些吗?"

孔子回答道:"人分五个等级,有庸人,有士人,有君子,有贤人,有圣人。分清这五类人,那治世的方法就都具备了。"

哀公问道:"请问什么样的人叫作庸人?"

孔子回答说:"所谓庸人,他们心中没有谨慎行事、善始善终的原则,口中说不出有道理的话,不选择贤人善士作为自己的依靠,不努力行事使自己得到安定的生活。他们往往小事明白大事糊涂,不知自己在忙些什么;凡事随大流,不知自己所追求的是什么。这样的人就是庸人。"

哀公问道:"请问什么是士人?"

孔子回答说:"所谓士人,他们心中有确定的原则,有明确的计划,即使不能尽到行道义治国家的本分,也一定有遵循的法则;即使不能集百善于一身,也一定有自己的操守。因此他们的知识不一定非常广博,但一定要审查自己具有的知识是否正确;话不一定说得很多,但一定要审查说得是否确当;路不一定走得很多,但一定要明白所走的路是不是正道。知道自己具有的知识是正确的,说出的话是恰当的,走的路是正道,那么这些正确的原则就像性命对于形骸一样不可改变了。富贵不能对自己有所补益,贫贱不能对自己有所损害。这样的人就是士人。"

哀公问:"什么样的人是君子呢?"

孔子回答说:"所谓君子,说出的话一定忠信而内心没有怨恨,身有仁义的美德而没有自夸的表情,考虑问题明智通达而话语委婉。遵循仁义之道努力实现自己的理想,自强不息。他那从容的样子好像很容易超越,但终不能达到他那样的境界。这样的人就是君子。"

哀公问:"什么样的人称得上是贤人呢?"

孔子回答说:"所谓贤人,他们的品德不逾越常规,行为符合礼法。他们的言论可以让天下人效法而不会招来灾祸,道德足以感化百姓而不会给自己带来伤害。他虽富有,天下人不会怨恨;他一施恩,天下人都不贫穷。这样的人就是贤人。"

哀公又问:"什么样的人称得上是圣人呢?"

孔子回答说:"所谓圣人,他们的品德符合天地之道,变通自如,能探究万事万物的终始,使万事万物符合自然法则,依照万事万物的自然规律来成就它们。光明如日月,教化如神灵。下面的民众不知道他的德行,看到他的人也不知道他就在身边。这样的人就是圣人。"

哀公说:"好啊!不是先生贤明,我就听不到这些言论了。虽然如此,但我从小生在深宫之内,由妇人抚养长大,不知道悲哀,不知道忧愁,不知道劳苦,不知道惧怕,不知道危险,恐不足以实行五仪之教。怎么办呢?"

孔子回答说:"从您的话中可以听出,您已经明白这些道理了,我也就没什么可对您说的了。"

哀公说:"要不是您,我的心智就得不到启发。您还是再说说吧!"

孔子说:"您到庙中行祭祀之礼,从右边台阶走上去,抬头看到屋椽,低头看到筵席,亲人使用的器物都在,却看不到他们的身影。您因此感到哀伤,这样就知道哀伤是什么了。天还没亮就起床,衣帽穿戴整齐,清晨到朝堂听政,考虑国家是否会有危难。一件事处理不当,往往会成为国家混乱灭亡的开端。国君以此来忧虑国事,什么是忧愁也就知道了。太阳出来就处理国家大事,直至午后,接待各国诸侯及子孙,还有宾客往来,行礼揖让,谨慎地按照礼法显示自己的威严仪态。国君因此思考什么是辛劳,那么什么是辛劳也就知道了。缅怀远古,走出都门,周游浏览,向远眺望,看到那些亡国的废墟,可见灭亡之国不只一个。国君因此感到惧怕,那什么是惧怕也就知道了。国君是舟,百姓就是水。水可以载舟,也可以覆舟。国君由此想到危险,那么什么是危险也就知道了。国君明白这五个方面,又稍稍留意国家中的五种人,那么治理国家还会有什么失误呢?"

【原文】

哀公问于孔子曰:"夫国家之存亡祸福,信①有天命,非唯人也?"

孔子对曰:"存亡祸福,皆己而已,天灾地妖,不能加也。"

公曰:"善!吾子言之,岂有其事乎?"

孔子曰:"昔者殷王帝辛②之世,有雀生大鸟于城隅焉,占之者曰:'凡以小生大,则国家必王,而名必昌。'于是帝辛介雀之德③,不修国政,亢暴④无极,朝臣莫救,外寇乃至,殷国以亡。此即以己逆天时,诡⑤福反为祸者也。又其先世殷王太戊⑥之时,道缺法圮,以致夭蘖⑦,桑榖⑧于朝,七日大拱⑨,占之者曰:'桑榖野木而不合生朝,意者国亡乎?'太戊恐骇,侧身修行,思先王之政,明养民之道,三年之后,远方慕义,重译⑩至者,十有六国。此即以己逆天时,得祸为福者也。故天灾地妖,所以儆人主者也⑪。寤梦征怪⑫,所以儆人臣者也。灾妖不胜善政,寤梦不胜善行。能知此者,至治之极也,唯明王达此。"

公曰:"寡人不鄙固此⑬,亦不得闻君子之教也。"

【注释】

①信:的确。

②帝辛:即商纣王。

③介雀之德：旧注："介，助也，以雀之德为助也。"介：因，依赖。

④亢暴：非常残暴。

⑤诡：奇异，怪异。

⑥太戊：商王名。太庚子。时商朝衰微，太戊用伊陟、巫咸等贤人，商朝复兴。

⑦天蘖：反常的树木。

⑧桑穀：古时以桑木、穀木合生于朝为不祥之兆。穀：楮木。

⑨大拱：长大到两手可以围抱。

⑩重译：辗转翻译。指远方国家的使者经过多重翻译才能交流。说明相隔遥远。

⑪儆：告诫，警告。

⑫窹梦：半睡半醒，似梦非梦，恍惚如有所见。征怪：怪异的征兆。

⑬鄙：鄙陋，浅陋。固：鄙陋。

【译文】

鲁哀公问孔子："国家的存亡祸福，的确是由天命决定的，不是人力所能左右的吗？"

孔子回答说："国家的存亡祸福都是由人自己决定的，天灾地祸都不能改变国家的命运。"

哀公说："好！您说的话，有什么事实根据吗？"

孔子说："从前，殷纣王时代，在国都的城墙边，有一只小鸟生出一只大鸟，占卜者说：'凡是以小生大，国家必将成为霸主，声名必将大振。'于是，商纣王凭借小鸟生大鸟的好兆头，不好好治理国家，残暴至极，朝中大臣也无法挽救，外敌攻入，殷国因此灭亡。这就是以自己的肆意妄为违背天时，奇异的福兆反而变成灾祸的事例。纣王的先祖殷王太戊时代，社会道德败坏，国家法纪紊乱，以致出现反常的树木，朝堂上长出桑穀，七天就长得两手合抱之粗。占卜者说：'桑穀野木不应共同生长在朝堂上，难道国家要灭亡吗？'太戊非常恐惧，小心地修养自己的德行，学习先王治国的方法，探究养民的措施，三年之后，远方的国家思慕殷国的道义，偏远之国的使者经过多重翻译来朝见的，有十六国之多。这就是以自己的谨身修治改变天时，祸兆反变为福祉的事例。所以说，天灾地祸是上天来警告国君的，梦见怪异是上天来警告臣子的。灾祸胜不过良好的政治，梦兆也胜不过善良的行为。能明白这

个道理,就是治国的最高境界,只有贤明的国君才能做到。"

鲁哀公说:"我如果不是如此浅陋,也就不能听到您这样的教诲了。"

【评析】

本篇第一段主要讲五仪。所谓"五仪"就是指五个等次的人的特征。这五个等次是:庸人、士人、君子、贤人、圣人。他们各有特点,境界也由低向高。最后一问思想价值很高。鲁哀公自称"寡人生于深宫之内,长于妇人之手,未尝知哀,未尝知忧,未尝知劳,未尝知惧,未尝知危,恐不足以行五仪之教",孔子告诉他如何思哀、思忧、思劳、思惧,很有借鉴意义。

卷 二

致思第八

【原文】

孔子北游于农山①,子路、子贡、颜渊侍侧②。孔子四望,喟然③而叹曰:"于斯致思④,无所不至矣。二三子各言尔志,吾将择焉。"

子路进曰:"由愿得白羽若月,赤羽若日,钟鼓之音上震于天,旃旗缤纷下蟠于地⑤。由当⑥一队而敌之,必也攘⑦地千里,搴旗执馘⑧。唯由能之,使二子者从我焉。"

夫子曰:"勇哉!"

子贡复进曰:"赐愿使齐、楚合战于漭漾⑨之野,两垒相望,尘埃相接,挺刃交兵。赐着缟衣白冠⑩,陈说其间,推论利害,释国之患。唯赐能之,使夫二子者从我焉。"

夫子曰:"辩⑪哉!"

颜回退而不对。孔子曰:"回,来,汝奚独⑫无愿乎?"颜回对曰:"文武之事,则二子者既言之矣,回何云焉?"

孔子曰:"虽然,各言尔志也,小子言之。"

对曰:"回闻薰莸不同器而藏⑬,尧桀不共国而治,以其类异也。回愿得明王圣主辅相之,敷其五教⑭,导⑮之以礼乐,使民城郭不修,沟池不越,铸剑戟以为农器,放牛马于原薮⑯,室家无离旷⑰之思,千岁无战斗之患。则由无所施其勇,而赐无所用其辩矣。"

夫子凛然⑱曰:"美哉! 德也。"

子路抗手⑲而对曰:"夫子何选焉?"

孔子曰:"不伤财,不害民,不繁词,则颜氏之子有矣。"

【注释】

①农山:山名,在鲁国(今山东)境内。

②侍侧:在旁边陪着。

③喟然:叹息的样子。

④于斯:在这里。致思:集中心思思考。

⑤旄旗:即旌旗。蟠:盘曲地伏着。旧注:"蟠,委。"

⑥当:掌管,率领。

⑦攘:夺取。或作排斥义。旧注:"攘,却。"意为使敌人退却。

⑧搴旗执聝:搴旗,指拔取敌人的军旗。聝,战争中割取敌人的左耳。古代常以获取敌人耳朵的多少来计功。旧注:"搴,取也,取敌之旄旗。聝,截耳也,截敌之耳以效获也。"

⑨滜漾:广大貌。

⑩缟衣白冠:白衣白帽。战争中穿这样的服装表示奋死一战的决心。旧注:"兵,凶事,故白冠服也。"

⑪辩:有辩才。

⑫奚独:为何只有你。奚:疑问词,为何,如何。

⑬薰:一种香草。莸:一种臭草。

⑭敷:布,施。五教:指父义、母慈、兄友、弟恭、子孝这五种德行。

⑮导:教导。

⑯原:平原。薮:水浅草茂的湿地。旧注:"广平曰原,泽无水曰薮也。"

⑰离旷:丈夫离家,妇人独处。

⑱凛然:态度严肃,令人敬畏的样子。

⑲抗手:举手。

【译文】

孔子向北游览到农山,子路、子贡、颜渊在身边陪着。孔子向四面望了望,感叹地说:"在这里集中精力思考问题,什么想法都会出现啊!你们每个人各谈谈自己的志向,我将从中做出选择。"

子路走上前说:"我希望有这样一个机会,白色的指挥旗像月亮,红色的战旗像太阳,钟鼓的声音响彻云霄,繁多的旌旗在地面盘旋舞动。我带领一队人马进攻敌人,必会夺取敌人千里之地,拔去敌人的旗帜,割下敌人的耳朵。这样的事只有我能做到,您就让子贡和颜渊跟着我吧!"

孔子说:"真勇敢啊!"

子贡也走上前说道:"我愿出使到齐国和楚国交战的广阔原野上,两军的营垒遥遥相望,扬起的尘埃连成一片,士兵们挥刀交战。在这种情况下,我穿戴着白色衣帽,在两国之间劝说,论述交战的利弊,解除国家的灾难。这样的事只有我能做得到,您就让子路和颜渊跟着我吧!"

孔子说:"真有口才啊!"

颜回后退不说话。孔子说:"颜回,过来,为何只有你没有志向呢?"颜回回答说:"文武两方面的事,子路和子贡都已经说过了,我还说什么呢?"

孔子说:"虽然如此,还是各人说说各人的志向,你就说说吧。"

颜回回答说:"我听说薰草和莸草不能藏在同一个容器中,尧和桀不能共同治理一个国家,因为他们不是同一类人。我希望得到明王圣主来辅助他们,向人民宣传五教,用礼乐来教导他们,使百姓不修筑城墙,不逾越护城河,剑戟之类的武器改铸为农具,平原湿地放牧牛马,妇女不因丈夫长期离家而忧虑,千年无战争之患。这样,子路就没有机会施展他的勇敢,子贡就没有机会运用他的口才了。"

孔子表情严肃地说:"这种德行是多么美好啊!"

子路举起手来问道:"老师您选择哪种呢?"

孔子说:"不耗费财物,不危害百姓,不费太多的言辞,这只有颜回才有这个想法啊!"

【原文】

孔子之楚,而有渔者而献鱼焉,孔子不受。渔者曰:"天暑市远,无所鬻①也,思虑弃之粪壤,不如献之君子,故敢以进焉。"

于是夫子再拜受之,使弟子扫地,将以享祭②。门人曰:"彼将弃之,而夫子以祭之,何也?"孔子曰:"吾闻诸:惜其腐馂③,而欲以务施者,仁人之偶④也。恶有⑤受仁人之馈而无祭者乎?"

【注释】

①鬻(yù):卖。

②享祭:祭祀。

③腐馂:腐烂,食物变质。馂:熟食。旧注:"同饪。"

④偶:同类。

⑤恶有:怎有。

【译文】

孔子到楚国去,有一位打鱼人献给他一些鱼,孔子不接受。打鱼人说:"天热市场又远,已经无法卖了,我想扔到粪堆上,不如献给君子,所以敢于进献给您。"

于是孔子拜了又拜,接受了这些鱼,让弟子把地打扫干净,准备祭祀。弟子说:"打鱼人本来要扔掉这些鱼,而老师却要用来祭祀,这是为什么呢?"孔子说:"我听说,怕食物变质而把它送给别人的人,是仁人一类的人。哪有接受了仁人的馈赠而不祭祀的呢?"

【评析】

"致思"二字源于篇中"于斯致思",是集中精神思考的意思。本篇由许多小事、小段落组成。"孔子北游"章是孔子听弟子言志,这里突显"不伤财,不害民,不繁词"的德治。"孔子之楚"章从馈鱼说起,可以看出孔子是崇尚节俭而又乐于与人分享的人。

三恕第九

【原文】

孔子曰:"君子有三恕①:有君不能事,有臣而求其使,非恕也;有亲不能孝,有子而求其报,非恕也;有兄不能敬,有弟而求其顺,非恕也。士能明于三恕之本,则可谓端身②矣。"

【注释】

①恕:儒家的伦礼范畴之一,即推己及人。用孔子的话来说,就是"己所不欲,勿施于人""我不欲人之加诸我也,吾亦欲无加诸人"。

②端身:正身,使行为端正。

【译文】

孔子说:"君子有三恕:有国君而不能侍奉,有臣子却要役使,这不是恕;有父母不能孝敬,有儿子却要求他报恩,这也不是恕;有哥哥不能尊敬,有弟弟却要求他顺从,这也不是恕。读书人能明了这三恕的根本意义,就可以算得上行为端正了。"

【原文】

孔子曰:"君子有三思,不可不察也。少而不学,长无能也;老而不教①,死莫之思也;有而不施,穷莫之救也。故君子少思其长则务学,老思其死则务教,有思其穷则务施。"

【注释】

①教:指教育自己的子孙。

【译文】

孔子说:"君子有三种思虑,是不能不深察的。小时候不爱学习,长大后就没有技能;年老不教导子孙,死后就没人思念;富有时不愿施舍,穷困时就没人救济。所以君子年少时想到长大以后的事就要努力学习,年老了想到死后的事就要好好教导儿孙,富有时想到穷困就要致力于施舍。"

【原文】

孔子观于鲁桓公①之庙,有欹器②焉。夫子问于守庙者,曰:"此谓何器?"对曰:"此盖为宥坐之器③。"

孔子曰:"吾闻宥坐之器,虚则欹④,中⑤则正,满则覆。明君以为至诚,故常置之于坐侧。"顾谓弟子曰:"试注水焉!"乃注之。水中则正,满则覆。夫子喟然叹曰:"呜呼!夫物恶有满而不覆哉?"

子路进曰:"敢问持满⑥有道乎?"

子曰："聪明睿智，守之以愚；功被天下，守之以让；勇力振世，守之以怯；富有四海，守之以谦。此所谓损⑦之又损之之道也。"

【注释】

①鲁桓公：惠公子，名轨。在位十八年，后被杀。

②欹（qī）器：容易倾斜倒下的器物。旧注："欹，倾戾也。"

③宥（yòu）坐之器：放在座位右边以示警戒的器物，相当于后来的座右铭。

④虚则欹：空虚的时候就倾斜。

⑤中：指水不多不少，恰到好处。

⑥持满：据上下文意，此当指不盈不满，可理解为保守成业。

⑦损：减少。

【译文】

孔子到鲁桓公的庙里去参观，在那里看到一件容易倾倒的器物。于是他问守庙的人："这是什么器物啊？"守庙人回答说："这是国君放在座位右边以示警戒的欹器。"

孔子说："我听说国君放在座位右边的欹器，空虚时就倾倒，水不多不少时就端正，水满时就倒下。贤明的国君把它作为最高警戒，所以常常把它放在座位边。"说完回头对弟子说："灌进水试试。"弟子把水灌进欹器，水不多不少时欹器就端正，水满时就倒下。孔子感叹道："唉，哪有东西盈满了不倒的呢！"

子路走上前去问道："请问保守成业有什么方法吗？"

孔子说："聪明睿智的人，用愚朴来保守成业；功盖天下的人，用谦让来保守成业；勇力震世的人，用怯懦来保守成业；富有四海的人，用谦卑来保守成业。这就是退损再退损的方法。"

【评析】

这篇也是由许多小议论组成的，大多内容又见《荀子》。"孔子曰"二章，一是说君臣、父子、兄弟间要讲恕道，一是讲君子要三思。"孔子观于鲁桓公之庙"章是讲"虚则欹，中则正，满则覆"的道理。主张遵守愚、让、怯、谦的损之又损之道，这就是"满招损，谦受益"俗语的来源。

好生第十

【原文】

鲁哀公问于孔子曰:"昔者舜冠何冠乎?"孔子不对。公曰:"寡人有问于子,而子无言,何也?"对曰:"以君之问不先其大者,故方思所以为对。"公曰:"其大何乎?"

孔子曰:"舜之为君也,其政好生而恶杀,其任授贤而替不肖。德若天地而静虚①,化若四时而变物②。是以四海承风③,畅于异类④,凤翔麟至,鸟兽驯⑤德。无他,好生故也。君舍此道而冠冕是问,是以缓对。"

【注释】

①静虚:清静无欲。

②变物:使万物变化。

③承风:接受教化。

④异类:指与人不是同类的动植物。一说指少数民族。旧注:"异类,四方之夷狄也。"

⑤驯:顺从。

【译文】

鲁哀公向孔子问道:"从前舜戴的是什么帽子啊?"孔子不回答。鲁哀公说:"我有问题问你,你却不说话,这是为什么呢?"孔子回答说:"因为您问问题不先问重要的,所以我正在思考怎样回答。"鲁哀公说:"重要的问题是什么呢?"

孔子说:"舜作为君主,他的政治是爱惜生命而厌恶杀戮,他用人的原则是以有才能的人替换无才能的人。他的仁德像天地一样广大而又清净无欲,他的教化像四季一样使万物变化。所以,四海之内都接受了他的教化,甚至遍及动植物之类,凤凰飞来,麒麟跑来,鸟兽都被他的仁德感化。这没有别的原因,就是因为他爱惜生命的缘故。您不问这些治国之道而问戴什么帽子,所以我才迟迟不做回答。"

【原文】

虞、芮二国争田而讼①,连年不决,乃相谓曰:"西伯②,仁人也,盍往质之③。"

入其境,则耕者让畔④,行者让路。入其邑,男女异路,斑白不提挈⑤。入其朝,士让为大夫,大夫让为卿。虞、芮之君曰:"嘻! 吾侪⑥小人也,不可以入君子之朝。"遂自相与而退,咸以所争之田为闲田矣。

孔子曰:"以此观之,文王之道,其不可加焉。不令而从,不教而听,至矣哉!"

【注释】

①虞、芮:春秋时两个小诸侯国。虞国在今山西平阴县,芮国在今山西芮城县。讼:打官司。

②西伯:即周文王。

③盍:何不。质:评判。

④畔:指田地的边界。

⑤提挈:提着,举着,指负重。

⑥吾侪:我等,我辈,我们这类人。

【译文】

虞国和芮国为了争田而打官司,打了几年也没结果,他们就相互说:"西伯是一位仁人,我们何不到他那里让他给评判呢?"

他们进入西伯的领地后,看到耕田的人互相谦让田地的边界,走路的人互相让路。进入城邑后,看到男女分道而行,老年人没有提着重东西的。进入西伯的朝廷后,士谦让着让他人做大夫,大夫谦让着让他人做卿。虞国和芮国的国君说:"唉! 我们真是小人啊! 是不可以进入西伯这样的君子之国的。"于是,他们就一起远远地退让,都把所争的田作为闲田。

孔子说:"从这件事看来,文王的治国之道,不可再超过了。不下命令大家就听从,不用教导大家就听从,这是达到最高境界了。"

【评析】

这也是许多小篇章的汇聚。首章是孔子和鲁哀公对话,哀公不问大事,孔子说的却是大事。讲舜"好生而恶杀,授贤而替不肖,有德而善任人"。这是从政的根本。"虞芮二国"章是对文王实施教化的赞美。

卷 三

观周第十一

【原文】

孔子谓南宫敬叔①曰:"吾闻老聃博古知今,通礼乐之原,明道德之归,则吾师也,今将往矣。"对曰:"谨受命。"

遂言于鲁君曰:"臣受先臣之命云:'孔子圣人之后也。灭于宋。其祖弗父何②,始有国而授厉公。及正考父③佐戴、武、宣,三命兹益恭。故其鼎铭④曰:"一命而偻,再命而伛⑤,三命而俯。循墙而走,亦莫余敢侮⑥。饘于是,粥于是,以餬其111 口。"其恭俭也若此。'臧孙纥⑦有言:'圣人之后,若不当世,则必有明君而达者焉。孔子少而好礼,其将在矣。'属臣曰:'汝必师之。'今孔子将适周,观先王之遗制,考礼乐之所极⑧,斯大业也!君盍以乘资之?臣请与往。"

公曰:"诺。"与孔子车一乘,马二匹,竖子侍御⑨。敬叔与俱。至周,问礼于老聃,访乐于苌弘,历郊社⑩之所,考明堂之则,察庙朝之度。于是喟然曰:"吾乃今知周公之圣,与周之所以王也。"

及去周,老子送之,曰:"吾闻富贵者送人以财,仁者送人以言。吾虽不能富贵,而窃仁者之号,请送子以言乎:凡当今之士,聪明深察而近于死者,好讥议人者也。博辩闳达而危其身,好发人之恶者也。无以有己为人子者,无以恶己为人臣者。"孔子曰:"敬奉教。"自周反鲁,道弥尊矣。远方弟子之进,盖三千焉。

【注释】

①南宫敬叔:鲁国大夫,即孟僖子之子,原姓仲孙,名阅。

②弗父何:宋湣公共长子,孔父嘉之高祖,厉公兄。旧注:"弗父何,缗公世子,厉公兄也。让国以受厉公。《春秋传》曰:'以有宋而授厉公宜。'"

③正考父:弗父何的曾孙,曾辅佐戴公、武公、宣公。生孔父嘉,即孔子的祖先。卿三命是也。

④鼎铭:旧注:"臣有功德,君命铭之于其宗庙之鼎也。"

⑤伛:弯着身子。旧注"伛恭于偻,俯恭于伛"。

⑥亦莫余敢侮:旧注"余,我也,我考父也。以其恭如此,故人亦莫之侮"。

⑦臧孙纥:弗父何的后代。即鲁大夫臧武仲,为人有远见。

⑧极:所达到的最高点。

⑨竖子:对人的鄙称,犹谓"小子"。侍:服侍。御:驾车。

⑩郊社:祭天地。

【译文】

孔子对南宫敬叔说:"我听说老子博古通今,通晓礼乐的起源,明白道德的归属,那么他就是我的老师,现在我要到他那里去。"南宫敬叔回答说:"我遵从您的意愿。"

于是南宫敬叔对鲁国国君说:"我接受父亲的嘱咐说:'孔子是圣人的后代,他的先祖在宋国消亡了。他的祖先弗父何,最初拥有了宋国,后来给了弟弟厉公。到了正考父时,辅佐戴公、武公、宣公三个国君,三次任命,他一次比一次恭敬。因此他家鼎上刻的铭文说:"第一次任命,他弯着腰;第二次任命,他弯着身子;第三次任命,他俯下身子。他靠着墙根走,也没有人敢欺侮他。在这个鼎里煮稠粥,煮稀粥,用来糊口。"他的恭敬节俭就到了这种地步。'臧孙纥曾说过这样的话:'圣人的后代,如果不能执掌天下,那么必定有圣明的君主使他通达。孔子从小就喜好礼仪,他大概就是这个人吧。'我父亲又嘱咐我说:'你一定要拜他为师。'现在孔子将要到周国去,观看先王遗留的制度,考察礼乐所达到的高度,这是大事业啊!您何不提供车子资助他呢?我请求和他一起去。"

鲁君说:"好。"送给孔子一辆车,两匹马,派了一个人侍候他给他驾车。南宫敬叔和孔子一起到了周国。孔子向老子询问礼,向长弘询问乐,走遍了祭祀天地之所,考察明堂的规则,察看宗庙朝堂的制度。于是感叹地说:"我现在才知道周公的圣明,以及周国称王天下的原因。"

离开周国时,老子去送他,说:"我听说富贵者拿财物送人,仁者用言语送人。我虽然不能富贵,但私下用一下仁者的称号,请让我用言语送你吧!凡是当今的士人,因聪明深察而危及生命的,都是喜欢讥讽议论别人的人;因知识广博喜好辩论而危及生命的,都是喜好揭发别人隐私的人。作为人子不要只想着自己,作为人臣要尽职全身。"孔子说:"我一定遵循您的教诲。"从周国返回鲁国,孔子的道更加受人尊崇了。从远方来向他学习的,大约有三千人。

【原文】

孔子观乎明堂,睹四门墉①,有尧舜之容,桀纣之象,而各有善恶之状,兴废之诫焉。又有周公相成王,抱之负斧扆南面以朝诸侯之图焉②。

孔子徘徊而望之,谓从者曰:"此周公所以盛也。夫明镜所以察形,往古③者所以知今。人主不务袭迹④于其所以安存,而忽怠⑤所以危亡,是犹未有以异于却走而欲求及前人也,岂不惑哉!"

【注释】

①墉:墙壁。

②负:背对着。斧扆:古代帝王所用的状如屏风的器物,高八尺,上绣斧形图案。

③往古:古昔,古代的事。

④袭迹:沿袭。

⑤忽怠:忽略轻视。

【译文】

孔子观看明堂,看到四门的墙上有尧舜桀纣的画像,画出了每个人善恶的容貌,并有关于国家兴亡告诫的话。还有周公辅佐成王,抱着成王背对着屏风面朝南接受诸侯朝拜的画像。

孔子走来走去地观看着,对跟从他的人说:"这是周朝兴盛的原因啊。明亮的镜子可以照出形貌,古代的事情可以用来了解现在。君主不努力沿着在使国家安定的路上走,而忽视国家危亡的原因,这和倒着跑却想追赶上前面的人一样,难道不糊涂吗?"

【原文】

孔子观周,遂入太祖后稷之庙。庙堂右阶之前,有金人焉,三缄①其口,而铭其背曰:"古之慎言人也,戒之哉!无多言,多言多败;无多事,多事多患。安乐必戒,无所行悔。勿谓何伤,其祸将长;勿谓何害,其祸将大;勿谓不闻,神将伺②人。焰焰不灭,炎炎若何?涓涓不壅③,终为江河。绵绵不绝,或成网罗。毫末不札④,将寻斧柯⑤。诚能慎之,福之根也。口是何伤?祸之门也。强梁者⑥不得其死,好胜者必遇其敌。盗憎主人,民怨其上。君子知天下之不可上也,故下之;知众人之不可先也,故后之。温恭慎德,使人慕之;执雌⑦持下,人莫逾之。人皆趋彼,我独守此。人皆或之⑧,我独不徙。内藏我智,不示人技。我虽尊高,人弗我害。谁能于此?江海虽左⑨,长于百川,以其卑也。天道无亲,而能下人。戒之哉!"

孔子既读斯文也,顾谓弟子曰:"小人识之,此言实而中,情而信。《诗》⑩曰:'战战

兢兢,如临深渊,如履⑪薄冰。'行身如此,岂以口过
患哉?"

【注释】

①缄:封闭。

②伺:监视。

③涓涓:细小的水流。雍:堵塞。

④毫:细小而尖的毛,此指细小的树枝。不札:
不拔除。旧注:"如毫之末,言至微也。札,拔也。"

⑤寻:用。柯:斧柄。

⑥强梁者:强横的人。

⑦雌:柔弱。

⑧或之:摇摆不定。旧注:"或之,东西转移之貌。"

⑨江海虽左:左,处于下游。旧注:"水阴长右,江虽在于其左,而能为百川长,以其
能下。"

⑩《诗》:指《诗经·小雅·小旻》。

⑪履:踩。

【译文】

　　孔子在周国观览,进入周太祖后稷的庙内。庙堂右边台阶前有铜铸的人像,嘴被
封了三层,还在像的背后刻着铭文:"这是古代说话谨慎的人。警戒啊! 不要多言,多
言多败;不要多事,多事多患。安乐时一定要警戒,不要做后悔的事。不要以为话多不
会有什么伤害,祸患是长远的;不要以为话多没什么害处,祸患将是很大的;不要认为
别人听不到,神在监视着你。初起的火苗不扑灭,变成熊熊人火怎么办? 涓涓细流不
堵塞,终将汇集为江河;长长的线不弄断,将有可能结成网;细小的枝条不剪掉,将来就
要用斧砍。如能谨慎,是福的根源。口能造成什么伤害? 是祸的大门。强横的人不得
好死,争强好胜的人必定会遇到对手。盗贼憎恨物主,民众怨恨长官。君子知道天下
的事不可事事争上,所以宁愿居下;知道不可居于众人之先,所以宁愿在后。温和谦恭
谨慎修德,会使人仰慕;守住柔弱保持卑下,没人能够超越。人人都奔向那里,我独自
守在这里;人人都在变动,我独自不移。智慧藏在心里,不向别人炫耀技艺;我虽然尊
贵高尚,人们也不会害我。有谁能做到这样呢? 江海虽然处于下游,却能容纳百川,因
为它地势低下。上天不会亲近人,却能使人处在它的下面。要以此为戒啊!"

　　孔子读完这篇铭文,回头对弟子说:"你们要记住啊! 这些话实在而中肯,合情而

可信。《诗经》说:'战战兢兢,如临深渊,如履薄冰。'立身行事能够这样,哪还能因言语惹祸呢?"

【评析】

　　孔子是中国历史上最好学的人,他喜欢向天下万事万物学习。孔子有没有向老聃学习过,这曾是儒道两家争论的一个焦点。本文记载了这个学习过程。文中首先讲了孔子家族历史,说他的家族是以恭俭出名的。孔子适周,是要"观先王之遗制,考礼乐之所极"。他在周朝问礼于老聃,访乐于苌弘,对郊社之所,明堂之则,庙朝之度都做了考察。真正了解了周公为何是圣人与周之所以王天下的原因。

弟子行第十二

【原文】

　　卫将军文子①问于子贡曰:"吾闻孔子之施教也,先之以《诗》、《书》,而道之以孝悌,说之以仁义,观之以礼乐,然后成之以文德。盖入室升堂者,七十有余人,其孰为贤?"子贡对以不知。

　　文子曰:"以吾子常与学,贤者也,不知何谓?"

　　子贡对曰:"贤人无妄,知贤即难。故君子之言曰:智莫难于知人。是以难对也。"

　　文子曰:"若夫知贤,莫不难。今吾子亲游焉,是以敢问。"

　　子贡曰:"夫子之门人,盖有三千就焉②,赐有逮及焉,未逮及焉,故不得遍知以告也。"

　　文子曰:"吾子所及者,请问其行。"

　　子贡对曰:"能夙兴夜寐,讽诵崇礼,行不贰过,夫称言不苟,是颜回之行也。孔子说之以《诗》曰:'媚兹一人,应侯慎德。''永言孝思,孝思惟则。'若逢有德之君,世受显命,不失厥③名。以御于天子,则王者之相也。

　　"在贫如客,使其臣如借。不迁怒,不深怨,不录旧罪,是冉雍之行也。孔子论其材曰:'有土之君子也,有众使也,有刑用也,然后称怒焉。匹夫之怒,唯以亡其身。'孔子告之以《诗》曰:'靡④不有初,鲜克有终。'

　　"不畏强御,不侮矜寡,其言循性,其都以富,材任治戎,是仲由之行也。孔子和之以文,说之以《诗》曰:'受小拱大拱⑤,而为下国骏庞,荷天子之龙。不憨不悚,敷奏其勇。'强乎武哉，文不胜其质。

"恭老恤幼，不忘宾旅，好学博艺，省物而勤也，是冉求⑥之行也。孔子因而语之曰：'好学则智，恤孤则惠，恭则近礼，勤则有继。尧舜笃恭以王天下。'其称之也，曰'宜为国老'。

"齐庄而能肃，志通而好礼，傧相两君之事，笃雅有节，是公西赤之行也。子曰：'礼经三百，可勉能也；威仪三千，则难也。'公西赤问曰：'何谓也？'子曰：'貌以傧礼，礼以傧辞，是谓难焉。众人闻之，以为成也。'孔子语人曰：'当宾客之事，则达矣。'谓门人曰：'二三子之欲学宾客之礼者，其于赤也。'

"满而不盈，实而如虚，过之如不及，先王难之。博无不学，其貌恭，其德敦；其言于人也，无所不信；其桥大人也，常以浩浩，是以眉寿⑦，是曾参之行也。孔子曰：'孝，德之始也；悌，德之序也；信，德之厚也；忠，德之正也。参中夫四德者也。'以此称之。

"美功不伐，贵位不善，不侮不佚，不傲无告，是颛孙师之行也。孔子言之曰：'其不伐，则犹可能也；其不弊百姓，则仁也。'《诗》⑧云：'岂悌君子，民之父母。'夫子以其仁为大。

"学之深，送迎必敬，上交下接著截焉，是卜商之行也。孔子说之以《诗》曰：'式夷式已⑨，无小人殆。'若商也，其可谓不险矣。'

"贵之不喜，贱之不怒；苟利于民矣，廉于行己；其事上也，以佑其下，是澹台灭明之行也。孔子曰：'独贵独富，君子耻之，夫也中之矣。'

"先成其虑，及事而用之，故动则不妄，是言偃之行也。孔子曰：'欲能则学，欲知则问，欲善则详，欲给则豫⑩。当是而行，偃也得之矣。'

"独居思仁，公言仁义，其于《诗》也，则一日三覆'白圭之玷'，是宫绍之行也。孔子信其能仁，以为异士。

"自见孔子，出入于户，未尝越履。往来过之，足不履影。启蛰不杀，方长不折。执亲之丧，未尝见齿。是高柴之行也。孔子曰：'柴于亲丧，则难能也；启蛰不杀，则顺人道；方长不折，则恕仁也。成汤⑪恭而以恕，是以日隋。'凡此诸子，赐之所亲睹者也。吾子有命而讯赐，固不足以知贤。"

文子曰："吾闻之也，国有道则贤人兴焉，中人用焉，乃百姓归之。若吾子之论，既富茂矣，壹诸侯之相也。抑世未有明君，所以不遇也。"

子贡既与卫将军文子言，适鲁见孔子曰："卫将军文子问二三子之于赐，不壹而三焉，赐也辞不获命，以所见者对矣。未知中否，请以告。"

孔子曰："言之乎。"子贡以其辞状告孔子。子闻而笑曰："赐，汝次焉人矣。"子贡对曰："赐也何敢知人，此以赐之所睹也。"孔子曰："然。吾亦语汝耳之所未闻，目之所未见者,岂思之所不至,智之所未及哉?"子贡曰:"赐愿得闻之。"

孔子曰:"不克不忌⑫,不念旧怨,盖伯夷叔齐之行也。

"思天而敬人,服义而行信,孝于父母,恭于兄弟,从善而教不道,盖赵文子之行也。

"其事君也,不敢爱其死,然亦不敢忘其身。谋其身不遗其友,君陈则进而用之,不陈则行而退。盖随武子之行也。

"其为人之渊源⑬也,多闻而难诞,内植足以没其世。国家有道,其言足以治;无道,其默足以生。盖铜鞮伯华之行也。

"外宽而内正,自极于隐括之中,直己而不直人,汲汲于仁,以善自终。盖蘧伯玉之行也。

"孝恭慈仁,允德图义⑭,约货去怨,轻财不匮。盖柳下惠之行也。

"其言曰:'君虽不量于其身,臣不可以不忠于其君。是故君择臣而任之,臣亦择君而事之。有道顺命,无道衡命。'盖晏平仲之行也。

"蹈⑮忠而行信,终日言不在尤之内。国无道,处贱不闷,贫而能乐。盖老莱子之行也。

"易行以俟天命,居下不援其上。其亲观于四方也,不忘其亲,不尽其乐。以不能则学,不为己终身之忧。盖介子山之行也。"

子贡曰:"敢问夫子之所知者,盖尽于此而已乎?"

孔子曰:"何谓其然?亦略举耳目之所及而矣。昔晋平公问祁奚曰:'羊舌大夫⑯,晋之良大夫也,其行如何?'祁奚辞以不知。公曰:'吾闻子少长乎其所,今子掩之,何也?'祁奚对曰:'其少也恭而顺,心有耻而不使其过宿;其为大夫,悉善而谦其端;其为舆尉也,信而好直其功。至于其为容也,温良而好礼,博闻而时出其志。'公曰:'曩者问子,子奚曰不知也?'祁奚曰:'每位改变,未知所止,是以不敢得知也。'此又羊舌大夫之行也。"

子贡跪曰:"请退而记之。"

【注释】

①文子:卫国公卿,名弥牟。

②盖有三千就焉:三千,《大戴礼记·卫将军文子》作"三就",指在孔子门下求学的弟子,成就有上、中、下三等。

③厥:代词,他的。

④靡:没有。

⑤拱:法。

⑥冉求:即冉有,字子有,孔子弟子。

⑦眉寿:长寿。因人老会长出长眉毛,故称眉寿。

⑧《诗》:指《诗经·大雅·泂酌》。

⑨式夷式已:旧注"式,用。夷,平也。言用平则已也"。意为用平和、公平的态度处人处事。

⑩给:丰足,充裕。豫:事先准备。旧注:"事欲给而不碍,则莫若于豫。"

⑪成汤:商朝开国之君,子姓,名履,又称天乙。讨伐夏桀,建立商朝,传十七代,至纣为周所灭。

⑫克:苛刻。忌:嫉妒。

⑬渊源:指思虑深邃。

⑭允德:修德,涵养德行。图义:考虑义。旧注:"允,信也。图,谋。"

⑮蹈:实行。

⑯羊舌大夫:即羊舌赤。亦即铜鞮伯华。

【译文】

卫国的将军文子问子贡说:"我听说孔子教育弟子,先教他们读《诗》和《书》,然后教他们孝顺父母尊敬兄长的道理。讲的是仁义,观看的是礼乐,然后用文才和德行来成就他们。大概学有所成的有七十多人,他们之中谁更贤明呢?"子贡回答说不知道。

文子说:"因为你常和他们一起学,也是贤者,为何说不知道呢?"

子贡回答说:"贤能的人没有妄行,了解贤人就很困难。所以君子说:'没有比了解人更困难的了。'因此难以回答。"

文子说:"对于了解贤人,没有不困难的。现在您本人亲身在孔子门下求学,所以才敢冒昧问您。"

子贡说:"先生的门人,大概有三千人就学。有些是与我接触过的,有些没有接触,所以不能普遍地了解来告诉你。"

文子说:"请就您所接触到的谈谈,我想问问他们的品行。"

子贡回答说:"能够起早贪黑,背诵经书,崇尚礼义,行动不犯第二次过错,引经据典很认真的,是颜渊的品行。孔子用《诗经》的话来形容颜渊说:'如果遇到国君宠爱,就能成就他的德业。''永远恭敬尽孝道,孝道足以为法则。'如果颜渊遇到有德的君王,就会世代享受帝王给予的美誉,不会失去他的美名。被君王任用,就会成为君王的辅佐。

"身处贫困能矜持庄重,使用仆人如同借用般客气。不把怒气转移到别人身

上，不总是怨恨别人，不总是记着别人过去的罪过，这是冉雍的品行。孔子评论他的才能说：'拥有土地的君子，有民众可以役使，有刑罚可以施用，而后可以迁怒。普通人发怒，只会伤害自己的身体。'孔子用《诗经》的话告诉他说：'万事都有开端，但很少有善始善终的。'

"不害怕强暴，不欺辱鳏寡，说话遵循本性，相貌堂堂端正，才能足以打仗带兵，这是子路的品行。孔子用文辞来赞美他，用《诗经》中的话来称赞他：'接受上天大法和小法，庇护下面诸侯国，接受天子授予的荣宠。不胆怯不惶恐，施神威奏战功。'强力又勇敢啊！文采胜不过他的质朴。

"尊敬长辈，同情幼小，不忘在外的旅人，喜好学习，博综群艺，体察万物且勤劳，这是冉求的品行。孔子因此对他说：'好学就有智慧，同情孤寡就是仁爱，恭敬就接近礼义，勤劳就有收获。尧舜忠诚谦恭，所以能称王天下。'孔子很称赞他，说：'你应当成为国家的卿大夫。'

"整齐庄重而又严肃，志向通达而又喜好礼仪，作为两国之间的傧相，忠诚雅正而有节制，这是公西赤的品行。孔子说：'礼经三百篇，可以通过努力学习来了解；三千项威严的礼仪细节，则难以掌握。'公西赤说：'为什么这样说呢？'孔子说：'作傧相接待宾客要有庄重的容貌，要根据不同的礼节来致辞，所以说很难。众人听到傧相的致辞，认为仪式就完成了。'孔子对大家说：'接待宾客这件事，他已经做到了。'孔子又对弟子说：'你们想学习接待宾客礼仪的人，就向公西赤学习吧。'

"完满却不自我满足，渊博却如同虚空，超过却如同赶不上，古代的君王也难以做到。知识广博无所不学，他的外表恭敬，德行敦厚；他对任何人说话，没有不真实的；他的志向高明远大，他的胸襟开阔坦荡，因此他长寿，这是曾参的品行。孔子说：'孝是道德的起始，悌是道德的前进，信是道德的加深，忠是道德的准则。曾参集中了这四种品德。'孔子就以此来称赞他。

"有大功不夸耀，处高位不欣喜，不贪功不慕势，不在贫苦无告者面前炫耀，这是颛孙师的品行。孔子这样评价他：'他的不夸耀，别人还可能做到，他在贫苦无告者面前不炫耀，则是仁德的表现。'《诗经》说：'平易近人的君子，是百姓的父母。'先生认为他的仁德是很伟大的。

"学习能够深入理解其义，送迎宾客必定恭敬，和上下级交往界限分明，是卜商的品行。孔子用《诗经》的话评价他说：'能够用平和公正的态度待人处事，就不会受到小人的危害。'像卜商这样，可以说不至于有危险了。

"富贵了他也不欣喜，贫贱了他也不恼怒；假如对民众有利，他宁愿行为俭约；他侍奉君王，是为了帮助下面的百姓，这是澹台灭明的品行。孔子说：'独自一个人富贵，君

子认为是可耻的,澹台灭明就是这样的人。'

"先考虑好,事情来临就按计划而行,这样行动就不会有错,这是言偃的品行。孔子说:'想要有才能就要学习,想要知道就要问别人,想要把事情做好就要仔细审慎,想要富足就要先有储备。按照这个原则行事,言偃是做到了。'

"个人独处时想着仁义,做官时讲话讲的是仁义,对于《诗经》上的'白圭之玷,尚可磨也'的话牢记在心,因此言行极其谨慎,如同一天三次磨去白玉上的斑点,这是宫绍的品行。孔子相信他能行仁义,认为他是与众不同的人。

"自从见到孔子,进门出门,从没有违反礼节。走路来往,脚不会踩到别人的影子。不杀蛰伏刚醒的虫子,不攀折正在生长的草木。为亲人守丧,没有言笑。这是高柴的品行。孔子说:'高柴为亲人守丧的诚心,是一般人难以做到的;春天不杀生,是遵从做人的道理;不折断正在生长的树木,是推己及物的仁爱。成汤谦恭而又能推己及人,因此威望天天升高。'以上这几个人是我亲自目睹的。您向我询问,要求我回答,我本来也不能够知道谁是贤人。"

文子说:"我听说,国家按正道行事,那么贤人就兴起来了,正直的人就会被任用,百姓也会归附。接照您刚才的议论,内容已经很丰富了,他们都可以做诸侯的辅佐啊。大概世上没有明君,所以没有得到任用。"

子贡和卫将军文子说过话之后,到了鲁国,见到孔子,说:"卫将军文子向我问同学们的情况,再三地问,我推辞不掉,把我所见到的告诉了他。不知道是否合适,请让我告诉您吧。"

孔子说:"说说吧。"子贡把和文子对话的情况告诉了孔子。孔子听后笑着说:"赐啊,你能给人排座次了。"子贡回答说:"我怎敢说知人,这是我亲眼看见的啊。"孔子说:"是这样的。我也告诉你一些你没听到、没看到的事,这些难道是头脑想不到的,智力达不到的吗?"子贡说:"我很愿意听。"

孔子说:"不苛刻不忌妒,不计较过去的仇恨,这是伯夷叔齐的品行。

"思考天道而且尊敬人,服从仁义而做事讲信用,孝敬父母,友爱兄弟,从善如流而又教导不按正道而行的人,这是赵文子的品行。

"他侍奉国君,不敢爱惜自己的生命,然而也不敢不爱惜自己的身体。谋求自己的发展,也不忘记朋友。君王任用时他就努力去做,不用则离开而退隐。这是随武子的品行。

"他的为人思虑深邃,见闻广博难以被欺骗,内心修养足以终身受用。国家按正道治理,他的言论足以用来治国;国家不按正道治理,他的沉默足以用来保存自己。这是铜鞮伯华的品行。

"外表宽容而且内心正直,能自己矫正自己的行为,自己正直而不要求别人,努力地追求仁义,终身行善。这是蘧伯玉的品行。

"孝敬谦恭慈善仁爱,涵养德行谋求仁义,少积聚财富消除怨恨,轻视财物又不匮乏。这是柳下惠的品行。

"他说:'君主虽然不能度量臣子的能力,臣子不能不忠于君主。因此君主选择臣子而任用,臣子也选择君主来侍奉。君主按正道而行就听从他的命令,不按正道就隐居不仕。'这是晏平仲的品行。

"行动讲求忠信,即使整天说话,也不会出错。国家混乱,身处低位而不愁闷,生活贫困而能保持快乐。这是老莱子的品行。

"改变自己的行为来等待机遇,身处低位却不攀附高枝。到四处游观,不忘记父母;想到父母,未尽兴就赶快归来。因为才能不足就去学习,不造成终身的遗憾。这是介子山的品行。

子贡问:"请问老师,您所知道的,就到此为止了吗?"

孔子说:"怎么能这样说呢?我只是大略举出耳闻目睹的罢了。从前晋平公问祁奚:'羊舌大夫是晋国的优秀大夫,他的品行怎么样?'祁奚推辞说不知道。晋平公说:'我听说你从小在他家长大,你现在隐藏着不愿说,是为什么呢?'祁奚回答说:'他小时候谦恭而和顺,心里觉得有过错不会留到第二天来改正;他作为大夫,凡事皆出于善心而又谦虚正直;他做舆尉时,讲信用而不隐瞒功绩。至于他的外表,温和善良而喜好礼节,广博地听取而时出己见。'晋平公说:'刚才我问你,你怎么说不知道呢?'祁奚说:'他的职位经常改变,不知他现在做什么官,所以不敢说知道。'这又是羊舌大夫的品行。"

子贡跪下说:"请让我回去记下您的话。"

【评析】

这是一篇首尾连贯的完整对话,文中有子贡对孔门数位弟子的操行所做的评价。这些评价不似《论语》中简洁,有七十子后学之文风。后面还有孔子对历史人物的评价,可供研究先秦史和儒学史的人参考。整篇文字又见《大戴礼记·卫将军文子》。

贤君第十三

【原文】

哀公问于孔子曰:"当今之君,孰为最贤?"

孔子对曰:"丘未之见也,抑有卫灵公乎①?"

公曰:"吾闻其闺门之内无别②,而子次之贤,何也?"

孔子曰:"臣语其朝廷行事,不论其私家之际③也。"

公曰:"其事何如?"

孔子对曰:"灵公之弟曰公子渠牟,其智足以治千乘,其信足以守之,灵公爱而任之。又有士曰林国者,见贤必进之,而退与分其禄,是以灵公无游放之士④,灵公贤而尊之。又有士曰庆足者,卫国有大事,则必起而治之;国无事,则退而容贤⑤,灵公悦而敬之。又有大夫史鳅,以道去卫。而灵公郊舍⑥三日,琴瑟不御⑦,必待史鳅之入,而后敢入。臣以此取之,虽次之贤,不亦可乎。"

【注释】

①抑:或。

②闺门之内无别:家庭之内男女无别。

③私家之际:私人家庭之间。

④游放之士:没被任用的读书人。

⑤退而容贤:自己退位,把位置让给贤能的人。

⑥郊舍:在郊外住宿。

⑦不御:不弹奏、不吹奏。

【译文】

鲁哀公问孔子:"当今的君主,谁最贤明啊?"

孔子回答说:"我还没有看到,或许是卫灵公吧!"

哀公说:"我听说他家庭之内男女长幼没有分别,而你把他说成贤人,为什么呢?"

孔子说:"我是说他在朝廷所做的事,而不论他家庭内部的事情。"

哀公问:"朝廷的事怎么样呢?"

孔子回答说:"卫灵公的弟弟公子渠牟,他的智慧足以治理拥有千辆兵车的大国,他的诚信足以守卫卫这个国家,灵公喜欢他而任用他。又有个士人叫林国的,发现贤能的人必定推荐,如果那人被罢了官,林国还要把自己的俸禄分给他,因此在灵公的国家没有放任游荡的士人。灵公认为林国很贤明因而很尊敬他。又有个叫庆足的士人,卫国有大事,就必定出来帮助治理;国家无事,就辞去官职而让其他的贤人被接纳。卫灵公喜欢而且尊敬他。还有个大夫叫史鰌,因为道不能实行而离开卫国。卫灵公在郊外住了三天,不弹奏琴瑟,一定要等到史鰌回国,而后他才敢回去。我拿这些事来选取他,即使把他放在贤人的地位,不也可以吗?"

【原文】

子贡问于孔子曰:"今之人臣,孰为贤?"

子曰:"吾未识也。往者齐有鲍叔①,郑有子皮②,则贤者矣。"

子贡曰:"齐无管仲,郑无子产?"

子曰:"赐,汝徒知其一,未知其二也。汝闻用力为贤乎? 进贤为贤乎?"

子贡曰:"进贤贤哉。"

子曰:"然。吾闻鲍叔达③管仲,子皮达子产,未闻二子之达贤己之才者也。"

【注释】

①鲍叔:即鲍叔牙,春秋时齐国人。他和管仲是好朋友,推荐管仲做齐桓公的相。

②子皮:郑国人,名罕虎。他推荐子产做郑国的相。

③达:显达。这里指使别人显达。

【译文】

子贡问孔子:"当今的大臣,谁是贤能的人呢?"

孔子说:"我不知道。从前,齐国有鲍叔,郑国有子皮,他们都是贤人。"

子贡说:"齐国不是有管仲,郑国不是有子产吗?"

孔子说:"赐,你只知其一,不知其二。你听说自己努力成为贤人的人贤能呢,还是能举荐贤人的人贤能呢?"

子贡说:"能举荐贤人的人贤能。"

孔子说:"这就对了。我听说鲍叔牙使管仲显达,子皮使子产显达,却没有听说管仲和子产让比他们更贤能的人显达。"

【评析】

这是由孔子回答许多提问组成的一篇,这里择其要者做些说明。哀公问贤君章,赞扬卫灵公知人善用。子贡问贤臣章,孔子以善于推荐高于自己的人为贤臣,自然会触及那些妒贤嫉能者。

辩政第十四

【原文】

子贡问于孔子曰:"昔者齐君问政于夫子,夫子曰政在节财。鲁君问政于夫子,子曰政在谕臣①。叶公问政于夫子,夫子曰政在悦近而来远。三者之问一也,而夫子应之不同,然政在异端②乎?"

孔子曰:"各因其事也。齐君为国,奢乎台榭③,淫于苑囿④,五官伎乐⑤,不解于时,一旦而赐人以千乘⑥之家者三,故曰政在节财。鲁君有臣三人⑦,内比周以愚其君⑧,外距⑨诸侯之宾,以蔽其明,故曰政在谕臣。夫荆⑩之地广而都狭,民有离心,莫安其居,故曰政在悦近而来远。此三者所以为政殊矣。《诗》⑪云:'丧乱蔑资⑫,曾不惠我师⑬。'此伤奢侈不节以为乱者也。又曰:'匪其止共,惟王之邛。'此伤奸臣蔽主以为乱也。又曰:'乱离瘼矣,奚其适归?'此伤离散以为乱者也。察此三者,政之所欲,岂同乎哉!"

221

【注释】

①谕臣:了解大臣。谕:知道,了解。一说"谕"当作"论",意为选择。

②异端:不同方面。

③台榭:楼台水榭。

④苑囿(yòu):宫室园林。

⑤五官伎乐:指声色享乐。五官:指眼、耳、鼻、舌、身五种感官。伎:歌女。

⑥千乘:《韩非子·难三》作:"三百乘",《尚书大传》作"百乘","千乘"恐误。

⑦有臣三人:指孟孙、叔孙、季孙三家。

⑧比周:勾结。愚:愚弄。

⑨距:同"拒",拒绝。

⑩荆:即楚国。

⑪《诗》：此指《诗经·大雅·板》。

⑫丧乱蔑资：国家混乱，国库空虚。旧注："蔑，无也。资，财也。"

⑬曾不惠我师：曾：副词，可译为竟然。师：众。旧注："师，众也。夫为亡乱之政，重赋厚敛，民无资财，曾莫肯爱我众。"

【译文】

子贡问孔子说："从前齐国国君向您询问如何治理国家，您说治理国家在于节省财力。鲁国国君向您询问如何治理国家，您说在于了解大臣。叶公向您询问如何治理国家，您说治理国家在于使近处的人高兴，使远处的人前来依附。三个人的问题是一样的，而您的回答却不同，然而治国有不同的方法吗？"

孔子说："按照各国不同的情况来治理。齐国君主治理国家，建造很多楼台水榭，修筑很多园林宫殿，声色享乐，无时无刻，有时一天就赏赐三个家族各一千辆战车，所以说为政在于节财。鲁国国君有三个大臣，在朝廷内相互勾结愚弄国君，在朝廷外排斥诸侯国的宾客，遮蔽他们明察的目光，所以说为政在于了解大臣。楚国国土广阔而都城狭小，民众想离开那里，不安心在此居住，所以说为政在于让近处的人高兴，让远方的人前来依附。这三个国家的情况不同，所以施政方针也不同。《诗经》上说：'国家混乱国库空，从不救济我百姓。'这是哀叹奢侈浪费不节约资财而导致国家动乱啊。又说：'臣子不忠于职守，使国君担忧。'这是哀叹奸臣蒙蔽国君而导致国家动乱啊。又说：'兵荒马乱心忧苦，何处才是我归宿。'这是哀叹民众四处离散而导致国家动乱啊。考察这三种情况，根据政治的需要，方法难道能相同吗？"

【原文】

孔子曰："忠臣之谏君，有五义①焉：一曰谲谏②，二曰戆谏③，三曰降谏④，四曰直谏，五曰风谏⑤。唯度主而行之，吾从其风谏乎。"

【注释】

①五义：五种方法。

②谲谏：直接指出问题而委婉地规劝。旧注："正其事以谲谏其君。"

③戆谏：刚直地规劝。旧注："戆谏，无文饰也。"

④降谏：低声下气地规劝。旧注："卑降其体所以谏也。"

⑤风谏：《说苑·正谏》作"讽谏"，意为以婉言隐语规劝。旧注："风谏，依违远罪避害者也。"

【译文】

孔子说:"忠臣规劝君主,有五种方法:一是委婉而郑重地规劝,二是刚直地规劝,三是低声下气地规劝,四是直截痛快地规劝,五是用婉言隐语来规劝。这些方法需要揣度君主的心意来采用,我愿意采用婉言隐语的方法来规劝啊。"

【原文】

孔子谓宓子贱①曰:"子治单父②,众悦。子何施而得之也?子语丘所以为之者。"

对曰:"不齐之治也,父恤其子,其子恤诸孤,而哀丧纪③。"

孔子曰:"善!小节也,小民附矣,犹未足也。"

曰:"不齐所父事者三人,所兄事者五人,所友事者十一人。"

孔子曰:"父事三人,可以教孝矣;兄事五人,可以教悌矣;友事十一人,可以举善矣。中节也,中人附矣,犹未足也。"

曰:"此地民有贤于不齐者五人,不齐事之而禀度④焉,皆教不齐之道。"

孔子叹曰:"其大者乃于此乎有矣。昔尧舜听天下,务求贤以自辅。夫贤者,百福之宗也,神明⑤之主也,惜乎不齐之以所治者小也。"

【注释】

①宓子贱:春秋时鲁国人。名不齐,字子贱,孔子弟子。

②单父:地名。鲁国都邑,故址在今山东省单县南。

③"父恤其子"三句:《说苑·政理》作"父其父,子其子,恤诸孤而哀丧纪",意为像对待自己的父亲那样对待百姓的父亲,像对待自己的儿子那样对待百姓的儿子,救济所有的孤儿办好丧事。据此,"其子恤诸孤"之"其"字当衍。

④禀度:受教。

⑤神明:明智如神。

【译文】

孔子对宓子贱说:"你治理单父这个地方,民众很高兴。你采用什么方法而做到的呢?你告诉我都采用了什么办法。"

宓子贱回答说:"我治理的办法是,像父亲那样体恤百姓的儿子,像顾惜自己儿子那样照顾孤儿,而且以哀痛的心情办好丧事。"

孔子说:"好!这只是小节,小民就依附了,恐怕还不只这些吧。"

宓子贱说:"我像对待父亲那样事奉的有三个人,像兄长那样事奉的有五个人,像

朋友那样交往的有十一个人。"

　　孔子说:"像父亲那样事奉这三个人,可以教民众孝道;像兄长那样事奉五个人,可以教民众敬爱兄长;像朋友那样交往十一个人,可以提倡友善。这只是中等的礼节,中等的人就会依附了,恐怕还不只这些吧。"

　　宓子贱说:"在单父这个地方,比我贤能的有五个人,我都尊敬地和他们交往并向他们请教,他们都教我治理之道。"

　　孔子感叹地说:"治理好单父的大道理就在这里了。从前尧舜治理天下,一定要访求贤人来辅助自己。那些贤人,是百福的来源,是神明的主宰啊。可惜你治理的地方太小了。"

【评析】

　　"子贡问"章可以看出孔子回答问题"各因其事",具有针对性,很灵活。"五谏章",孔子赞扬讽谏。"孔子谓宓子贱"章,讲求贤的重要。

卷　四

六本第十五

【原文】

　　孔子曰:"行己有六本焉①,然后为君子也。立身有义矣,而孝为本;丧纪有礼矣,而哀为本;战阵有列矣,而勇为本;治政有理矣,而农为本;居国有道矣,而嗣②为本;生财有时矣,而力为本。置本不固,无务农桑;亲戚不悦,无务外交;事不终始,无务多业;记闻而言,无务多说;比近不安,无务求远。是故反本修迩^③,君子之道也。"

【注释】

①行己:立身处世。本:根本。

②嗣:子孙,这里指选定继位之君。

③反本修迩:返回到事物的根本,从近处做起。

【译文】

孔子说:"立身行事有六个根本,然后才能成为君子。立身有仁义,孝道是根本;举办丧事有礼节,哀痛是根本;交战布阵有行列,勇敢是根本;治理国家有条理,农业是根本;掌管天下有原则,选定继位人是根本;创造财富有时机,肯下力气是根本。根本不巩固,就不能很好地从事农桑;不能让亲戚高兴,就不要进行人事交往;办事不能有始有终,就不要经营多种产业;道听途说的话,就不要多说;不能让近处安定,就不要去安定远方。因此返回到事物的根本,从近处做起,是君子遵循的途径。"

【原文】

孔子曰:"良药苦于口而利于病,忠言逆于耳而利于行。汤武以谔谔^①而昌,桀纣以唯唯^②而亡。君无争^③臣,父无争子,兄无争弟,士无争友,无其过者,未之有也。故曰:'君失之,臣得之;父失之,子得之;兄失之,弟得之;己失之,友得之。'是以国无危亡之兆,家无悖乱之恶,父子兄弟无失,而交友无绝也。"

【注释】

①谔谔:直言进谏的样子。

②唯唯:恭敬顺从的应答声。

③争:通"诤",直言劝谏。

【译文】

孔子说:"良药苦口利于病,忠言逆耳利于行。商汤和周武王因为能听取进谏的直言而使国家昌盛,夏桀和商纣因为只听随声附和的话而国破身亡。国君没有直言敢谏的大臣,父亲没有直言敢谏的儿子,兄长没有直言敢劝的弟弟,士人没有直言敢劝的朋友,要想不犯错误是不可能的。所以说:'国君有失误,臣子来补救;父亲有失误,儿子来补救;哥哥有失误,弟弟来补救;自己有失误,朋友来补救。'这样,国家就没有灭亡的危险,家庭就没有悖逆的坏事,父子兄弟之间不会失和,朋友也不会断绝

来往。"

【原文】

孔子在齐,舍于外馆,景公造①焉。宾主之辞既接,而左右白曰:"周使适至,言先王庙灾。"景公覆问:"灾何王之庙也?"孔子曰:"此必釐②王之庙。"公曰:"何以知之?"

孔子曰:"《诗》③云:'皇皇上天,其命不忒④。'天之以善,必报其德,祸亦如之。夫釐王变文武之制,而作玄黄华丽之饰,宫室崇峻,舆马奢侈,而弗可振⑤也。故天殃所宜加其庙焉。以是占⑥之为然。"

公曰:"天何不殃其身,而加罚其庙也?"

孔子曰:"盖以文武故也。若殃其身,则文武之嗣,无乃殄⑦乎?故当殃其庙以彰其过。"

俄顷,左右报曰:"所灾者,釐王庙也。"

景公惊起,再拜曰:"善哉!圣人之智,过人远矣。"

【注释】

①造:造访,访问。

②釐王:东周国君,周庄王之子,名胡。

③《诗》:此诗已佚,今本《诗经》无。旧注:"此逸诗也。皇皇,美貌也。忒,差也。"

④忒:变更,差错。

⑤振:救。

⑥占:预测,推测。

⑦殄:断绝,灭绝。

【译文】

孔子在齐国,住在旅馆里,齐景公到旅馆来看他。宾主刚互致问候,景公身边的人就报告说:"周国的使者刚到,说先王的宗庙遭了火灾。"景公追问:"哪个君王的庙被烧了?"孔子说:"这一定是釐王的庙。"景公问:"怎么知道的呢?"

孔子说:"《诗经》说:'伟大的上天啊,它所给予的不会有差错。上天降下的好事,一定回报给有美德的人,灾祸也是如此。釐王改变了文王和武王的制度,而且制作色彩华丽的装饰,宫室高耸,车马奢侈,而无可救药。所以上天把灾祸降在他的庙上。我以此作了这样的推测。"

景公说:"上天为什么不降祸到他的身上,而要惩罚他的宗庙呢?"

孔子说:"大概是因为文王和武王的缘故吧。如果降到他身上,文王和武王的后代不是灭绝了吗?所以降灾到他的庙上来彰显他的过错。"

一小会儿,有人报告:"受灾的是釐王的庙。"

景公吃惊地站起来,再次向孔子行礼说:"好啊!圣人的智慧,超过一般人太多了。"

【评析】

这篇也是由诸多篇章组成,先择其要者介绍。"行己有六本"章,指立身、丧纪、战阵、治政、居国、生财六个方面都要立本。"良药苦于口而利于病,忠言逆于耳而利于行",是流传甚广的两句话。本章也是讲谏净的。"孔子在齐"章,孔子根据"天之以善,必报其德,祸亦如之"的格言,推断出周釐王庙的火灾。事情虽属巧合,对奢侈者也有警戒作用。

辩物第十六

【原文】

孔子在陈,陈惠公宾之于上馆①。时有隼集陈侯之庭而死,楛矢②贯之石砮,其长尺有咫,惠公使人持隼如孔子馆而问焉。

孔子曰:"隼之来远矣,此肃慎氏③之矢。昔武王克商,通道于九夷百蛮,使各以其方贿④来贡,而无忘职业。于是肃慎氏贡楛矢石砮,其长尺有咫。先王欲昭其令德之致远物也,以示后人,使永鉴⑤焉,故铭其栝曰'肃慎氏贡楛矢',以分大姬。配胡公⑥,而封诸陈。古者分同姓以珍玉,所以展亲亲也;分异姓以远方之职贡,所以无忘服⑦也。故分陈以肃慎氏贡焉。君若使有司求诸故府,其可得也。"

公使人求得之,金牍如之。

【注释】

①陈惠公:陈哀公之孙,名吴。在位二十八年卒,谥惠。上馆:上等馆舍。

②楛(hù)矢:楛木做的箭杆。楛为荆类植物,茎可制箭杆。

③肃慎氏:古民族名。

④方贿:地方所贡的财物土产。

⑤永鉴:永远作为借鉴。

⑥胡公:虞舜的后代。

⑦服：臣服，服从。

【译文】

孔子在陈国，陈惠公请他住在上等馆舍里。当时有一只死的隼鸟陈列在陈惠公的厅堂上，射穿它的箭的箭杆是楛木制成，箭头是石头的，长度有一尺八寸。陈惠公让人拿着死鸟到孔子的馆舍询问这件事。

孔子说："隼鸟是从很远的地方来的啊！这是肃慎氏的箭。从前周武王攻克商朝，打通了通向各少数民族的道路，让他们以各自的特产来进贡，并要求按职业进贡物品。于是慎肃氏进贡了用楛木作杆、石头作箭头的箭，长有一尺八寸。武王欲显示他的美德能使远方来进贡，以此来昭示后人，永远作为借鉴，所以在箭杆的末端刻着'肃慎氏贡楛矢'几个字，把它赏给他的女儿大姬。女儿嫁给胡公，封在陈地。古代把珍玉分给同姓，为了表示亲属的亲密关系；把远方的贡物分给异姓，是为了让他们不忘记臣服。所以把肃慎氏的贡物分给陈国。您如果派官员到从前的府库中去找，就可以得到。"

陈惠公派人去找，得到写有金字的简牍，果然和孔子说的一样。

【评析】

孔子非常善于学习，不仅靠读书，还要实地去考察访问，因此见多识广。遇到事情，有时只靠推测判断就能得出正确的结论。孔子从陈惠公庭上死隼身上的箭，判别为"肃慎氏贡楛矢"。

哀公问政第十七

【原文】

哀公①问政于孔子。

孔子对曰："文武之政，布在方策②。其人存则其政举，其人亡则其政息。天道敏生，人道敏政，地道敏树。夫政者，犹蒲卢③也，待化以成，故为政在于得人。取人以身，修道以仁。仁者，人也，亲亲为大；义者，宜也，尊贤为大。亲亲之杀，尊贤之等，礼所以生也。礼者,政之本也,是以君子不可以不修身。思修身,不可以不事亲;思事亲,不可以不知人;思知人,不可以不知天。天下之达道④有五,其所以行之者三。曰君臣也,父子也,夫妇也,昆弟也,朋友也,五者,天下之达道。智仁勇三者,天下之达德也。所以行之者,一也。或生而知之,或学而知之,或困⑤而知之,及其知之,一也。或安而行之,或利而行之,或勉强而行之,及其成功,一也。"

公曰:"子之言美矣,至矣!寡人实固,不足以成之也。"

孔子曰:"好学近乎智,力行近乎仁,知耻近乎勇。知斯三者,则知所以修身;知所以修身,则知所以治人;知所以治人,则能成天下国家者矣。"

公曰:"政其尽此而已乎?"

孔子曰:"凡为天下国家有九经,曰修身也,尊贤也,亲亲也,敬大臣也,体群臣也,子庶民⑥也,来百工也,柔远人⑦也,怀诸侯也。夫修身则道立,尊贤则不惑,亲亲则诸父⑧兄弟不怨,敬大臣则不眩,体群臣则士之报礼重⑨,子庶民则百姓劝,来百工则财用足,柔远人则四方归之,怀诸侯则天下畏之。"

公曰:"为之奈何?"

孔子曰:"齐洁盛服⑩,非礼不动,所以修身也。去谗远色,贱财而贵德,所以尊贤也。爵其能⑪,重其禄,同其好恶,所以笃亲亲也。官盛任使⑫,所以敬大臣也。忠信重禄,所以劝士也。时使薄敛,所以子百姓也。日省月考⑬,既禀称事,所以来百工也。送往迎来,嘉善而矜不能,所以绥远人⑭也。继绝世,举废邦⑮,治乱持危,朝聘以时,厚往而薄来,所以怀诸侯也。治天下国家有九经,其所以行之者,一也。凡事豫⑯则立,不豫则废。言前定则不跲,事前定则不困,行前定则不疚⑰,道前定则不穷。在下位不获于上,民弗可得而治矣。获于上有道,不信于友,不获于上矣。信于友有道,不顺于亲⑱,不信于友矣。顺于亲有道,反诸身不诚,不顺于亲矣。诚身有道,不明于善,不诚于身矣。诚者,天之至道也。诚之⑲者,人之道也。夫诚,弗勉而中,不思而得,从容中道⑳,圣人之所以体定也;诚之者,择善而固执之者也。"

公曰:"子之教寡人备矣,敢问行之所始?"

孔子曰:"立爱自亲始,教民睦也;立敬自长始,教民顺也。教之慈睦,而民贵有亲;教以敬,而民贵用命。民既孝于亲,又顺以听命,措诸天下无所不可。"

公曰:"寡人既得闻此言也,惧不能果行而获罪咎。"

【注释】
①哀公:鲁哀公,姓姬名蒋,"哀"为谥号。
②布在方策:记载在木板和竹简上。方:书写用的木板。简:竹简。

③蒲卢:旧注"蒲卢,螺蠃也,谓土蜂也。取螟蛉而化之以为子,为政化百姓,亦如之者也"。一说指芦苇,性柔而生长快速。

④达道:天下古今共同遵守的道理。

⑤困:困苦,阻塞。

⑥子庶民:以平民百姓为子。

⑦柔远人:厚待远方来的人。

⑧诸父:指父辈的族人,如叔伯等。

⑨报礼重:回报的礼重。

⑩齐洁盛服:斋戒沐浴,使身心洁静,身穿盛服。齐:通"斋"。

⑪爵其能:给有能力的人加官晋爵。

⑫官盛任使:官吏很多,听凭差遣。旧注:"盛其官,委任使之也。"

⑬日省月考:每天省察,每月考核。

⑭绥远人:安抚边远地方的人民。绥:安抚。

⑮举废邦:复兴已经没落的邦国。

⑯豫:事先准备。

⑰疚:惭愧。

⑱不顺于亲:不听从父母的教导。

⑲诚之:按诚去做。

⑳从容:安闲舒缓,不慌不忙。中道:合乎道。

【译文】

鲁哀公向孔子询问治国之道。

孔子回答说:"周文王、周武王的治国方略,记载在简册上。这样的贤人在世,他的治国措施就能施行;他们去世,他们的治国措施就不能施行了。天之道就是勤勉地化生万物,人之道就是勤勉地处理政事,地之道就是迅速地让树木生长。政治,就像土蜂取螟蛉之子化为自己的儿子一样快速,得到教化就能很快成功,所以治理国家最重要的是得到人才。选取人才在于修养自身,修养道德要以仁为本。仁,就是具有爱人之心,爱亲人是最大的仁;义,就是事事做得适宜,尊重贤人是最大的义。爱亲人要分亲疏,尊重贤人要有等级,这就产生了礼。礼,这是政治的根本,因此君子不可以不修身。想要修身,不能不侍奉父母;要侍奉父母,不能不了解人;要了解人,不能不知天。天下共通的人伦大道有五条,用来实行这五条人伦大道的德行有三种。君臣之道,父子之道,夫妇之道,兄弟之道,朋友之道,这五条是天下共通的大道。智、仁、勇三种品德,是大下共通的道德。实行这些的目标都是一致的。有的人天生就知道,有的人通过学习才知道,有的人经历了困苦才知道,最终都知道了,这是一样的。有的人心安理得地去做,有的人为了名利去做,有的人被迫勉强去做,最终成功了,都是一样的。"

哀公说:"您说得太好了,达到极点了,但我实在鄙陋,不足以成就这些。"

孔子说:"喜欢学习近于有智慧,努力实行近于有仁心,知道耻辱近于有勇气。知道了这三者,就知道了如何修身;知道如何修身,就知道如何治理人;知道如何治理人,就能完成治理国家的事情了。"

哀公问:"治理国家的事到此就完了吗?"

孔子说:"凡是治理天下国家有九条原则,那就是:修养自身,尊重贤人,亲爱亲人,敬重大臣,体恤群臣,爱民如子,招纳工匠,优待远客,安抚诸侯。修养自身就能确立正道,尊重贤人就不会困惑,亲爱族人叔伯兄弟就不会怨恨,敬重大臣遇事就不会迷惑,体恤群臣士人的回报就会更加厚重,爱民如子百姓就会努力工作,招纳百工财物就会充足,优待远客四方之人就会归顺,安抚诸侯天下人就会敬畏。"

哀公问:"怎么做呢?"

孔子说:"像斋戒那样穿着庄重的服装静心虔诚,不符合礼仪的事坚决不做,这就是修养自身的原则。驱除小人,疏远女色,看轻财物而重视德行,这就是尊重贤人的原则。给有才能的人加官晋爵,给以丰厚的俸禄,与他们爱憎一致,这就是让亲人更加亲爱的原则。官员众多足供任使,这就是劝勉大臣的原则。真心诚意地任用,给以丰厚的俸禄,这就是奖劝士人的原则。劳役不误农时,减少赋税,这就是爱民如子的原则。每天省察,每月考核,付给的工钱粮米与工作业绩相称,这就是奖劝百工的原则。来时欢迎,去时欢送,嘉奖有善行的人而怜惜能力差的人,这就是优待远客的原则。延续绝嗣的家族,复兴废亡的小国,治理祸乱,扶持危弱,按时接受诸侯朝见聘问,赠送丰厚,纳贡菲薄,这就是安抚诸侯的原则。治理天下国家有九条原则,实行这些原则的方法只有一个。任何事情,事先有准备就会成功,无准备就会失败。说话先有准备,语言就会顺畅;做事先有准备,就不会出现困窘;行动先有准备,就不会愧疚;道路预先选定,就不会阻碍不通。在下位的人得不到在上位人的信任,就不可能治理好民众。得到在上位人的信任是有规则的,得不到朋友的信任,就得不到在上位人的信任。得到朋友的信任是有规则的,不能让父母顺心,就得不到朋友的信任。让父母顺心是有规则的,反省自己不真诚,就不能让父母顺心。使自己真诚是有规则的,不明白什么是善,就不能使自己真诚。真诚,是上天的原则;追求真诚,是做人的原则。如果有诚心,不用勉强就能做到,不用思考就能拥有,从从容容就能符合中庸之道,这是圣人表现出来的形象。真诚的人,就是选择好善的目标执著追求的人。"

哀公说:"您教给我的方法已经很完备了,请问从什么地方开始实施呢?"

孔子说:"树立仁爱从爱父母开始,可以教民众和睦;树立恭敬从尊敬长辈开始,可以教民众顺从。教人慈爱和睦,民众就会认为亲人是最宝贵的;教人恭敬,民众就会认为服从命令是最重要的。民众既能孝顺父母,又能听从命令,让他们做天下的任何事情,没有不行的。"

鲁哀公说:"我既已听到了这些话,很害怕不能果断地实行而犯错误。"

【评析】

"哀公问政于孔子"章,是由《礼记·中庸》改写而来,当中用"哀公问"作衔接,似更合理,彼此可参看。内容主要讲儒家的施政原则,如五达道、三达德、治国九经、诚、择善固执等。

卷　五

颜回第十八

【原文】

鲁定公问于颜回曰:"子亦闻东野毕①之善御乎?"对曰:"善则善矣,虽然,其马将必佚②。"定公色不悦,谓左右曰:"君子固有诬③人也。"

颜回退。后三日,牧来诉之:"东野毕之马佚,两骖曳两服入于厩④。"公闻之,越席而起,促驾召颜回。回至,公曰:"前日寡人问吾子以东野毕之御,而子曰'善则善矣,其马将佚',不识吾子奚以知之?"

颜回对曰:"以政知之。昔者帝舜巧于使民,造父⑤巧于使马。舜不穷其民力,造父不穷其马力,是以舜无佚民,造父无佚马。今东野毕之御也,升马执辔,衔体正矣;步骤驰骋,朝礼毕矣⑥;历险致远,马力尽矣,然而犹乃求马不已。臣以此知之。"

公曰:"善! 诚若吾子之言也。吾子之言,其义大矣,愿少进乎?"颜回曰:"臣闻之,鸟穷则啄,兽穷则攫⑦,人穷则诈,马穷则佚。自古及今,未有穷其下而能无危者也。"

公悦,遂以告孔子。孔子对曰:"夫其所以为颜回者,此之类也,岂足多哉?"

【注释】

①东野毕:春秋时善于驾车的人,也作东野稷。

②佚:走失,失散。

③诬:欺骗。《荀子·哀公》作"谗",指背后说人坏话。

④骖(cān):古代驾车时位于两旁的马。服:驾车时居中的马称服。厩:马棚。

⑤造父:西周时期一位善于驾车的人。

⑥朝礼毕矣:指马的步法已调理完毕。旧注:"'朝'与'调'古字通,《毛诗》言'调饥'即'朝饥',此言马之驰骤皆调习也。"又注:"马步骤驰骋,尽礼之仪也。"

⑦攫(jué):用爪子抓。

【译文】

鲁定公问颜回:"你也听说过东野毕善于驾车的事吗?"颜回回答说:"他确实善于驾车,尽管如此,他的马必定会走失。"鲁定公听了很不高兴,对身边的人说:"君子中竟然也有骗人的人。"

颜回退下。过了三天,养马的人来告诉说:"东野毕的马散失了,两匹骖马拖着两匹服马进了马棚。"鲁定公听了,越过席站起来,立刻让人驾车去接颜回。颜回来了,鲁定公说:"前天我问你东野毕驾车的事,而你说:'他确实善于驾车,但他的马一定会走失。'我不明白您是怎样知道的?"

颜回说:"我是根据政治情况知道的。从前舜帝善于役使百姓,造父善于驾御马。舜帝不用尽民力,造父不用尽马力,因此舜帝时代没有流民,造父没有走失的马。现在东野毕驾车,让马驾上车拉紧缰绳,上好马嚼子;时而慢跑时而快跑,步法已经调理完成;经历险峻之地和长途奔跑,马的力气已经耗尽,然而还让马不停地奔跑。我因此知道马会走失。"

鲁定公说:"说得好!的确如你说的那样。你的这些话,意义很大啊!希望能进一步地讲一讲。"颜回说:"我听说,鸟急了会啄人,兽急了会抓人,人走投无路则会诈骗,马筋疲力尽则会逃走。从古至

今，没有使手下人陷入困穷而他自己没有危险的。"

鲁哀公听了很高兴，于是把此事告诉了孔子。孔子对他说："他所以是颜回，就因为常有这一类的表现，不足以过分地称赞啊！"

【评析】

这篇是记载颜回言行的。"鲁定公问"章，颜回以御马比喻治理国家，御马"不穷其马力"，同样，治民"不穷其民力"，否则就会出现危险。

子路初见第十九

【原文】

子路初见孔子，子曰："汝何好乐？"对曰："好长剑。"孔子曰："吾非此之问也，徒谓以子之所能，而加之以学问，岂可及哉？"子路曰："学岂益哉也？"孔子曰："夫人君而无谏臣则失正，士而无教友则失听。御狂马不释策①，操弓不反檠②。木受绳则直，人受谏则圣。受学重问，孰不顺成？毁仁恶士，必近于刑。君子不可不学。"

子路曰："南山有竹，不柔自直，斩而用之，达于犀革③。以此言之，何学之有？"孔子曰："栝而羽之④，镞而砺之⑤，其入之不亦深乎？"子路再拜曰："敬而受教。"

【注释】

①不释策：不放下马鞭子。旧注："御狂马者不得释棰策也。"

②操弓不反檠（qíng）：正在拉开的弓箭不能用檠来校正。檠：校正弓的器具。弓不反于檠，然后可持也。

③达于犀革：射穿犀牛皮。

④栝（guā）而羽之：给箭栝装上箭羽。

⑤镞（zú）而砺之：装上磨锋利的箭头。

【译文】

子路初次拜见孔子，孔子说："你有什么爱好？"子路回答说："我喜欢长剑。"孔子说："我不是问你这个。我是说以你的能力，再加上努力学习，谁能赶得上你呢！"子路说："学习真的有用吗？"

孔子说:"国君如果没有敢谏的臣子就会失去正道,读书人没有敢指正问题的朋友就听不到善意的批评。驾驭正在狂奔的马不能放下马鞭,已经拉开的弓不能用檠来匡正。木料用墨绳来矫正就能笔直,人接受劝谏就能成为圣人。接受知识,重视学问,谁能不顺利成功呢? 诋毁仁义厌恶读书人,必定会触犯刑律。所以君子不可不学习。"

子路说:"南山有竹子,不矫正自然就是直的,砍下来用作箭杆,可以射穿犀牛皮。以此说来,哪用学习呢?"孔子说:"做好箭栝还要装上羽毛,做好箭头还要打磨锋利,这样射出的箭不是射得更深吗?"子路再次拜谢说:"恭敬地接受您的教诲。"

【原文】

子路将行,辞于孔子。子曰:"赠汝以车乎? 赠汝以言乎?"子路曰:"请以言。"

孔子曰:"不强不达①,不劳无功,不忠无亲,不信无复②,不恭失礼。慎此五者而已。"

子路曰:"由请终身奉之。敢问亲交取亲③若何? 言寡可行④若何? 长为善士而无犯若何?"

孔子曰:"汝所问苞⑤在五者中矣。亲交取亲,其忠也;言寡可行,其信乎;长为善士而无犯,其礼也。"

【注释】

①不强不达:不努力坚持就达不到目的。旧注:"人不以强力则不能自达。"

②不信无复:不讲信用别人就不会再相信。旧注:"信近于义,言可复也。今而不信,则无可复。"

③亲交取亲:取得新结交朋友的信任。亲交:新接交的人。取亲:取得信任,成为亲近的朋友。

④言寡可行:话说得少但可行。

⑤苞:通"包"。

【译文】

子路将要出行,向孔子辞行。孔子说:"我送给你车呢,还是送给你一些忠告呢?"子路说:"请给我些忠告吧。"

孔子说:"不持续努力就达不到目的,不劳动就没有收获,不忠诚就没有亲人,不讲信用别人就不再信任你,不恭敬就会失礼。谨慎地处理好这五个方面就可以了。"

子路说:"我将终生记在心头。请问取得新结交的人的信任需要怎么做? 说话少

而事情又能行得通需要怎么做？一直都是善人而不受别人侵犯需要怎么做？"

孔子说："你所问的问题都包括在我讲的五个方面了。要取得新结识的人的信任，那就是诚实；说话少事情又行得通，那就是讲信用；一向为善而不受别人侵犯，那就是遵行礼仪。"

【评析】

这一篇也是由多章组成。"子路初见孔子"章，批评学习无益的观点，强调学习的重要性。"子路将行"章，孔子教导子路要做到强、劳、忠、信、恭五点，基本是道德说教。

在厄第二十

【原文】

楚昭王①聘孔子，孔子往拜礼焉，路出于陈、蔡②。陈、蔡大夫相与谋曰："孔子圣贤，其所刺讥，皆中诸侯之病。若用于楚，则陈、蔡危矣。"遂使徒兵距孔子③。

孔子不得行，绝粮七日，外无所通，藜羹④不充，从者皆病。孔子愈慷慨讲诵，弦歌不衰⑤。乃召子路而问焉，曰："《诗⑥》云：'匪兕匪虎⑦，率彼旷野⑧。'吾道非乎，奚为至于此？"

子路愠，作色而对曰："君子无所困。意者⑨夫子未仁与？人之弗吾信也；意者夫子未智与？人之弗吾行也。且由也，昔者闻诸夫子：'为善者天报之以福，为不善者天报之以祸。'今夫子积德怀义，行之久矣，奚居之穷也？"

子曰："由未之识也，吾语汝！汝以仁者为必信也，则伯夷、叔齐不饿死首阳；汝以智者为必用也，则王子比干不见剖心；汝以忠者为必报也，则关龙逢不见刑⑩；汝以谏者为必听也，则伍子胥不见杀⑪。夫遇不遇者，时也；贤不肖者，才也。君子博学深谋而不遇时者，众矣，何独丘哉？且芝兰生于深林，不以无人而不芳；君子修道立德，不谓穷困而改节。为之者，人也；生死者，命也。是以晋重耳⑫之有霸心，生于曹卫⑬；越王勾践⑭之有霸心，生于会稽⑮。故居下而无忧者，则思不远；处身而常逸者，则志不广，庸知其终始乎？"

子路出，召子贡，告如子路。子贡曰："夫子之道至大，故天下莫能容夫子，夫子盍少贬焉？"子曰："赐，良农能稼，不必能穑⑯；良工能巧，不能为顺；君子能修其道，纲而纪之⑰,不必其能容。今不修其道而求其容,赐,尔志不广矣,思不远矣。"

子贡出,颜回入,问亦如之。颜回曰:"夫子之道至大,天下莫能容。虽然,夫子推而行之。世不我用,有国者之丑也,夫子何病焉?不容,然后见君子。"

孔子欣然叹曰:"有是哉,颜氏之子!使尔多财,吾为尔宰⑱。"

【注释】

①楚昭王:楚平王之子,名壬,谥昭。

②陈、蔡:春秋时诸侯国名。

③徒兵:步兵。距:同"拒",阻拦。

④藜羹:菜汤。此指粗劣的食物。

⑤弦歌:以琴瑟伴奏而歌。不衰:不停止。

⑥诗:指《诗经·小雅·何草不黄》。

⑦匪兕匪虎:不是犀牛不是老虎。兕:雌的犀牛。匪,通"非"。

⑧率彼旷野:来到旷野。率:沿着。旧注:"率,修也。言非兕虎而修旷野。"

⑨意者:想来。

⑩关龙逢不见刑:夏桀为长夜饮,关龙逢劝谏,被杀害。

⑪伍子胥:春秋时楚国人,名员。父兄均被楚平王杀害,他逃到吴国。与孙武共佐吴王阖庐伐楚,五战攻入郢都,掘楚平王墓,鞭尸三百。吴王夫差打败越国,越国勾践请和,夫差允诺。伍子胥劝谏不听,被迫自杀。见杀:被杀。

⑫重耳:春秋时晋献公次子,即春秋五霸的晋文公。

⑬生于曹卫:生:指因于曹卫而后生,即重新兴盛。旧注:"重耳,晋文公也。为公子时,出奔,困于曹卫。"

⑭越王勾践:春秋时越王。他被吴王夫差打败后,困于会稽,屈膝求和。其后卧薪尝胆,发愤图强,经过十年,终于灭掉吴国。

⑮生于会稽:此指勾践称霸之心是在困于会稽时产生的。

⑯良农能稼,不必能穑:穑:收获。旧注:"种之为稼,敛之为穑。言良农能善种之,未必能敛获之也。"

⑰纲而纪之:抓住关键来治理。

⑱宰:旧注"宰,主财者。为汝主财,意志同也"。

【译文】

楚昭王聘请孔子到楚国去,孔子去拜谢楚昭王,途中经过陈国和蔡国。陈国、蔡国的大夫一起谋划说:"孔子是位圣贤,他所讥讽批评的都切中诸侯的问题,如果被楚国聘用,那我们陈国、蔡国就危险了。"于是派兵阻拦孔子。

孔子不能前行,断粮七天,也无法和外边取得联系,连粗劣的食物也吃不上,跟随他的人都病倒了。这时孔子更加慷慨激昂地讲授学问,用琴瑟伴奏不停地唱歌。还找来子路问道:"《诗经》说:'不是野牛不是虎,却都来到荒野上。'我的道难道有什么不对吗?为什么到了这个地步啊?"

子路一脸怨气,不高兴地回答说:"君子是不会被什么东西困扰的。想来老师的仁德还不够吧,人们还不信任我们;想来老师的智慧还不够吧,人们不愿推行我们的主张。而且我从前就听老师讲过:'做善事的人上天会降福于他,做坏事的人上天会降祸于他。'如今老师您积累德行心怀仁义,推行您的主张已经很长时间了,怎么处境如此困穷呢?"

孔子说:"由啊,你还不懂得啊!我来告诉你。你以为仁德的人就一定被人相信?那么伯夷、叔齐就不会被饿死在首阳山上;你以为有智慧的人一定会被任用?那么王子比干就不会被剖心;你以为忠心的人必定会有好报?那么关龙逢就不会被杀;你以为忠言劝谏一定会被采纳?那么伍子胥就不会被迫自杀。遇不遇到贤明的君主,是时运的事;贤还是不贤,是才能的事。君子学识渊博深谋远虑而时运不济的人多了,何只是我呢!况且芝兰生长在深林之中,不因为无人欣赏而不芳香;君子修养身心培养道德,不因为穷困而改变节操。如何做在于自身,是生是死在于命。因而晋国重耳的称霸之心,产生于曹卫;越王勾践的称霸之心,产生于会稽。所以说居于下位而无所忧虑的人,是思虑不远;安身处世总想安逸的人,是志向不大,怎能知道他的终始呢?"

子路出去了,孔子叫来子贡,又问了同样的问题。子贡说:"老师您的道实在博大,因此天下容不下您,您何不把您的道降低一些呢?"孔子说:"赐啊,好的农夫会种庄稼,不一定会丰收;好的工匠能做精巧的东西,不一定顺遂每个人的意愿;君子能培养他的道德学问,抓住关键创立政治主张,别人不一定能采纳。现在不修养自己的道德学问而要求别人能采纳,赐啊,这说明你的志向不远大,思想不深远啊。"

子贡出去以后,颜回进来了,孔子又问了他同样的问题。颜回说:"老师的道太广大了,天下也容不下。虽然如此,您还是竭力推行。世人不用,那是当权者的耻辱,您何必为此忧虑呢?不被采纳才看出您是君子。"

孔子听了高兴地感叹说:"你说得真对呀,颜家的儿子!假如你有很多钱,我就来给你当管家。"

【原文】

孔子厄①于陈蔡,从者七日不食。子贡以所赍②货,窃犯围而出③,告籴于野人④,

得米一石焉。颜回、仲由炊之于壤屋之下，有埃墨⑤堕饭中，颜回取而食之。子贡自井望见之，不悦，以为窃食也。

　　人问孔子曰："仁人廉士，穷改节乎？"孔子曰："改节即何称于仁义哉？"子贡曰："若回也，其不改节乎？"子曰："然。"子贡以所饭告孔子。子曰："吾信回之为仁久矣，虽汝有云，弗以疑也，其或者必有故乎？汝止，吾将问之。"

　　召颜回曰："畴昔⑥予梦见先人，岂或启佑⑦我哉？子炊而进饭，吾将进焉。"对曰："向有埃墨堕饭中，欲置之，则不洁；欲弃之，则可惜。回即食之，不可祭也。"孔子曰："然乎，吾亦食之。"

　　颜回出，孔子顾谓二三子曰："吾之信回也，非待今日也。"二三子由此乃服之。

【注释】

①厄：受困。

②赍(jī)：携带。

③窃：私下，偷偷地。犯围：冲出包围。

④籴(dí)：买米。野人：乡野之人，农民。

⑤埃墨：烟熏的黑尘。

⑥畴昔：往日。

⑦启佑：开导保佑。

【译文】

　　孔子受困于陈、蔡之地，跟随的人七天吃不上饭。子贡拿着携带的货物，偷偷跑出包围，请求村民让他换些米，得到一石米。颜回、仲由在一间土屋下煮饭，有块熏黑的灰土掉到饭中，颜回把弄脏的饭取出来吃了。子贡在井边望见了，很不高兴，以为颜回在偷吃。

　　他进屋问孔子："仁人廉士在困穷时也会改变节操吗？"孔子说："改变节操还称得上仁人廉士吗？"子贡问："像颜回这样的人，他不会改变节操吧？"孔子说："是的。"子贡把颜回吃饭的事告诉了孔子。孔子说："我相信颜回是仁德之人已经很久了，虽然你这样说，我还是不怀疑他，那样做或者一定有原因吧。你待在这里，我来问问他。"

　　孔子把颜回叫进来说:"前几天我梦见了祖先,这难道是祖先在启发我们保佑我们吗?你做好饭赶快端上来,我要进献给祖先。"颜回说:"刚才有灰尘掉入饭中,如果留在饭中则不干净;假如扔掉,又很可惜。我就把它吃了,这饭不能用来祭祖了。"孔子说:"这样的话,我也会吃掉。"

　　颜回出去后,孔子看着弟子们说:"我相信颜回,不是等到今天啊!"弟子们由此叹服颜回。

【评析】

　　孔子困厄陈、蔡的故事流传很广。在困境中,子路和子贡都对他的道有了微词,但颜回却认为"夫子之道至大""世不我用,有国者之丑""不容然后见君子"。给了孔子莫大安慰。同样,孔子也非常赏识和信任颜回,当子贡怀疑颜回偷吃米饭时,孔子坚信颜回不会这样做,并用巧妙的方法解除了别人的疑问。孔子智者的形象跃然纸上。

入官第二十一

【原文】

　　子张问入官①于孔子。孔子曰:"安身取誉为难。"子张曰:"为之如何?"

　　孔子曰:"己有善勿专,教不能勿怠,已过勿发②,失言勿挢,不善勿遂③,行事勿留。君子入官,有此六者,则身安誉至而政从矣。

　　"且夫忿数者,官狱所由生也;拒谏者,虑之所以塞也;慢易④者,礼之所以失也;怠惰者,时之所以后也;奢侈者,财之所以不足也;专独者,事之所以不成也。君子入官,除此六者,则身安誉至而政从矣。

　　"故君子南面临官,大域之中而公治之,精智而略行之,合是忠信,考是大伦⑤,存是美恶,进是利而除是害,无求其报焉,而民之情可得也。夫临之无抗民之恶,胜之无犯民之言,量之无佼民之辞,养之无扰于其时,爱之无宽于刑法。若此,则身安誉至而民得也。

　　"君子以临官,所见则迩⑥,故明不可蔽也。所求于迩,故不劳而得也。所以治者约,故不用众而誉立。凡法象在内,故法不远而源泉不竭,是以天下积而本不寡。短长得其量,人志治而不乱政。德贯乎心,藏乎志,形乎色,发乎声,若此而身安誉至民咸自治矣。

"是故临官不治则乱,乱生则争之者至。争之至,又于乱。明君必宽裕以容其民,慈爱优柔⑦之,而民自得矣。行者,政之始也;说者,情之导也。善政行易而民不怨,言调说和则民不变。法在身则民象之⑧,明在己则民显之。若乃供己而不节,则财利之生者微矣;贪以不得,则善政必简矣。苟以乱之,则善言必不听也;详以纳之,则规谏日至。言之善者,在所日闻;行之善者,在所能为。故君上者,民之仪也;有司执政者,民之表也;迩臣便僻者⑨,群仆之伦也。故仪不正则民失,表不端则百姓乱,迩臣便僻,则群臣污矣。是以人主不可不敬乎三伦。

"君子修身反道,察理言而服之,则身安誉至,终始在焉。故夫女子必自择丝麻,良工必自择貌材⑩,贤君必自择左右。劳于取人,佚于治事。君子欲誉,则必谨其左右。为上者,譬如缘木焉,务高而畏下滋甚。六马之乖离⑪,必于四达之交衢;万民之叛道,必于君上之失政。上者尊严而危,民者卑贱而神。爱之则存,恶之则亡。长民者必明此之要。故南面临官,贵而不骄,富而能供⑫,有本而能图末,修事而能建业,久居而不滞,情近而畅乎远,察一物而贯乎多。治一物而万物不能乱者,以身为本者也。

"君子莅民,不可以不知民之性而达诸民之情。既知其性,又习其情,然后民乃从命矣。故世举则民亲之,政均则民无怨。故君子莅民,不临以高,不导以远,不责民之所不为,不强民之所不能。廓之以明王之功,不因其情,则民严而不迎。笃⑬之以累年之业,不因其力,则民引而不从。若责民所不为,强民所不能,则民疾,疾则僻矣。古者圣主冕而前旒⑭,所以蔽明也;纩统充耳,所以掩聪也。水至清则无鱼,人至察则无徒。枉而直之⑮,使自得之;优而柔之,使自求之;揆而度之,使自索之⑯。民有小罪,必求其善以赦其过;民有大罪,必原其故以仁辅化。如有死罪,其使之生,则善也。是以上下亲而不离,道化流而不蕴。故德者,政之始也。

"政不和,则民不从其教矣。不从教,则民不习。不习,则不可得而使也。君子欲言之见信也,莫善乎先虚其内;欲政之速行也,莫善乎以身先之;欲民之速服也,莫善乎以道御之。不以道御之,故虽服必强。自非忠信,则无可以取亲于百姓者矣。内外不相应,则无已取信于庶民者矣。此治民之至道矣,入官之大统⑰矣。"

子张既闻孔子斯言,遂退而记之。

【注释】

①入官:入仕,做官。

②已过勿发:发:再次发生。

③遂:行,继续做下去。旧注:"己有不善,不可遂行。"

④慢易：轻慢，不庄重。

⑤大伦：伦常大道。指人与人之间关系的根本准则。

⑥迩：近。旧注："所见迩，谓察于微也。"

⑦优柔：宽舒，从容。

⑧法在身则民象之：自身用法度来约束，百姓就会效法而遵守法纪。旧注："言法度常在身，则民法之。"

⑨迩臣：近臣，身边的大臣。便僻：当作"便辟"，逢迎谄媚的人。此指君王身边受宠幸的臣子。旧注："僻，宜为'辟'。便辟，执事在君之左右者。伦，纪也，为众之纪。"

⑩貌材：良好的材料。

⑪乖离：离散，不合。

⑫供：恭敬。"供"通"恭"。

⑬笃：深厚，厚实。

⑭疏：后悬垂的玉饰。

⑮枉而直之：使弯曲的东西变直。

⑯揆而度之，使自索之：遇事要估量揣度，让自己思索得出结论。旧注："揆度其法以开示之，使自索得之也。"

⑰大统：最重要的纲领、原则。

【译文】

子张向孔子询问做官的事。孔子说："做到官位稳固又能有好的名声很难。"子张说："那该怎么办呢？"

孔子说："自己有长处不要独自拥有，教别人学习不要懈怠，已出现的过错不要再次发生，说错了话不要为之辩护，不好的事不要继续做下去，正在做的事不要拖延。君子做官能做到这六点，就可以使地位稳固声誉好，从而政事也会顺利。

"况且，怨恨多了，牢狱之灾就会发生；拒绝劝谏，思虑就会受到阻塞；行为不庄重谨慎，就会失礼；做事松懈懒惰，就会丧失时机；办事奢侈，财物就不充足；专断独权，事情就办不成。君子做官，去掉这六种毛病，就可以使地位稳固声誉好，从而政事也会顺利。

"因此君子一旦做了官,治理广大的区域,就要以公心来治理,精心地思考而简要地推行,再加上以上所讲的六点忠信品德,考虑哪些是伦理道德的最高准则,把好事和坏事合并考察,推广有利的,除去有害的,不追求别人的报答,这样就可以得到民情了。治理民众没有逆天虐民的恶行,自己有理也不说冒犯民众的话,处理政事没有欺骗百姓的狡诈之辞,为了百姓安居乐业劳役不要违背农时,爱护百姓不能比刑法更宽。如果能做到这样,就可以使地位稳固声誉好,从而政事也会顺利。

"君子做官,身边的事看得清楚,就会心明眼亮不受蒙蔽。先从近处寻找自己需要的东西,这样不用费很大力气就可以得到。治理国家抓住了主要问题,不用兴师动众就可以获得好名声。凡内心存在准则、榜样,那么准则、榜样离自己不远,就如同源泉不会枯竭一样,因此天下人才汇聚而不会缺乏。根据才能的不同都得到任用,人才各得其用,政治就不会混乱。良好的德行贯穿于内心,藏在心志之中,显露在表情上,发表于言谈上,这样,官位就会稳固,好名声随之而至,民众自然就会得到治理。

"由此看来,身居官位不善于治理就会发生混乱,混乱发生竞争的人就会出现。竞争的局面发生,政治会更加混乱。英明的君主必须宽容地对待百姓,用慈爱之心去安抚他们,自然就会得到民众的拥护。身体力行,是执好政的前提;让百姓高兴,他们的情绪就可以得到疏导。良好的政治措施易于执行而民众也不会有怨言,言论说法符合民心,民众就不会有二心。自己以身作则遵守法律,民众就会以你为榜样;自己正大光明,民众则会颂扬你。如果自己贪图享受而不节俭,那么生产财富的人就不努力生产了;贪图财物又胡乱花费,那么好的政治措施也简约不用了。假如政治出现了混乱,那么好的意见必然听不进去;如果仔细审慎地采纳别人的建议,那么天天都会有人进谏。能说出美好的语言,在于每天能听取别人的意见;能有美好的行为,在于能亲身去做。所以说统治民众的君王,是民众的榜样;各级政府的官员,是民众的表率;君王身边的侍御大臣,是臣仆们的样板。所以说榜样不正,百姓就失去了方向;表率不止,百姓就会混乱;侍御大臣不正,群臣就会变坏。因此治国的君主不可不谨慎地遵守各种伦理道德。

"君子遵循道来修身,仔细辨别哪些是正确的道理来行事,地位就可巩固,名望也随之而至,终生受用无穷。所以女子织布一定要亲自挑选丝麻,优秀的工匠一定要亲自挑选材料,贤明的君主一定要亲自挑选身边的大臣。选拔人才辛苦一些,治理政事时就轻松一些。君子要想得到美誉,也要谨慎选择交往的人。在上位的人,就好像爬树一样,爬得越高越害怕掉下来。拉车的六匹马分散乱跑,一定是在四通八达的交叉路口;百姓造反,必定是因为君王政治措施的错误。在上者虽然尊严却是有危险的,民众虽然卑贱却是有神力的。民众热爱你,你就能存在;民众厌恶你,你就要灭亡。治理民众的人必须要明了这个道理的重要。因此在上为官,地位虽然高贵也不要骄横,富有了也要谨慎恭敬,有了根本还要考虑细枝末节,做好了事还要建功立业,有了长时间的安定局面仍然要不停地努力,近处的感情沟通了还要畅达到远方,观察一件事物要能联想多种事物。治理一件事而万事都能不乱,是因为能够以身作则的缘故。

"君子统治民众,不可不了解民众的性情,进而了解民众的感情。既已知道了民性,而又熟悉了民情,然后民众才能服从你的管理。因此国家安定民众就会爱戴国君,政策公平合理民众就无怨言。所以君子治国,不能只是高高在上,不能做远不可及的事,不责备民众做不愿做的事,不强求民众做不能完成的事。为了扩大贤明君王那样的功业,不顾民情,那么民众表面恭敬实际却不愿迎合。为了增加已有的业绩,不顾民力,那么民众就会逃避而不服从。如果强迫民众做他们不愿做的事,强迫他们做不能完成的事,民众就会痛恨,痛恨就会做出一些不当的事。古代的圣明君主戴着前面悬垂着玉的帽子,是用来遮蔽亮光的;垂于冠冕两边悬填的带子挡住耳朵,是用来遮蔽听觉的。水太清就没有鱼了,人极其明察就没有追随者了。百姓做错了事需要改正,要使百姓自己有所认识;宽厚柔和地对待百姓,让他们自己去发现错误;度量百姓的情况来教育他们,让他们自己明白对错。百姓犯了小罪,一定要找出他们的长处,赦免他们的过错;百姓犯了大罪,一定要找出犯罪的原因,用仁爱的思想教育他们,使他们改过从善;如果犯了死罪,惩治后使他们得到新生,那就更好了。这样君臣百姓上下亲和而不离心离德,治理国家的措施就能够推行而不阻塞。所以说执政者的道德,是政治好坏的前提。

"政令不切合实际,民众就不会服从教导;不服从教导,民众就不习惯遵守法令法规;不习惯遵守法令法规,就不能很好地役使和统治他们了。君子要想使自己的话被别人相信,最好的办法是虚心听取意见;要想政治措施迅速推行,最好的办法是身体力行;要想使民众迅速服从,最好的办法是以正确之道来治理国家。不以正确之道治理,民众即使服从也是勉强的。不依靠忠信,就不可能取得百姓的亲近和信任。朝廷和民众不能相互了解沟通,就不能取信于平民百姓。这是治理民众的最重要的原则,也是入仕做官者最重要的纲领。"

子张听了孔子这番话,就回去记录下来。

【评析】

孔子在回答子张问如何做官的问题时,不仅详细叙述为官要注意的诸多方面,如以身作则、选贤任能、重民爱民、取信于民等,而且表达了极其精辟的思想。他说:"六马之乖离,必于四达之交衢;万民之叛道,必于君上之失政。上者尊严而危,民者卑贱而神。爱之则存,恶之则亡。长民者必明此之要。"在两千多年前就有如此深刻的认识,真让人惊叹。

困誓第二十二

【原文】

子贡问于孔子曰:"赐倦于学,困于道矣,愿息而事君,可乎?"孔子曰:"《诗》①云:'温恭朝夕②,执事有恪③。'事君之难也,焉可息哉!"

曰:"然则赐愿息而事亲。"孔子曰:"《诗》④云:'孝子不匮⑤,永锡尔类⑥。'事亲之难也,焉可以息哉!"

曰:"然则赐请息于妻子。"孔子曰:"《诗》⑦云:'刑于寡妻⑧,至于兄弟,以御于家邦⑨。'妻子之难也,焉可以息哉!"

曰:"然则赐愿息于朋友。"孔子曰:"《诗》⑩云:'朋友攸摄⑪,摄以威仪⑫。'朋友之难也,焉可以息哉!"

曰:"然则赐愿息于耕矣。"孔子曰:"《诗》⑬云:'昼尔于茅⑭,宵尔索绹⑮,亟其乘屋⑯,其始播百谷。'耕之难也,焉可以息哉!"

曰:"然则赐将无所息者也?"孔子曰:"有焉。自望其广⑰,则睪如也⑱;视其高,则填⑲如也;察其从,则隔⑳如也。此其所以息也矣。"

子贡曰:"大哉乎死也!君子息焉,小人休焉。大哉乎死也!"

【注释】

①《诗》:此指《诗经·商颂·那》。

②温恭朝夕:整天都要温和恭敬。

③执事有恪:行事要恭敬谨慎。

④《诗》:此指《诗经·大雅·既醉》。

⑤孝子不匮:孝子的孝心永不竭。

⑥永锡尔类:孝的法则永远传递。旧注:"匮,竭也。类,善也。孝子之道不匮竭者,能以类相传,长锡尔以善道也。"

⑦《诗》:此指《诗经·大雅·思齐》。

⑧刑于寡妻:给妻子做出典范。刑:典范。寡妻:指嫡妻。旧注:"刑,法也。寡,适(嫡)也。御,正也。文王以正法接其寡妻,至于同姓兄弟,以正治天下之国家者矣。"

⑨以御于家邦:以此来治理国家。御:治理。家邦:国家。

⑩《诗》：此指《诗经·大雅·既醉》。

⑪朋友攸摄：朋友要互相帮助。攸：语助词。摄：佐助。

⑫摄以威仪：使礼仪合度。

⑬《诗》：此指《诗经·豳风·七月》。

⑭昼尔于茅：白天去割茅草。尔：语助词。于，取：引申为割。

⑮宵尔索绹：晚上搓绳。

⑯亟(jí)其乘屋：急急忙忙盖屋顶。

⑰广：通"圹"，坟墓。

⑱睪(yì)如：高高的样子。

⑲填：填塞充实。旧注："填，塞实貌也。冢虽高而塞实也。"

⑳隔：隔开。旧注："言其隔而不得复相从也。"

【译文】

　　子贡向孔子问道："我对学习已经厌倦了，对于道又感到困惑不解，想去侍奉君主以得到休息，可以吗？"孔子说："《诗经》里说：'侍奉君王从早到晚都要温文恭敬，做事要恭谨小心。'侍奉君主是很难的事情，怎么可以休息呢？"

　　子贡说："那么我希望去侍奉父母以得到休息。"孔子说："《诗经》里讲：'孝子的孝心永不竭，孝的法则要永远传递。'侍奉父母也是很难的事，怎么可以休息呢？"

　　子贡说："我希望在妻子儿女那里得到休息。"孔子说："《诗经》里说：'要给妻子做出典范，进而至于兄弟，推而治理宗族国家。'与妻子儿女相处也是很难的事，哪能够得到休息呢？"

　　子贡说："我希望在朋友那里得到休息。"孔子说："《诗经》里说：'朋友之间互相帮助，使彼此举止符合威仪。'和朋友相处也是很难的，哪能够得到休息呢？"

　　子贡说："我希望去种庄稼来得到休息。"孔子说："《诗经》里说：'白天割茅草，晚上把绳搓，赶快修屋子，又要开始去播谷。'种庄稼也是很难的事，哪能够得到休息呢？"

　　子贡说："那我就没有可休息的地方了吗？"孔子说："有的。你从这里看那个坟墓，样子高高的；看它高高的样子，又填得实实的；从侧面看，又是一个个隔开的。这就是休息的地方了。"

　　子贡说："死的事是这样重大啊，君子在这里休息，小人也在这里休息。死的事是这样重大啊！"

【原文】

　　孔子自卫将入晋，至河①，闻赵简子杀窦犨鸣犊及舜华②，乃临河而叹曰："美哉水，洋洋乎！丘之不济,此命也夫!"

子贡趋而进曰:"敢问何谓也?"

孔子曰:"窦犨鸣犊、舜华,晋之贤大夫也。赵简子未得志之时,须此二人而后从政。及其已得志也,而杀之。丘闻之刳胎杀夭③,则麒麟不至其郊;竭泽而渔,则蛟龙不处其渊;覆巢破卵④,则凤凰不翔其邑。何则? 君子违伤其类者也。鸟兽之于不义,尚知避之,况于人乎?"

遂还,息于邹⑤,作《槃操⑥》以哀之。

【注释】

①至河:到了黄河。

②窦犨(chōu)鸣犊:窦犨:字鸣犊,晋国贤大夫。舜华:晋大夫,亦有贤名。二人均被赵简子所杀。赵简子,即赵鞅,晋定公时为卿,卒谥"简"。

③刳胎杀夭:剖腹取胎。刳:剖开。夭:正在成长的幼小生命。

④覆巢破卵:弄翻鸟巢打破鸟蛋。

⑤邹:地名。《史记·孔子世家》作"陬"。在今山东曲阜东南。

⑥槃操:琴曲名。

【译文】

孔子将要从卫国进入晋国,来到黄河边,听到晋国的赵简子杀了窦犨鸣犊和舜华的消息,就面对黄河叹息着说:"黄河的水这样的美啊,浩浩荡荡地流淌! 我不能渡过这条河,是命中注定的吧!"

子贡快步走向前问道:"请问老师您这话是什么意思啊?"

孔子说:"窦犨鸣犊、舜华都是晋国的贤大夫啊,赵简子未得志的时候,依仗他们二人才得以从政。到他得志以后,却把他们杀了。我听说,如果对牲畜有剖腹取胎的残忍行为,那么麒麟就不会来到这个国家的郊外;如果有竭泽而渔的行为,蛟龙就不会在这个国家的水中居住;捅破了鸟巢打破了鸟卵,凤凰就不会在这个国家的上空飞翔。为什么呢? 这是因为君子也害怕受到同样的伤害啊! 鸟兽对于不仁义的事尚且知道躲避,何况是人呢?"

于是返了回来,回到邹地休息,作了《槃操》一曲来哀悼他们。

【原文】

子路问于孔子曰:"有人于此,夙兴夜寐①,耕芸树艺②,手足胼胝③,以养其亲。然而名不称孝,何也?"

孔子曰:"意者身不敬与? 辞不顺与? 色不悦与? 古之人有言曰:'人与己与不汝欺④。'今尽力养亲,而无三者之阙⑤,何谓无孝之名乎?"

孔子曰:"由,汝志之,吾语汝:虽有国士之力,而不能自举其身,非力之少,势不可矣。夫内行不修,身之罪也;行修而名不彰,友之罪也。行修而名自立。故君子入则笃行,出则交贤,何谓无孝名乎?"

【注释】

①夙兴夜寐:早起晚睡。

②耕芸树艺:耕地锄草种庄稼。

③手足胼胝:手脚长趼。

④不汝欺:不欺骗你。

⑤阙:缺点。

【译文】

子路问孔子说:"这里有一个人,早起晚睡,耕种庄稼,手掌和脚底都磨出了趼子,以此来养活父母。然而却没有得到孝子的名声,这是为什么呢?"

孔子说:"想来自身有不敬的行为吧? 说话的言辞不够恭顺吧? 脸色不温和吧? 古人有句话说:'别人的心与你自己的心是一样的,是不会欺骗你的。'现在这个人尽力养亲,如果没有上面讲的三种过错,怎么能没有孝子的名声呢?"

孔子又说:"仲由啊,你记住,我告诉你:一个人即使有全国著名勇士那么大的力量,也不能把自己举起来,这不是力量不够,而是情势上做不到。一个人不很好地修养自身的道德,这是他自己的错误;自身道德修养好了而名声没有彰显,这就是朋友的过错。品行修养好了自然会有名声。所以君子在家行为要淳厚朴实,出外要结交贤能的人。这样怎会没有孝子的名声呢?"

【评析】

此篇都是讲遇到困境如何对待。"子贡问于孔子"章,孔子引诗说明事君、事亲、齐家、交友、耕田都是很难的事,人只有死后才能得到休息。"孔子自卫入晋"章,孔子谴责赵简子杀害贤人。"子路问于孔子"章,孔子讲不怕贤名不彰,"行修而名自立",交贤而名自彰。

五帝德第二十三

【原文】

宰我问于孔子曰:"昔者吾闻诸荣伊①曰'黄帝②三百年川'。请问黄帝者,人也?抑非人也?何以能至三百年乎?"

孔子曰:"禹汤文武周公,不可胜以观也。而上世黄帝之问,将谓先生难言之故乎③!"

宰我曰:"上世之传,隐微之说④,卒采⑤之辩,暗忽之意,非君子之道者,则予之问也固矣。"

孔子曰:"可也,吾略闻其说。黄帝者,少昊之子,曰轩辕。生而神灵,弱而能言。幼齐骸庄,敦敏诚信。长聪明,治五气⑥,设五量⑦,抚万民,度四方。服牛乘马,扰驯⑧猛兽。以与炎帝战于阪泉之野,三战而后克之。始垂衣裳⑨,作为黼黻。治民以顺天地之纪,知幽明之故,达生死存亡之说。播时百谷,尝味草木,仁厚及于鸟兽昆虫。考日月星辰,劳耳目,勤心力,用水火财物以生民。民赖其利,百年而死;民畏其神,百年而亡;民用其教,百年而移。故曰黄帝三百年。"

【注释】

①荣伊:人名。

②黄帝:古代神话中五天帝之一的中央之神。

③难言之故乎:旧注:"言禹汤已下不可胜观,乃问上世黄帝,将为先生长老难言之,故问。"

④隐微之说:隐约微妙的说法。

⑤采:事,辩说。

⑥五气:指五行之气。

⑦量:计算多少的量器。

⑧扰驯:驯服,驯养。

⑨始垂衣裳:形容天下太平,无为而治。

【译文】

宰我问孔子说:"以前我听荣伊说过'黄帝统治了三百年',请问黄帝是人抑或不是人？其统治的时间怎么能达到三百年呢？"

孔子说:"大禹、汤、周文王、周武王、周公,尚且无法说得尽,道得清,而你关于上古之世的黄帝的问题,是老前辈也难以说得清的问题吧。"

宰我说:"先代的传言,隐晦的说法,已经过去的事还在争论,晦涩飘忽的含义,这些都是君子不谴或不为的,所以我一定要问个清楚明白。"

孔子说:"好吧,我略略听说过这种说法。黄帝,是少昊的儿子,名叫轩辕,出生时就非常神奇、精灵,很小就能说话。童年的时候,他伶俐、机敏、诚实、厚道。长大成人时,就更加聪明,能治理五行之气,设置了五种量器,而且还游历全国各地,安抚民众。他骑着牛跨着马,驯服了猛兽,跟炎帝在阪泉之野大战,三战后打败了炎帝。从北,天下民众个个穿着绣有花纹的礼服,天下太平,无为而治。他遵循天地的纲纪统治着人民,既明白昼夜阴阳之道,又通晓生死存亡之理。按季节播种百谷,栽培花草树木,他的仁德遍及鸟兽昆虫。他观察日月星辰,费尽心思和劳力,用水火财物养育百姓。他活着的时候,人民受其恩惠利益一百年;他死了以后,人民敬服他的精灵一百年;之后,人民还运用他的教导一百年。所以说黄帝统治了三百年。"

【原文】

宰我曰:"请问帝尧①？"

孔子曰:"高辛氏之子,曰陶唐。其仁如天,其智如神。就之如日,望之如云。富而不骄,贵而能降。伯夷典礼②,夔、龙典乐③。舜时而仕,趋视四时,务先民始之。流四凶而天下服④。其言不忒,其德不回。四海之内,舟舆所及,莫不夷说。"

【注释】

①帝尧:传说中父系氏族社会后期的部落联盟首领。陶唐氏,名放勋,史称唐尧。

②典礼:掌管礼仪的事。

③夔、龙:都是尧舜时的乐官。旧注:"舜时夔典乐,龙作纳言;然则尧时龙亦典乐者也。"

④流:流放。四凶:古代传说中的四个凶人,指不服从舜的四个部族首领。《尚书·尧典》:"流共工于幽州,放驩兜于崇山,窜三苗于三危,殛鲧于羽山。四罪而天下皆服。"

【译文】

宰我说:"请问帝尧是怎样的人?"

孔子说:"他是高辛氏的儿子,名叫陶唐。他仁慈如天,智慧如神。靠近他如太阳般温暖,望着他如云彩般柔和。他富而不骄,贵而能谦。他让伯夷主管礼仪,让夔、龙执掌舞乐。推举舜来做官,到各地巡视四季农作物生长情况,把民众的事放在首位。他流放了共工、驩兜、三苗,诛杀了鲧,天下的人都信服。他的话从不出错,他的德行从不违背常理。四海之内,车船所到之处,人们没有不喜爱他的。"

【原文】

宰我曰:"请问帝舜①?"

孔子曰:"乔牛②之孙,瞽瞍之子也,曰有虞。舜孝友闻于四方,陶渔事亲③。宽裕而温良,敦敏而知时,畏天而爱民,恤远而亲近。承受大命,依于二女④。敫明智通,为天下帝。命二十二臣,率尧旧职,躬己⑤而已。天平地成,巡狩四海,五载一始。三十年在位,嗣帝五十载。陟方岳⑥,死于苍梧⑦之野而葬焉。"

【注释】

①帝舜:传说中父系氏族社会后期的部落联盟首领。有虞氏,名重华,史称虞舜。

②乔牛:一作"桥牛",虞舜之祖父。

③陶渔事亲:制陶捕鱼来养活父母。旧注:"为陶器,躬捕鱼,以养父母。"

④二女:指舜的两位妻子。她们都是尧的女儿。旧注:"尧妻舜以二女,舜动静谋之于二女。"

⑤躬己:亲身力行。

⑥陟:登,升。方岳:四方高大的山。

⑦苍梧:山名,又名九嶷,在今湖南宁远南。

【译文】

宰我说:"请问帝舜是怎样的人?"

孔子说:"他是乔牛的孙子,瞽瞍的儿子,名叫有虞。舜因孝顺父母、善待兄弟而闻名四方,用制陶和捕鱼来奉养双亲。他宽容而温和,机敏而知时,敬天而爱民,抚恤远方的人又亲近身边的人。他承受重任,依靠两位妻子的帮助。圣明睿智,成为天下帝王。任命二十二位大臣,都是帝尧原有的旧职,他只是身体力行而已。天下太平,地有收成,巡狩四海,五年一次。他三十岁被任用,接续帝位五十年。登临四岳,死在苍梧之野并安葬在那里。"

【原文】

宰我曰:"请问禹?"

孔子曰:"高阳之孙,鲧①之子也,曰夏后。敏给克齐②,其德不爽③,其仁可亲,其言可信。声为律,身为度。亹亹穆穆④,为纪为纲。其功为百神之主⑤,其惠为民父母。左准绳,右规矩,履四时,据四海。任皋繇、伯益以赞其治⑥,兴六师以征不序⑦,四极之民,莫敢不服。"

孔子曰:"予,大者如天,小者如言,民悦至矣。予也非其人⑧也。"宰我曰:"予也不足以戒敬承矣。"

【注释】

①鲧(gǔn):传说中我国原始社会的部落首领。禹之父。

②敏给:敏捷。克:能。齐:通"济",成。

③不爽:没有差错。

④亹亹(wěi wěi):勤勉不倦貌。穆穆:仪态美好,容止庄敬貌。

⑤其功为百神之主:旧注"禹治水,天下既平,然后百神得其所"。

⑥皋繇:亦作"皋陶""咎繇",舜时贤臣,掌管刑狱之事。

⑦六师:犹"六军",这里泛指军队。不序:不臣服。

⑧非其人也:旧注"言不足以明五帝之德也"。意为孔子说自己也不足以说明禹的功德。

【译文】

宰我说:"请问禹是怎样一个人?"

孔子说:"他是高阳的孙子,鲧的儿子,名叫夏后。他机敏能成就事业,行为没有差失,仁德可亲,言语可信。发声合乎音律,行为举止合乎度数。勤勉不倦,容止庄重,成为人们的榜样。他的功德使他成为百神之主,他的恩惠使他成为百姓父母。日常行动都有准则和规矩,不违背四时,安定了四海。任命皋繇、伯益帮助他治理百姓,率领军队征伐不服从者,四方的民众没有不服从的。"

孔子说:"宰予啊,禹的功德大的方面像天一样广阔,小的方面即使是一句话,民众都非常喜欢。我也不能完全说清他的功德啊。"宰我说:"我也不足以敬肃地接受您这样的教导。"

【评析】

　　宰我请教上古传说,孔子于是逐一讲述黄帝、颛顼、帝喾、尧、舜、禹等著名传说人物的事迹和品德。孔子一直称颂古代先王的政治,推崇治国者要有高尚的道德修养。从此篇中可以看出孔子对美好政治的无比向往和殷殷追求。

卷　六

五帝第二十四

【原文】

　　季康子问于孔子曰:"旧闻五帝之名,而不知其实,请问何谓五帝?"

　　孔子曰:"昔丘也闻诸老聃曰:'天有五行,水火金木土,分时化育,以成万物,其神谓之五帝。'古之王者,易代而改号①,取法五行。五行更王②,终始相生,亦象其义。故其为明王者,而死配五行。是以太皞配木,炎帝配火,黄帝配土,少皞配金,颛顼配水。"

【注释】

　　①易代而改号:改换朝代就改换年号。

　　②五行更王:按照五行循环的顺序更换帝王年号。旧注:"法五行更王,终始相生,始以木德王天下,其次以生之行转相承。"

【译文】

　　季康子问孔子:"以前听说过'五帝'的名称,但不知道它的实际含义,请问什么是五帝?"

　　孔子说:"从前我听老聃说:'天有五行:水、火、金、木、土。这五行按不同的季节化生和孕育,形成了万物,那万物之神就叫作五帝。'古代的帝王,因改朝换代而改换国号、帝号,就取法五行。按五行更换帝号,周而复始,终始相生,也遵循五行的顺序。因

此那些贤明的君王,死后也以五行相配。所以太皞配木,炎帝配火,黄帝配土,少皞配金,颛顼配水。"

【原文】

康子曰:"太皞氏其始之木何如?"孔子曰:"五行用事①,先起于木。木,东方万物之初皆出焉,是故王者则②之,而首以木德王天下。其次则以所生之行转相承也。"

【注释】

①用事:运行。

②则:效法。

【译文】

季康子问:"太皞氏从木开始是什么缘故呢?"孔子回答说:"五行的运行,先是从木开始的。木属东方,万物开始都是从这里产生的,因此帝王以此为准则,首先以木德称王于天下。然后依据自己所生的'行',依次转换承接。"

【评析】

这一篇讲五帝和五行的关系。虽然将五帝和五行糅合在一起有些牵强,但也体现了孔子朴素的唯物哲学思想。汉代出现了"五德终始"说,可能就源于孔子吧。

执辔第二十五

【原文】

闵子骞为费宰①,问政于孔子。

子曰:"以德以法。夫德法者,御民之具,犹御马之有衔勒也。君者,人也;吏者,辔也;刑者,策也。夫人君之政,执其辔策而已。"

子骞曰:"敢问古之为政?"

孔子曰:"古者天子以内史②为左右手,以德法为衔勒,以百官为辔,以刑罚为策,以万民为马，故御天下数百年而不失。善御马者，正衔勒，齐辔策，均马力，和马心。故口无声而马应辔，策不举而极千里。善御民者，壹③其德法，正其百官，以均齐民力，和安民心。故令不再而民顺从，刑不用而天下治。是以天地德之，而兆民④怀之。夫天地之所德，兆民之所怀，其政美，其民而众称之。今人言五帝三王者，其盛无偶，威察若存，其故何也？其法盛，其德厚，故思其德，必称其人，朝夕祝之。升闻⑤于天，上帝俱歆，用永厥世，而丰其年。

"不能御民者，弃其德法，专用刑辟，譬犹御马，弃其衔勒，而专用棰策，其不制也，可必矣。夫无衔勒而用棰策，马必伤，车必败。无德法而用刑，民必流，国必亡。治国而无德法，则民无修；民无修，则迷惑失道。如此，上帝必以其为乱天道也。苟乱天道，则刑罚暴⑥，上下相谀，莫知念忠，俱无道故也。今人言恶者，必比之于桀纣，其故何也？其法不听⑦，其德不厚。故民恶其残虐，莫不吁嗟，朝夕祝之。升闻于天，上帝不蠲，降之以祸罚，灾害并生，用殄厥世。故曰德法者御民之本。

【注释】

①闵子骞：即闵损，字子骞，孔子弟子。费：古地名，春秋鲁邑。旧址在今山东鱼台西南费亭。

②内史：官名，协助天子管理爵禄废置等政务。旧注："内史，掌政八柄，及叙事之法，受纳以诏王听治，命孤卿大夫则策命，以四方之事书而读之。王制禄则书之策，赏则亦如之。故王以为左右手。"

③壹：统一，使一致。

④兆民：众百姓，极言其多。

⑤升闻：上闻。

⑥暴：暴虐。

⑦不听：不听从。

【译文】

闵子骞任费地长官时，问孔子治理民众的方法。

孔子说："用德政和法制。德政和法制是治理民众的工具，就好像驾驭马用勒口和缰绳一样。国君好比驾马的人，官吏好比勒口和缰绳，刑罚好比马鞭。君王执政，只要掌握好缰绳和马鞭就可以了。"

闵子骞说："请问古人是怎样执政的呢？"

孔子说："古代的天子把内史作为帮助自己执政的左右手，把德政和法制当作马的勒口,把百官当作缰绳,把刑罚当作马鞭,把万民当作马,所以统治天下数百年而没有失误。善于驾驭马,就要安正马勒口,备齐缰绳马鞭,均衡使用马力,让马齐心合力。这样不用吆喝马就应和缰绳的松紧前进,不用扬鞭就可以跑千里之路。善于统治民众,就得统一道德和法制,端正百官,均衡地使用民力,使民心安定和谐。所以法令不用重复申告民众就会服从,刑罚不用再次施行天下就会得到治理。因此天地也认为他有德,万民也乐于服从。天地之所以认为他有德,万民之所以乐于服从,因为各种政令美好,民众就会交口称赞。现在人说起五帝、三王,他们的盛德无人能比,他们的威严和明察好像至今还存在,这是什么缘故呢?他们的法制完备,他们的德政深厚,所以一想起他们的德政,必然会称赞他们个人,朝夕为他们祝祷。上天听到了这些声音,天帝知道了都很高兴,因此让他们国运长久而年成丰收。

"不善于治理民众的人,他们丢弃了德政和法制,专用刑罚,这就好比驾驭马,丢弃了勒口和缰绳,而专用棍棒和马鞭,事情做不好是必然的。驾驭马没有勒口和缰绳,而用棍棒和马鞭,马必然会受伤,车必然会毁坏。没有德政和法制而滥用刑罚,民众必然会流亡,国家必然会灭亡。治理国家而没有德政和法制,民众就没有修养,民众没有修养,就会迷惑不走正道。这样,天帝必然认为这是扰乱了天道。如果天道混乱,就会刑罚残暴,上下相互奉承讨好,没人再考虑忠诚信义,这都是没有遵循道的缘故。现在人们说到恶人,必定会把他比作夏桀、商纣,这是为什么呢?因为他们制定的法令不能治理国家,他们的德政不厚。所以民众厌恶他们的残暴,没有不叹息的,会朝夕诅咒他们。上天听到了这些声音,天帝不会免除他们的罪过,降下灾祸来惩罚他们,灾难祸害一起发生,因此灭绝了他们的朝代。所以说德政和法制是治理民众的根本方法。

【原文】

"古之御天下者,以六官①总治焉。冢宰之官以成道,司徒②之官以成德,宗伯之官以成仁,司马③之官以成圣,司寇之官以成义,司空④之官以成礼。六官在手以为辔,司会均仁以为纳。故曰御四马者执六辔,御天下者正六官。是故善御马者,正身以总辔,均马力,齐马心,回旋曲折,唯其所之。故可以取长道,可赴急疾。此圣人所以御天地与人事之法则也。天子以内史为左右手,以六官为辔,已而与三公为执六官,均五教⑤,齐五法。故亦唯其所引,无不如志。以之道则国治,以之德则国安⑥,以之仁则国和,以之圣则国平,以之礼则国定,以之义则国义⑦,此御政之术。

"过失,人之情,莫不有焉。过而改之,是为不过。故官属不理,分职不明,法政不一,百事失纪,曰乱。乱则饬冢宰。地而不殖,财物不蓄,万民饥寒,教训不行,风俗淫僻,人民流散,曰危。危则饬司徒。父子不亲,长幼失序,君臣上下,乖离异志,曰不和。不和则饬

256

宗伯。贤能而失官爵,功劳而失赏禄,士卒疾怨,兵弱不用,曰不平。不平则饬司马。刑罚暴乱,奸邪不胜⑧,曰不义。不义则饬司寇。度量不审,举事失理,都鄙不修,财物失所,曰贫。贫则饬司空。故御者同是车马,或以取千里,或不及数百里,其所谓进退缓急异也。夫治者同是官法,或以致平,或以致乱者,亦其所以为进退缓急异也。

"古者天子常以季冬考德正法,以观治乱。德盛者治也,德薄者乱也。故天子考德,则天下之治乱可坐庙堂之上而知之。夫德盛则法修,德不盛则饬,法与政咸德而不衰。故曰王者又以孟春⑨论之德及功能,能德法者为有德,能行德法者为有行,能成德法者为有功,能治德法者为有智。故天子论吏,而德法行,事治而功成。夫季冬正法,孟春论吏,治国之要。"

【注释】

①六官:指下文所讲的冢宰、司徒、宗伯、司马、司寇、司空。

②司徒:官名。主管教化。旧注:"教官所以成德。"

③司马:官名。主管兵事。旧注:"治官所以成圣,圣通征伐,所以通天下也。"

④司空:官名。主管建筑工程、制造车服器械等。旧注:"事官所以成礼,礼非事不立也。"

⑤五教:指父义、母慈、兄友、弟恭、子孝这五种封建人伦准则。

⑥以之德则国安:旧注"德教成,以之仁则国和;礼之用和为贵,则国安"。

⑦以之义则国义:旧注"义,平也。刑罚当罪则国平"。

⑧不胜:不能制伏。

⑨孟春:初春,即春季的第一个月。

【译文】

"古代统治天下的帝王,用六官来总理国家。冢宰之类的官来成就道,司徒之类的官来成就德,宗伯之类的官来成就仁,司马之类的官来成就圣,司寇之类的官来成就义,司空之类的官来成就礼。六官控制在手就如同有了缰绳,司会使仁义均齐就如同有了内侧缰绳。所以说:驾驭四马的人要控制好六条缰绳,治理天下的人要掌握好六官。因此,善于驾驭马的人,端正身体揽好缰绳,使马均匀用力,让马齐心一致,即使走曲折婉转之路,到何处都随心所欲。所以可以走长道,可以赴急难。这是圣人用来掌握天地和治理民众的法则。天子把内史作为左右手,把六官作为缰绳,然后和三公一起来控制六官,使五教均齐,使五法齐备,只要你有所指引,没有不如愿的。遵从道,国家就能治理;遵从德,国家就能安定;遵从仁,国家就能和平;遵从圣贤,国家就能平安;

颜氏家训·孔子家语

257

遵从礼,国家就能长治久安;遵从义,国家就会有信义。这就是施政的方法。

"过错和失误,是人之常情,人不可能没有过失。有了过错而能改正,就不为过。因此,官属不理清,职责不分明,法律政策不统一,百事失去纲纪,这叫作混乱。混乱就整饬冢宰。田地没有种好,财物没有增加,万民饥寒,教令不行,风俗淫乱邪僻,人民流离失散,这叫作危险。危险就整饬司徒。父子不亲,长幼失序,君臣上下离心离德,各有其志,这叫作不和。不和就整饬宗伯。贤能的人失去官爵,有功劳失去奖赏利禄,士卒心怀怨恨,兵力虚弱不堪使用,这叫作不平。不平就整饬司马。刑罚暴乱,奸邪不能被制伏,这叫作不义。不义就整饬司寇。度量不详审,举事失去条理章法,城邑不修,财物流散,这叫作贫穷。贫穷就整饬司空。所以驾驭着同样的车马,有的可以行千里,有的走不到数百里,这就是所谓进退缓急不同啊。各级官员执行的是同样的官法,有的人治理得很好,有的人却导致了混乱,这也是因为进退缓急不同造成的。

"古时候天子常在冬末考察德政,调整法令,用以观察治乱。德政深厚,世道就安定;德政浅薄,世道就混乱。所以天子只要考察德政,那么天下的治乱,坐在朝堂之上就可以知道了。德政深厚,法令就会得到修治,德政不深厚就要整饬,法令和政治都合乎德就不会衰败。所以天子又在春季的第一个月评论官吏的德行及功劳才能。能够遵守德政和法治的为有德行,能够施行德政和法治的为有才干,施行德政和法治有成效的为有功劳,能运用德政和法治来管理政事的为有智谋。因此天子评定官吏,而德政和法治得到推行,政事得到治理而大功告成。冬末调整法律,初春评定官吏,这是治国的关键。"

【评析】

这是孔子回答闵子骞问政的一篇对话。孔子把治理民比喻为驾驭马,把德法比喻为衔勒。德法为御民之具,衔勒为御马之具。"善御民者,壹其德法,正其百官,以均齐民力,和安民心","善御马者,正衔勒,齐辔策,均马力,和马心"。治民"无德法而用刑,民必流,国必亡",御马"无衔勒而用棰策,马必伤,车必败"。接着又讲六官犹如马缰绳,天子控制好六官,并定期对他们进行整饬、考核,这是"治国之要"。

本命解第二十六

【原文】

鲁哀公问于孔子曰:"人之命与性何谓也?"

孔子对曰:"分于道谓之命①,形于一谓之性。化于阴阳,象形而发谓之生,化穷数尽谓之死。故命者,性之始也;死者,生之终也。有始则必有终矣。

"人始生而有不具者五焉:目无见,不能食,不能行,不能言,不能化。及生三月而微煦②,然后有见。八月生齿,然后能食。三年囟合,然后能言。十有六而精通,然后能化。阴穷反阳,故阴以阳变;阳穷反阴,故阳以阴化。是以男子八月生齿,八岁而龀③。女子七月生齿,七岁而龀,十有四而化。一阳一阴,奇偶相配,然后道合化成。性命之端,形于此也。"

公曰:"男子十六精通,女子十四而化,是则可以生民矣。而礼男子三十而有室,女子二十而有夫也,岂不晚哉?"

孔子曰:"夫礼言其极,不是过也。男子二十而冠,有为人父之端。女子十五许嫁,有适人之道。于此而往,则自婚矣。群生闭藏乎阴,而为化育之始。故圣人因时以合偶男女,穷天数也。霜降而妇功成,嫁娶者行焉。冰泮④而农桑起,婚礼而杀于此。男子者,任天道而长万物者也。知可为,知不可为;知可言,知不可言;知可行,知不可行者。是故审其伦而明其别⑤,谓之知,所以效匹夫之德也。女子者,顺男子之教而长其理者也,是故无专制之义,而有三从之道。幼从父兄,既嫁从夫,夫死从子,言无再醮⑥之端。教令不出于闺门,事在供酒食而已。无阃外之非仪也,不越境而奔丧。事无擅为,行无独成,参知而后动,可验而后言。昼不游庭,夜行以火,所以效匹妇之德也。"

孔子遂言曰:"女有五不取:逆家子者,乱家子者,世有刑人子者,有恶疾子者,丧父长子。妇有七出,三不去。七出者:不顺父母者,无子者,淫僻者,嫉妒者,恶疾者,多口舌者,窃盗者。三不去者:谓有所取无所归,一也。与共更三年之丧,二也。先贫贱,后富贵,三也。凡此,圣人所以顺男女之际,重婚姻之始也。"

【注释】

①分于道谓之命:旧注"分于道,谓始得为人"。意思是说从"道"中分离出来,成了独立的人。

②微煦:眼珠能微微转动。

③龀(chèn):指儿童换乳牙。

④冰泮:冰融化。旧注:"泮,散也。正月农事起,蚕者采桑。"

⑤审:明察。伦:类别。

⑥再醮:改嫁。旧注:"始嫁言醮。礼无再醮之端,统言不改事人也。"

【译文】

鲁哀公问孔子:"人的命和性是怎么回事呢?"

孔子回答说:"根据天地自然之道而化生出来的就是命,人禀受阴阳之气而形成不同的个性就是性。由阴阳变化而来,有一定形体发出来,叫作生;阴阳变化穷尽之后,叫作死。所以说,命就是性的开始,死就是生的终结。有始则必有终。

"人刚出生时有五种能力不具备:目不能见,嘴不能食,腿不能行,口不能言,不能生育。出生三个月以后眼珠微能转动,然后才能看见;八个月长牙,然后能吃东西;三年囟门闭合,然后才能说话;十六岁精气畅通,然后才能生育。阴达到极点就要返阳,故阴是从阳变化的;阳达到极点就要返阴,故阳得阴才能变化。所以男子八个月长牙,八岁换牙;女子七个月长牙,七岁换牙,十四岁能够生育。一阳一阴,奇偶相配,然后阴阳化合才能生育。性命的开始,就从这里形成了。"

鲁哀公说:"男子十六岁精气通畅,女子十四岁能生育,这时就可以生小孩了。而根据礼,男子三十岁娶妻,女子二十岁嫁人,岂不是晚了吗?"

孔子说:"礼说的是最迟限度,不要超过这个限度。男子二十岁举行加冠之礼,就可以开始做父亲了。女子十五岁允许出嫁,有出嫁的道理了。从此之后,就可以结婚。众生闭藏于阴,就成为化育的开始。因此圣人依据时节让男女成婚,穷尽了天数的极限。霜降时妇女该做的家务事都完成了,男婚女嫁的事就开始操办了。冰雪融化后农耕养蚕的事就开始了,举行婚礼的事到此停止。男子,是担当天下大任而让万物生长的人,知道什么可做,什么不可做;知道什么可说,什么不可说;知道什么可行,什么不可行。因此审视清楚事物的类别和区别,叫作知,这就是一般男人的品德。女子,是顺从男子的教导而经常按此道理去做的人,因此没有自作主张的道理,只有三从的责任。年幼时服从父兄。出嫁后服从丈夫,丈夫死后服从儿子,没有改嫁的理由。家内的命令不由妇女发出,她们的事只是供应饮食酒菜而已。在家门外不要被人非议,不能到超过规定的地方去奔丧。事情不能擅自做主,有事不能独自出行,三思后再行动,验证后再说话。白天不在庭院中游逛,夜里走路要举着灯火。这就是一般妇女的品德。"

孔子又接着说:"有五种女子不能娶:叛逆造反家庭的女子,淫秽乱伦家庭的女子,受过刑罚家庭的女子,有不治之病家庭的女子,早年丧父家庭的长女。妇人有七种情况可以被休弃,三种情况不可以被休弃。七种情况是:不孝顺父母的,没有儿子的，有淫乱邪僻行为的，爱嫉妒的，有难治之病的，多嘴多舌的，有偷盗行为的。三种情况是：娶时有家休弃后无家可归的，这是第一种。为公婆服过三年丧的，这是第二种。夫家先贫贱后富贵的，这是第三种。所有这些，是圣人根据男女之间的关系，重视婚姻的开始。"

【评析】

本篇"鲁哀公问"章，孔子讲了性和命、生和死的关系。"分于道谓之命，形于一谓之性。化于阴阳，象形而发谓之生，化穷数尽谓之死。故命者，性之始也；死者，生之终也。有始则必有终矣。"又从论述男女的不同，引出礼的作用，认为男子是"任天道而长万物"的，而女子则"无专制之义，而有三从之道"。这种男女不平等、不合理的观念在长期的封建社会一直存在。

论礼第二十七

【原文】

孔子闲居，子张、子贡、言游侍①，论及于礼。孔子曰："居，汝三人者，吾语汝以礼，周流无不遍也。"

子贡越席而对曰："敢问如何？"子曰："敬而不中礼谓之野，恭而不中礼谓之给②，勇而不中礼谓之逆。"子曰："给夺慈仁。"子贡曰："敢问将何以为此中礼者？"子曰："礼乎，夫礼所以制中也。"子贡退，言游进曰："敢问礼也，领恶而全好者与？"子曰："然。"子贡问："何也？"子曰："郊社之礼，所以仁鬼神也；禘尝③之礼，所以仁昭穆也；馈奠之礼，所以仁死丧也；射飨之礼④，所以仁乡党也；食飨之礼，所以仁宾客也。明乎郊社之义，禘尝之礼，治国其如指诸掌而已。是故居家有礼，故长幼辨；以之闺门有礼，故三族和；以之朝廷有礼，故官爵序；以之田猎有礼，故戎事闲；以之军旅有礼，故武功成。是以宫室得其度，鼎俎得其象，物得其时，乐得其节，车得其轼，鬼神得其享，丧纪得其哀，辩说得其党，百官得其体，政事得其施。加于身而措于前，凡众之动，得其宜也。"

言游退，子张进曰："敢问礼何谓也？"子曰："礼者，即事之治也。君子有其事，必有其治。治国而无礼，譬犹瞽之无相⑤，伥伥乎何所之？譬犹终夜有求于幽室之中，非烛何以见？故无礼则手足无所措，耳目无所加，进退揖让无所制。是故以其居处，长幼失其别，闺门三族失其和，朝廷官爵失其序，田猎戎事失其策，军旅武功失其势，宫室失其度，鼎俎失其象,物失其时,乐失其节,车失其轨,鬼神失其享,丧纪失其哀,辩说失其党,百官失其体,政事失其施。加于身而措于前,凡众之动失其宜。如此,则无以祖洽⑥四海。"

子曰:"慎听之,汝三人者。吾语汝,礼犹有九焉,大飨有四焉。苟知此矣,虽在畎亩之中,事之,圣人矣。两君相见,揖让而入,入门而悬兴⑦。揖让而升堂,升堂而乐阕。下管《象》舞,夏钥序兴⑧。陈其荐俎,序其礼乐,备其百官。如此而后君子知仁焉。行中规,旋中矩,銮和中《采荠》。客出以《雍》⑨,彻以《振羽》。是故君子无物而不在于礼焉。入门而金作,示情也;升歌《清庙》⑩,示德也;下管象舞,示事也。是故古之君子,不必亲相与言也,以礼乐相示而已。夫礼者,理也;乐者,节也。无礼不动,无节不作。不能《诗》,于礼谬;不能乐,于礼素;薄于德,于礼虚。"

子贡作而问曰:"然则夔其穷与?"子曰:"古之人与?上古之人也。达于礼而不达于乐,谓之素;达于乐而不达于礼,谓之偏。夫夔达于乐而不达于礼,是以传于此名也。古之人也,凡制度在礼,文为在礼,行之其在人乎?"

三子者,既得闻此论于夫子也,焕若发蒙焉。

【注释】

①子张:即颛孙师,字子张。子贡:即端木赐,字子贡。言游:即言偃,字子游。三人均为孔子弟子。

②给:言语便捷。此指言语不得体。

③禘(dì):宗庙四时祭之一,每年夏季举行。尝:古代秋祭名。

④射:指乡射礼,即卿大夫举士后举行的射礼。飨:以酒食款待。

⑤瞽(gǔ):盲人。相:搀扶,帮助。

⑥祖洽:倡导和谐。旧注:"祖,始也;洽,合也。言失礼无以为众倡始,无以合和众。"

⑦悬:悬挂。兴:作。指奏乐。旧注:"兴,作乐也。"

⑧夏钥:大夏之舞,执籥以舞。序兴:指文武之舞依次而舞。旧注:"夏,文舞也。执符,籥如笛。"

⑨客出以《雍》:宴会完毕,客人出来时奏《雍》。雍:乐曲名。旧注:"雍,乐曲名,在《周颂》。"

⑩升歌清庙:登堂时唱清庙之诗。清庙:《诗经·周颂》篇名。

【译文】

孔子在家休息,弟子子张、子贡、子游陪侍,说话时说到了礼。孔子说:"坐下,你们三人,我给你们讲讲礼。礼周详地运用到各处无所不遍。"

子贡站起来离席回话说:"请问礼该如何?"孔子说:"虔敬而不合乎礼,叫作土气;谦恭而不合乎礼,叫作巴结;勇敢而不合乎礼,叫作乖逆。"孔子又说:"巴结混淆了慈悲和仁爱。"子贡说:"请问怎么做才能做到合乎礼呢?"孔子说:"礼吗?礼,就是用来节制行为使之适中的。"子贡退下来,子游上前说:"请问,所谓礼是不是为了治理恶劣习性而保全良好品行的呢?"孔子说:"是的。"子贡问:"那该怎么做呢?"孔子说:"祭天祭地之礼,是用以致仁爱于鬼神的;秋尝夏禘之礼,是用以致仁爱于祖先的;馈食祭奠之礼,是用以致仁爱于死者的;举行乡射礼、乡饮酒礼,是用以致仁爱于乡亲邻里的;宴会饮酒的礼仪,是用以致仁爱于宾客的。明白了祭天祭地的礼仪,秋尝夏禘的礼仪,那么治理国家就像在指着自己的手掌给别人看那样容易。因此,用这些礼仪,居家处事有礼,长幼就分辨清楚了;家族内部有礼,一家三代就和睦了;在朝廷上有礼,官职爵位就井然有序了;田猎时有礼,军事演习就熟练了;军队里有礼,就能建立战功了。因为有了礼,宫室得以有了制度,祭器有了样式,各种器物符合时节,音乐符合节拍,车辆有了定式,鬼神得到了该有的祭享,丧葬有了适度的悲哀,辩说得以拥有支持的人,百官得以恪守其职分,政事得以顺利施行。加在每人身上的,摆在面前的,人们的种种行为举动都能够适宜得当。"

子游退下去,子张上前问道:"请问什么是礼呢?"孔子说:"所谓礼,就是对事物的治理。君子有什么事务,必有相应的治理手段。治理国家假如没有礼,就好像盲人没有扶助的人,茫然不知该往哪走。又如整夜在暗室中找东西,没有烛光怎么能看得见呢?所以说没有礼就会手足无措,耳目也不知该听什么该看什么,进退、作揖、谦让都失去了尺度。这样一来,居家处事就会长幼无别,家族之内祖孙三辈就失去了和睦,朝廷上官爵就失去了秩序,田猎练武就失去了策略,军队攻守就失去了控制,宫室建造就失去了制度,祭器就失去了式样,各种事物就失去了合适的时间,音乐就失去了节拍,车辆就失去了定式,鬼神就失去了祭享,丧事就失去了合度的哀伤,辩说就失去了支持的人,百官就会失职,政事就不能施行。凡加在每个人身上的,摆在面前的,人们的种种行为举动都失其所宜。这样,就无法协调民众一致行动了。"

孔子说:"仔细听着,你们三人!我告诉你们,礼还有九件事,其中四件是大飨礼所特有的。如果知道了这些,哪怕是个种田人,只要依礼而行,他也是圣人了。两位国君相见,互相作揖谦让后进入大门,入门后钟鼓等乐器齐奏,两人又互相作揖谦让后登上大堂,登上大堂之后乐声就停止了。这时在堂下又用管乐奏起《象》的乐曲,接着执篇的人又跳起《大夏》之舞和各种舞蹈。摆设笾豆与牲俎,按序安排礼乐,备齐各种执事人员。这样,来访的国君就感受到了主人的盛情厚意。在这里,人们来往走动都符合规定,周旋时步子都合乎规矩,车子的铃声也合着《采荠》乐曲的节拍。客人出去时,堂下奏起《雍》的乐章;撤去席上食具时,奏起《振羽》的乐章。所以,君子的行动没有一件事不在礼节之中。客人进门时钟声响起,是表示欢迎之情;登堂时演奏《清庙》诗章,表示赞美其功德;堂下吹奏《象》的舞曲,表示崇敬祖先的功业。所以,古代的大人君子相见,不必互相说话,只凭礼乐就可以传达情意了。礼,就是理;乐,就是节。没有道理的事不做,没有节制的事不为。不懂得赋《诗》言志,礼节上就会出差错;不能用音乐来配合,礼节就显得单调枯燥;道德浅薄,礼就会显得虚假。"

子贡站起来问道:"按这么说,夔对礼精通吗?"孔子说:"夔不是古代的人吗?他是上古时代的人啊!精通礼而不精通乐,叫作质朴;精通乐而不精通礼,叫作偏颇。夔大概只精通乐而不精通礼,所以传下精通音乐的名声。不过古代的人,各项制度都存在于礼中,制度也靠礼来修饰,实行起来大概还是靠人吧。"

三个弟子听了孔子这番话,眼前豁然一亮,好像拨开了迷雾。

【评析】

春秋时代,礼崩乐坏,社会混乱,孔子想用礼、乐来恢复社会的正常秩序。"孔子闲居"篇讲的就是孔子对礼的一些重要见解,如什么是礼,怎样做才符合礼,并全面地论述了礼的功用:"郊社之礼,所以仁鬼神也;禘尝之礼,所以仁昭穆也;馈奠之礼,所以仁死丧也;射飨之礼,所以仁乡党也;食飨之礼,所以仁宾客也。"认为"治国而无礼,譬犹瞽之无相,伥伥乎何所之?譬犹终夜有求于幽室之中,非烛何以见?故无礼则手足无所措,耳目无所加,进退揖让无所制"。

卷　七

观乡射第二十八

【原文】

孔子观于乡射①,喟然叹曰:"射之以礼乐也,何以射? 何以听? 修身而发,而不失正鹄者,其唯贤者乎? 若夫不肖之人,则将安能以求饮?《诗》②云:'发彼有的,以祈尔爵。'③祈,求也。求所中以辞爵。酒者,所以养老、所以养病也。求中以辞爵,辞其养也。是故士使之射而弗能,则辞以病,悬弧之义④。"

于是退而与门人习射于矍相之圃,盖观者如堵墙焉。射至于司马⑤,使子路执弓矢,出列延,谓射之者曰:"奔军之将,亡国之大夫,与为人后⑥者,不得入,其余皆入。"盖去者半。又使公罔之裘、序点扬觯而语曰:"幼壮孝悌,耆老好礼,不从流俗,修身以俟死者,在此位。"盖去者半。序点又扬觯而语曰:"好学不倦,好礼不变,耄期⑦称道而不乱者,在此位。"也盖仅有存焉。

射既阕,子路进曰:"由与二三子者之为司马,何如?"孔子曰:"能用命矣。"

【注释】

①乡射:指州长于春秋两季以礼会民,习射于州之学校。

②《诗》:指《诗经·小雅·宾之初筵》。

③以祈尔爵:祈求你免被罚酒。旧注:"祈,求也,言发中的以求饮尔爵也。胜者饮不胜者。"

④悬弧之义:古代风俗,家中生了男孩,便在门左首悬挂一张木弓以示庆贺。此处暗示射箭是男子从事的事。旧注:"弧,弓也。男子生则悬弧于其门,明必有射事也。而今不能射,唯病可以为辞也。"

⑤司马:官名。掌管军政和军赋。子路此时官为司马,此即指子路。旧注:"子路

265

为司马,故射至,使子路出延射。"

⑥人后:指过继给别人作后嗣。旧注:"人已有后而又为人后,故曰与为人后也。"

⑦耄(mào)期:旧注"八十、九十曰耄,言虽老而能称,解道而不乱"。

【译文】

孔子观看乡射礼,长叹一声说:"射箭时配上礼仪和音乐,射箭的人怎能一边射,一边听?努力修养身心而发出的箭,并能射中目标,只有贤德的人才能做到。如果是不肖之人,他怎能射中而罚别人喝酒呢?《诗经》说:'发射你的箭射中目标,祈求你免受罚酒。'祈,就是求。祈求射中而免受罚酒。酒,是用来养老和养病的。祈求射中而辞谢罚酒就是推辞别人的奉养。所以如果让士人射箭,假如他不会,就应当以有病来辞谢,因为男子生来就应该会射箭。"

于是回来后和弟子们在矍相的园圃中学习射箭,观看的人们好像一堵围墙。当射礼行至子路时,孔子让子路手执弓箭出来邀请比射的人,说:"败军之将、丧失国土的大夫、求做别人后嗣的人,一律不准入场,其余的人进来。"听到这话,人走了一半。孔子又让公罔之裘、序点举起酒杯说:"幼年壮年时能孝敬父母,友爱兄弟,到老年还爱好礼仪,不随流俗,修身以待终年的人,请留在这个地方。"结果又走掉一半。序点又举杯说:"好学不倦,好礼不变,到老还言行不乱的人,请留在这里。"结果只有几个人留下没走。

射箭结束后,子路走上前对孔子说:"我和序点他们这些人做司马,如何?"孔子回答说:"可以胜任了。"

【评析】

孔子很重视基层礼仪乡射礼,并亲自带领弟子们去练习。在习射的同时,不失时机地对民众进行礼的教育,对遵守礼法者进行鼓励,并用淘汰的方法教育那些礼义欠缺的人。

郊问第二十九

【原文】

定公①问于孔子曰:"古之帝王必郊祀其祖以配天②,何也?"孔子对曰:"万物本于天,人本乎祖。郊之祭也,大报本反始③也,故以配上帝。天垂象④,圣人则之,郊所以明天道也。"

【注释】

①定公:鲁国国君,名宋。

②郊祀:在郊外祭天地、祖宗或鬼神。配天:指郊祀时同时郊祀上天。

③大报本反始:大规模地报答上天的恩惠。

④垂象:显示征兆。

【译文】

鲁定公向孔子询问道:"古代帝王在郊外祭祖时一定要祭祀上天,这是为什么呢?"孔子回答说:"万物都来源于天,人又来源于其祖先。郊祭,就是规模盛大的报答上天和祖先的恩惠反思自己根源的礼仪,所以祭祖时要配祭上帝。上天显示征兆,圣人就取法这些征兆,举行郊祭就是为了显明天道。"

【评析】

古代的帝王在郊外祭祀祖先时,同时要祭天。鲁定公问孔子为何这样做。孔子认为世间万物都由上天所生,人又来源于其祖先,郊祭就是"报本反始",感谢上天和祖先。以此可见上天和祖先在孔子心中的地位。

五刑解第三十

【原文】

冉有问于孔子曰:"古者三皇五帝不用五刑①,信乎?"

孔子曰:"圣人之设防,贵其不犯也。制五刑而不用,所以为至治也。凡夫之为奸邪窃盗靡法妄行②者,生于不足。不足生于无度,无度则小者偷盗,大者侈靡,各不知节。是以上有制度,则民知所止;民知所止,则不犯。故虽有奸邪贼盗靡法妄行之狱,而无陷刑之民。不孝者生于不仁,不仁者生于丧祭之无礼。明丧祭之礼,所以教仁爱也。能教仁爱,则服丧思慕③,祭祀不解人子馈养之道④。丧祭之礼明,则民孝矣。故虽有不孝之狱，而无陷刑之民。弑⑤上者生于不义，义所以别贵贱、明尊卑也。贵贱有别，尊卑有序，则民莫不尊上而敬长。朝聘之礼者，所以明义也。义必明则民不犯，故虽有弑上之狱，而无陷刑之民。斗变者生于相陵⑥，相陵者生于长幼无序而遗敬让。乡饮酒之礼者，所以明长幼之序而崇敬让也。长幼必序，民怀敬让，故虽有斗变之狱，而无陷刑之民。淫乱者生于男女无别，男女无别则夫妇失义。婚礼聘享者⑦，所以别男女、明夫妇之义也。男女既别，夫妇既明，故虽有淫乱之狱，而无陷刑之民。此五者，刑罚之所以生，各有源焉。不豫塞其源，而辄绳之以刑，是谓为民设阱而陷之。

【注释】

①五刑：古代的五种刑罚，指：墨，即面上刺字。劓，割掉鼻子。剕，断足。宫，阉割生殖器。大辟，砍头。

②靡法妄行：心中无法而任意妄为。

③思慕：思念仰慕。

④不解人子馈养之道：不解：不怠慢。馈养：养育。旧注："言孝子奉祀不敢解，与生时馈养之道同。"

⑤弑：指以下杀上。

⑥相陵：相互侵辱。

⑦聘享：聘礼和享礼。指订婚时男方给女方的定礼和聘礼。

【译文】

冉有向孔子问道："古代的三皇五帝不用五刑，这是真的吗？"

孔子说："圣人设置防卫措施，贵在让人不触犯。制定五刑而不用，是为了做到最好的治理。凡是有奸诈邪恶抢劫盗窃违法妄行不法行为的人，产生于心中的不满足。不满足又产生于没有限度。没有限度，小的就会盗窃，大的则奢侈浪费，都是不知节制。因此君王制定了制度，民众就知道了什么不能做，知道了什么不能做就不会犯法。

所以虽然制定了奸诈邪恶抢劫盗窃违法妄行的罪状，却没有陷入刑罚的民众。不孝的行为产生于不仁，不仁又产生于没有丧祭之礼。所以明确规定丧祭之礼，是为了使人知道仁爱。能教人懂得仁爱，为父母服丧就会思念爱慕他们，举行祭礼表示人子还在不懈地赡养父母。丧祭之礼明确了，民众就会遵守孝道了。所以虽然制定了不孝的罪状,而没有陷入刑罚的民众。以下杀上的行为产生于不义,义是用来区别贵贱表明尊卑的。贵贱有别,尊卑有序,那么民众没有不尊敬上级和长辈的。诸侯定期朝见天子的朝聘之礼,是用来显明义的。义显明了,那么民众就不会犯上。所以虽然制定了弑上的罪状,而没有陷入刑罚的民众。争斗变乱的行为产生于相互欺压,欺压的行为产生于长幼无序而忘记了尊敬和谦让。乡饮酒之礼,就是用来显明长幼之序和尊崇敬让的。长幼有序,民众怀着敬让之心,即使设立了争斗变乱的罪状,也没有陷入刑罚的民众。淫乱的行为产生于男女无别,男女无别夫妇间就失去了情义。婚礼和聘礼享礼,就是用来区别男女和显明夫妇情义的。男女既已有别,夫妇情义既明,即使制定了有关淫乱的罪状,而民众也没有陷入刑罚的。这五种情况,是刑罚产生的原因,是各有根源的。不预先堵住其根源,而动辄使用刑罚,这叫作给民设下陷阱来陷害他们。

【评析】

这篇重点讨论礼和法的关系。由于人们有种种的道德缺陷,如不知足、不仁、不义、相陵、男女无别、嗜欲不节等,古代圣王制定了相应的礼仪和刑律,人们懂礼就不会触犯刑法,遵礼是"豫塞其源",如果"不豫塞其源,而辄绳之以刑,是谓为民设阱而陷之"。可见在礼法的关系上,孔子更重视礼的作用。

刑政第三十一

【原文】

仲弓①问于孔子曰:"雍闻至刑②无所用政,至政③无所用刑。至刑无所用政,桀纣之世是也;至政无所用刑,成康之世④是也。信乎?"

孔子曰:"圣人之治化也,必刑政相参⑤焉。太上⑥以德教民,而以礼齐之,其次以政焉。导民以刑,禁之刑,不刑也。化之弗变,导之弗从,伤义以败俗,于是乎用刑矣。颛五刑必即天伦⑦,行刑罚则轻无赦。俪,侧⑧也;侧,成也。壹成而不可更,故君子尽心焉。"

【注释】

①仲弓:姓冉名雍,字仲弓,孔子弟子。

②至刑：最严酷的刑罚。

③至政：最完美的政治。

④成康之世：周成王、周康王的时代。史家称"成康之际，天下安宁，刑措四十余年不用"。

⑤相参：相互配合。

⑥太上：最好，最上等。

⑦颛：通"专"。即天伦：合乎天意。旧注："即，就也。就天伦，谓合天意。"

⑧侀(xíng)：成形之物。侀：通"形"。

【译文】

仲弓问孔子说："我听说有严酷的刑罚就不需要用政令了，有完善的政令就不需要用刑罚了。有严酷的刑罚不用政令，夏桀、商汤的时代就是这样；有完善的政令不用刑罚，周朝成王、康王的时代就是这样。这是真的吗？"

孔子说："圣人治理教化民众，必须是刑罚和政令相互配合使用。最好的办法是用道德来教化民众，并用礼来统一思想，其次是用政令。用刑罚来教导民众，用刑罚来禁止他们，目的是为了不用刑罚。对经过教化还不改变，经过教导又不听从，损害义理又败坏风俗的人，只好用刑罚来惩处。专用五刑来治理民众也必须符合天道，执行刑罚对罪行轻的也不能赦免。侀，就是侧；侧，就是已成事实不可改变。一旦定刑就不可改变，所以官员要尽心地审理案件。"

【原文】

仲弓曰："古之听讼①，尤罚丽于事，不以其心，可得闻乎？"

孔子曰："凡听五刑之讼②，必原父子之情，立君臣之义以权之。意论轻重之序，慎测浅深之量以别之。悉其聪明，正其忠爱以尽之。大司寇正刑明辟以察狱③，狱必三讯焉。有指无简④，则不听也。附从轻，赦从重。疑狱则泛与众共之⑤，疑则赦之。皆以小大之比成也。是故爵人必于朝，与众共之也；刑人必于市，与众弃之也。古者公家不畜刑人，大夫弗养⑥也。士遇之涂，以弗与之言。屏诸四方，唯其所之，不及与政，弗欲生之也。"

仲弓曰："听狱，狱之成，成何官？"

孔子曰："成狱成于吏，吏以狱成告于正。正既听之，乃告大司寇。大司寇听之，乃奉于王。王命三公卿士参听棘木之下⑦，然后乃以狱之成疑于王。王三宥之以听命，而制刑焉。所以重之也。"

仲弓曰：“其禁何禁⑧？”

孔子曰：“巧言破律，遁名改作⑨，执左道与乱政者，杀。作淫声⑩，造异服，设伎奇器以荡上心者，杀。行伪而坚⑪，言诈而辩，学非而博，顺非而泽，以惑众者，杀。假于鬼神，时日卜筮，以疑众者，杀。此四诛者不以听。”

仲弓曰：“其禁尽于此而已？”

孔子曰：“此其急者。其余禁者十有四焉：命服命车不粥于市，圭璋璧琮不粥于市，宗庙之器不粥于市，兵车旍旗不粥于市，牺牲柜鬯不粥于市，戎器兵甲不粥于市，用器不中度不粥于市，布帛精麤不中数、广狭不中量不粥于市，奸色乱正色不粥于市，文锦珠玉之器雕饰靡丽不粥于市，衣服饮食不粥于市⑫，果实不时不粥于市，五木不中伐不粥于市，鸟兽鱼鳖不中杀不粥于市。凡执此禁以齐众者，不赦过也。”

【注释】

①听讼：审理案件。

②五刑之讼：五种罪行的案件。

③大司寇：官名，掌刑狱纠察等事。正刑：正定刑法。明辟：辨明法令。察狱：审理案件。

④有指无简：有人指证但不能确定犯罪事实。旧注：“简，诚也。有意无其诚者，不论以为罪也。”

⑤疑狱：疑难案件。泛与众共之：广泛征求意见，共同审理。

⑥大夫弗养：大夫不供养被判刑的人。

⑦三公：辅助国君的最高官员，周朝为太师、太傅、太保。卿士：官名。参听：参与审理。棘木之下：古代判案的处所。棘木：酸枣树。旧注：“外朝法，左九棘，孤卿大夫位焉。右九棘，公侯伯子男位焉，面三槐，三公位。”

⑧其禁何禁：前“禁”是禁止的事。后“禁”字指禁令的条款。

⑨遁名：假冒名义。改作：改变法则。旧注：“变言与物名也。”

⑩作淫声：制造淫靡之音。旧注：“淫，逆也，惑乱人之声。”

⑪行伪而坚：行为诈伪而顽固。旧注：“行诈伪而守之坚也。”

⑫衣服饮食不粥于市：旧注：“卖成衣服，非侈必伪，故禁之。禁卖熟食，所以厉耻也。”

【译文】

仲弓说：“古代审理案件，对过错的处罚根据事实，不依据内心动机，对这点可以讲给我听听吗？"

孔子说："凡是审理五种罪行的案子，必须要推究其父子之情，按照君臣之义来衡量，目的是论证犯罪情节的轻重，谨慎地衡量罪过的深浅，以便分别对待。尽量运用自己的聪明才智，极力发挥自己的忠爱之心来探明案情。大司寇的职责是正定刑法辨明法令来审理案件，审案时必须听取群臣、群吏和万民的意见。有指证而核实不了犯罪事实的，就不治罪。量刑可重可轻的就从轻，赦免时，原判重了的则先赦。疑案则要广泛地向大众征求意见共同解决，如果还有疑问无法裁决，就赦免他。一切案件一定要根据罪行大小比照法律条文来定案。所以赐予爵位一定要在朝廷上，让众人共同见证；行刑一定要在闹市上，让众人共同唾弃他。古时诸侯不收容犯罪的人，大夫也不供养犯罪的人。读书人在路上遇到犯罪的人，不和他交谈。把罪犯放逐到四境，任凭他到什么地方，也不让他参与政事。表示不想让他活在世上。"

仲弓问："审理案件时，定案的事，是由什么官来完成的？"

孔子说："案件首先由狱官来审定，然后狱官把审理情况报告给狱官之长。狱官之长审理之后，再报告大司寇。大司寇审理之后，再报告君王。君王又命三公和卿士在种有酸枣树的审理处会审，然后把审理结果和可疑之处回呈给君王。君王根据三种可以宽宥的情况决定是否减免刑罚，最后根据审判结果来定刑。审定的程序是很慎重的。"

仲弓又问："在法律禁令的规定中都有哪些条款呢？"

孔子说："凡是用巧言曲解法律，变乱名义擅改法度，利用邪道扰乱国政者，杀。凡是制作淫声浪调，制作奇装异服，设计奇巧怪异器物来扰乱君心的，杀。凡行为诡诈又顽固，言辞虚伪又能诡辩，学非正学又广博多知，顺从坏事又曲加粉饰，用以蛊惑民众者，杀。凡利用鬼神、时日、卜筮，用以惑乱民众者，杀。犯此四类该杀罪行的都不需详加审理。"

仲弓又问："法令禁止的就到此为止了吗？"

孔子说："这是其中最紧要的。其余应禁的还有十四项：天子赐予的命服、命车不准在集市上出卖，圭璋璧琮等礼玉不准在集市上出卖，宗庙祭祀用的礼器不准在集市上出卖，兵车旐旗不准在集市上出卖，祭祀用的牲畜和酒不准在集市上出卖，作战用的兵器铠甲不准在集市上出卖，家用器具不合规矩不准在集市上出卖，麻布丝绸精粗不合乎规定、宽窄不合规定的不准在集市上出卖，染色不正的不准在集市上出卖，锦缎珠玉等器物雕刻巧饰特别华丽的不准在集市上出卖，衣服饮食不准在集市上出卖，果实还未成熟不准在集市上出卖，树木不成材不准在集市上出卖，幼小的鸟兽鱼鳖不准在集市上出卖。凡执行这些禁令都是为了治理民众，犯禁者不赦。"

【评析】

这一篇主要是讲刑政的，但孔子还是强调德、礼的教化作用。他说："太上以德教民,而以礼齐之,其次以政焉。"在审理案件时,孔子认为必须注重犯罪事实,根据情节的轻重、罪行的深浅来量刑。审理官还需用尽他的聪明才智,以忠爱之心来审理。疑狱则要广泛听取各方面意见,经过狱吏、狱官、大司寇三次讯问审理,然后上报到君王,君王还要让三公卿参与审理,最后有疑问还要由君王定夺。但对四种大罪,如"巧言破律,遁名改作,执左道与乱政者;作淫声,造异服,设伎奇器以荡上心者;行伪而坚,言诈而辩,学非而博,顺非而泽,以惑众者;假于鬼神,时日卜筮,以疑众者"则杀无赦,不必经过三次审讯。另外还有十四条禁令,规定得很详细。

礼运第三十二

【原文】

孔子为鲁司寇①,与于蜡②。既宾事毕③,乃出游于观④之上,喟然而叹。言偃侍,曰:"夫子何叹也?"孔子曰:"昔大道之行⑤,与三代之英⑥,吾未之逮⑦也,而有记焉。"

【注释】

①司寇:官名。掌刑狱纠察等事。

②与于蜡(zhà):参与蜡祭。周代于十二月合祭百神,叫蜡。

③既:已经。宾:陪祭者。毕:完毕。旧注:"毕宾客之事也。"

④观:宫门外阙。旧注:"观,宫外门阙,《周礼》所谓象魏也。"

⑤大道之行:此指三皇五帝时,大道通行。大道指上古五帝所遵循的社会准则。

⑥三代:指禹、汤、文武时代。英:英才。

⑦未之逮:没赶上。

【译文】

孔子担任鲁国司寇时,曾参与蜡祭。宾客走了以后,他出来到楼台上观览,感慨地叹了口气。言偃跟随在孔子身边,问道:"老师为什么叹气呢?"孔子说:"从前大道通行的时代,及夏商周三代精英当政的时代,我都没有赶上,而有些文字记载还可以看到。"

【原文】

"大道之行,天下为公,选贤与能,讲信修睦①。故人不独亲其亲②,不独子其子③。老有所终④,壮有所用,矜寡孤疾皆有所养。货恶其弃于地,不必藏于己;力恶其不出于身⑤,不必为人⑥。是以奸谋闭而不兴,盗窃乱贼不作。故外户而不闭,谓之大同⑦。"

【注释】

①讲信修睦:讲求信用,与人们和睦相处。

②不独亲其亲:不只是敬奉自己的父母。

③不独子其子:不只是疼爱自己的子女。

④终:指安享天年。

⑤力恶其不出于身:恶:唯恐,恐怕。旧注:"言力恶其不出于身,不以为德惠也。"

⑥为人:《礼记·礼运》作"为己"。

⑦大同:儒家的理想社会。

【译文】

"大道通行的时代,天下为大家所公有,选举贤能的人,讲求诚信,致力友爱。所以人们不只敬爱自己的双亲,不只疼爱自己的子女。社会上的老人都能安度终生,壮年人都能发挥自己的才能,鳏夫、寡妇、孤儿和残疾人都能得到供养。人们厌恶把财物浪费不用,但不必要收藏到自己家里;人们担心自己的智力体力不能得到发挥,但不是为了个人的利益。因此奸诈阴谋的事不会发生,盗窃财物扰乱社会的事情不会出现。所以家里的大门不必紧锁,这就叫作大同世界。"

【原文】

"今大道既隐①,天下为家②,各亲其亲,各子其子。货则为己,力则为人。大人世及以为常③,城郭沟池以为固。禹汤文武,成王周公,由此而选④,未有不谨于礼⑤。礼之所兴,与天地并。如有不由礼而在位者,则以为殃⑥。"

【注释】

①既隐:已经隐没衰微。

②天下为家:天下成为一家一姓的天下。

③大人:指天子诸侯。世及:世代相传。

④由此而选:选:选拔。旧注:"言用礼义为之选也。"

⑤谨于礼:谨慎地遵守礼法。

⑥殃:灾祸。

【译文】

"如今大道已经衰微,天下为一个家族所私有,人们只敬爱自己的双亲,只疼爱自己的子女。财物想据为己有,出力也是为了自己。天子诸侯把财物和权位世代相传已成常事,建筑城郭沟池作为防御工事。夏禹、商汤、文王、武王、成王、周公就是这个时代产生的,他们之中没有一人不依礼行事的。礼制的兴起,与天地并存。如有不遵循礼制而当权在位的,民众把他视为祸殃。"

【原文】

言偃复问曰:"如此乎,礼之急①也。"

孔子曰:"夫礼,先王所以承天之道,以治人之情。列其鬼神②,达于丧、祭、乡射、冠、婚、朝聘。故圣人以礼示之,则天下国家可得以礼正矣。"

言偃曰:"今之在位,莫知由礼,何也?"

孔子曰:"呜呼哀哉!我观周道,幽厉伤也③。吾舍鲁何适?夫鲁之郊及禘皆非礼④,周公其已衰矣⑤。杞之郊也禹⑥,宋之郊也契⑦,是天子之事守⑧也。天子以杞、宋二王之后。周公摄政致太平,而与天子同是礼也。诸侯祭社稷宗庙,上下皆奉其典,而祝嘏⑨莫敢易其常法,是谓大嘉。"

【注释】

①急:急需,紧要。

②列其鬼神:参验于鬼神。

③幽厉:指周幽王、周厉王,二人均是昏庸残暴之君。伤:败坏,损坏。旧注:"幽厉二王者,皆伤周道也。"

④郊:在郊外祭天。禘:天子诸侯的宗庙五年祭祀一次称禘。非礼:不合乎周礼。

⑤周公其已衰矣:指周公定的礼已经衰微。因周公封于鲁,故云。旧注:"子孙不能行其礼义。"

⑥杞之郊也禹:杞国的郊祭是祭祀禹。

⑦契:传说中宋的始祖,帝喾之子,母为简狄。

⑧守:保留。

⑨祝嘏(gǔ):祭祀时致祝祷之辞和传达神言的执事人。

【译文】

言偃又问:"这样的话,礼就是很紧

迫的了?"

孔子说:"礼是先代圣王用以顺承自然之道来治理人情的。它参验于鬼神,贯彻在祭、丧、乡射、冠、婚、朝聘等礼仪上。因此圣人就用礼来昭示天道人情,这样国家才能治理好。"

言偃又问:"现在在位当权的人没有知道遵循礼制的,为什么呢?"

孔子说:"唉,可悲呀!我考察周代的制度,自从幽王、厉王起就败坏了。我舍弃鲁国又能到哪里去考察呢?可是鲁国的郊、禘之祭已不合乎周礼,周公定的礼看来已经衰微了。杞人郊祭是祭禹,宋人郊祭是祭契,这是天子的职守。也因为他们是夏、商的后裔。周公代理执政而使天下太平,所以用与天子同样的礼仪。至于诸侯祭祀社稷和祖先,上下的人都奉守同样的典章制度,祝嘏不敢更改原有的礼制,这叫作大嘉。"

【评析】

《礼运》原为《礼记》中的一篇,主要论述礼义的本原和礼制的演变。孔子首先赞扬了五帝三皇的"大同"世界,认为那是人类历史上最完美的时期。那时大道行于世,天下人皆知为公,人们推选贤能的人治理国家,讲究信用,和睦相处。老有所终,壮有所用,奸谋不兴,盗窃乱贼不作,称之为大同。到了夏、商、周三代,社会由"大同"进入"小康",社会财富成为私家之物,国家政权也为一家所有,父死子继,因此诈谋和战乱不断。而此时的夏禹、商汤、周文王、周武王、周成王、周公以礼治理乱世,使天下复安,他们是小康时代最杰出的人物。到周幽王、周厉王时礼制衰微。孔子根据这种情况,论述了礼的重要、礼的起源,以及祭祀、死丧等各种礼节,以正君身,以治理社会。"大同小康"的学说对后世发生过相当重要的影响,创建"大同"世界成为人们美好的社会理想。

卷　八

冠颂第三十三

【原文】

邾隐公①既即位，将冠②，使大夫因孟懿子问礼于孔子③。

子曰："其礼如世子④之冠，冠于阼⑤者，以著代⑥也。醮⑦于客位，加其有成⑧。三加弥尊⑨，导喻其志。冠而字之，敬其名也。虽天子之元子⑩，犹士也，其礼无变。天下无生而贵者，故也行冠事必于祖庙，以裸享⑪之礼以将之，以金石之乐节之，所以自卑而尊先祖，示不敢擅。"

【注释】

①邾隐公：春秋时邾国国君，生平不详。

②冠：古代的一种礼仪，男子二十岁举行冠礼，表示已经成人。

③因：依靠，通过。孟懿子：鲁国贵族，姓仲，名何忌，孔子弟子。

④世子：太子，帝王的嫡长子。

⑤阼（zuò）：大堂前东面的台阶。古代接待宾客，主人走东面的台阶，客人走西面的台阶。旧注："阼，主人之阶。"

⑥以著代：表明代表父亲。旧注："以明其代父。"

⑦醮：举行冠礼时的一个仪节，即尊者对卑者酌酒，卑者接受敬酒后饮尽，不需回敬。

⑧加其有成：加礼于有成之人。

⑨三加：三次加冠。始加缁布冠，次加皮弁冠，再次加爵弁冠。弥：更加。

⑩元子：长子。

⑪裸（luǒ）享：灌以郁金香合秬酿造的香酒敬献给神。裸：灌。

颜氏家训·孔子家语

277

【译文】

郏隐公即位后,将要举行冠礼,派大夫通过孟懿子向孔子询问举行冠礼的有关礼仪。

孔子说:"这个礼仪应该和世子的冠礼相同。世子加冠时要站在大堂前东面的台阶上,以表示他要代父成为家长。然后站在客位向位卑者敬酒。每戴一次冠敬一次酒,表示加礼于有成的人。三次加冠,一次比一次尊贵,教导他要有志向。加冠以后,人们用字来称呼他,这是尊重他的名。即使是天子的长子,与一般平民百姓也没有什么两样,他们的冠礼仪式是相同的。天下没有生下来就高贵的,故而冠礼一定要在祖庙里举行,用裸享的礼节来进行,用钟磬之乐加以节制,这样可以使加冠者感到自己的卑微而更加尊敬自己的祖先,以表示自己不敢擅越祖先的礼制。"

【评析】

冠礼是成人之礼的起始,因此古代非常重视冠礼。孔子回答郏隐公问冠礼之事时,就讲了冠礼的重要性和主要仪节。被加冠者站在阼阶即大堂东阶的主位上,表明他将以继承人的身份代替父亲为一家之主。经过加缁布冠、皮弁、爵弁三次加冠,是鼓励他有所成就。加冠后给他起了字,人们就用字来称呼他,表示尊重他的名。加冠礼必须在祖庙里举行,向祖宗献酒并奏乐,表示自谦自卑而尊敬祖宗。从此以后他就可以以成人的身份参加各种社会活动了。

庙制第三十四

【原文】

卫将军文子将立先君之庙于其家①,使子羔②访于孔子。

子曰:"公庙设于私家,非古礼之所及,吾弗知。"子羔曰:"敢问尊卑上下立庙之制,可得而闻乎?"

孔子曰:"天下有王,分地建国,设祖宗③,乃为亲疏贵贱多少之数。是故天子立七庙,三昭三穆,与太祖之庙七。太祖近庙④,皆月祭之。远庙为祧⑤,有二祧⑥焉,享尝乃止⑦。诸侯立五庙,二昭二穆,与太祖之庙而五,曰祖考庙⑧,享尝乃止。大夫立三庙,一昭一穆,与太庙⑨而三,曰皇考⑩庙,享尝乃止。士立一庙,曰考庙,王考无庙,合而享尝乃止。庶人无庙,四时祭于寝。此自有虞以至于周之所不变也。凡四代帝王之所谓郊者,皆以配天。其所谓禘者,皆五年大祭之所及也。应为太祖者,则其庙不毁。不及太祖,虽在禘郊,其庙则毁矣。古者祖有功而宗有德,谓之祖宗者,其庙皆不毁。"

【注释】

①文子:卫国将军,名弥牟。先君:先代的君王。家:大夫统治的地方叫家。

②子羔:姓高,名柴,字子羔,孔子弟子。

③祖宗:旧注"祖宗者,不毁之名。其庙有功者谓之祖,至于周文王是也。有德者谓之宗,周武王是也"。

④近庙:太祖的庙。旧注:"近为高祖,下亲为近。"

⑤祧(tiāo):远祖的庙。旧注:"祧,远意,亲尽为祧。"

⑥二祧:旧注"二祧者,高祖及父母祖是也"。

⑦享尝乃止:按四时节令祭祀就可以了。享:用食物供奉祖先。尝:祭祀。

⑧祖考庙:始祖庙。

⑨太庙:即祖庙。

⑩皇考:对曾祖父的尊称。

【译文】

卫国将军文子将要在他的封地上建立先代君王的庙宇,派子羔向孔子询问有关礼仪。

孔子说:"将公家的庙宇建立在私人的封地上,这是古代礼仪所没有的,我不知道。"子羔说:"请问建立宗庙的尊卑上下的有关礼制,我能够听一听吗?"

孔子说:"自从天下有了君王,分封土地,建立国家,设立祖宗的宗庙,就有了亲与疏、贵与贱、多与少的区别。所以天子建七庙,左边是三座昭庙,右边是三座穆庙,连同太祖庙一共是七庙。太祖庙为近亲的庙,每月都要祭祀。远祖的庙叫'祧',有二祧,每季祭祀一次。诸侯建五庙,两座昭庙,两座穆庙,连同太祖的庙一共是五庙,叫作祖考庙,每季祭祀一次。大夫建三庙,一座昭庙,一座穆庙,连同太祖的庙一共是三庙,叫作皇考庙,每季祭祀一次。士建立一庙,叫作考庙,没有祖庙,父祖合祭,每季祭祀一次。平民百姓则不立庙,四季就在家中寝室祭祀。这种制度从有虞到周代都没有改变。凡是四代帝王称作郊祭的,都和祭天一起祭祀。称作禘的,是五年一次的盛大祭祀,都配

天祭祀。地位为太祖的,他的庙不毁,不到太祖辈分的,即使受到禘、郊的祭祀,他的庙也可以毁。古代把祖有功而宗有德的叫作祖宗,他们的庙都不能毁。

【评析】

宗庙制度是天下有了帝王,分封诸侯,立卿大夫设置都邑后,建立的宗庙祭祀制度。天子立七庙,诸侯立五庙,大夫立三庙,士立一庙,庶人无庙,以此区分亲疏贵贱。这是维系封建统治的一项重要制度。

辩乐解第三十五

【原文】

孔子学琴于师襄子①。襄子曰:"吾虽以击磬为官,然能于琴。今子于琴已习,可以益矣。"孔子曰:"丘未得其数也。"有间②,曰:"已习其数,可以益矣。"孔子曰:"丘未得其志也。"有间,曰:"已习其志,可以益矣。"孔子曰:"丘未得其为人也。"

有间,曰:"孔子有所缪然思焉,有所睪然③高望而远眺。"曰:"丘迨得其为人矣,黮④而黑,颀然长,旷如望羊⑤,奄有四方。非文王其孰能为此?"

师襄子避席叶拱⑥而对曰:"君子圣人也,其传曰《文王操》。"

【注释】

①师襄子:春秋时卫国乐官。

②有间:过了一段时间。

③睪然:高远的样子。

④黮(dàn):黑的样子。

⑤旷:志向高远。旧注"旷,用志广远"。望羊:仰视的样子。

⑥叶拱:以两手抚于胸前为礼。旧注:"叶拱两手薄其心也。"

【译文】

孔子向师襄子学习弹琴。师襄子说:"我虽然因磬击得好而被委以官职,但我最擅长的是弹琴。现在你的琴已经弹得不错了,可以学新的东西了。"孔子说:"我还没有掌握好节奏。"过了一段时间,师襄子说:"你已经掌握好节奏了,可以学新的东西了。"孔子说:"我还没有领悟好琴曲的内涵。"又过了一段时间,师襄子说:"你已经领悟到琴曲的内涵了,可以学新的东西了。"孔子说:"我还没有理解到琴曲歌颂的是什么人。"

又过了一段时间,师襄子说:"孔子穆然深思,有志向高远登高远望的神态。"孔子说:"我知道琴曲歌颂的是什么人了。他皮肤很黑,身体魁梧,胸襟广阔,高瞻远瞩,拥有天下四方。这个人不是文王又有谁能达到这样的境界呢?"

师襄子离开坐席两手抚胸为礼,对孔子说:"您真是圣人啊,这首传世琴曲就是《文王操》。"

【评析】

孔子非常重视音乐在社会生活中的作用,他自己也很重视音乐的学习,"孔子学琴于师襄子"的事,生动记载了他不倦学习和勤于思考的情况。

问玉第三十六

【原文】

子贡问于孔子曰:"敢问君子贵玉而贱珉①?何也?为玉之寡②而珉多软?"

孔子曰:"非为玉之寡故贵之,珉之多故贱之。夫昔者君子比德于玉。温润而泽,仁也;缜密以栗③,智也;廉而不刿④,义也;垂之如坠,礼也;叩之,其声清越⑤而长,其终则诎然⑥,乐矣;瑕不掩瑜,瑜不掩瑕,忠也;孚尹旁达⑦,信也;气如白虹,天也;精神见于山川,地也;珪璋特达⑧,德也;天下莫不贵者,道也。诗⑨云:'言念⑩君子,温其如玉。'故君子贵之也。"

【注释】

①珉(mín):似玉的石头。

②寡:少。

③缜密:紧密貌。栗:坚硬。

④廉:棱角。刿:割。

⑤清越:乐声清澈激扬。

⑥诎(qū)然:断绝貌。

⑦孚尹:指玉的晶莹光彩。旁达:发散到四方。

⑧珪璋(guī zhāng):皆为朝会时所执的玉器。特达:直接送达。古代聘享之礼,有珪、璋、璧、琮。璧、琮加上束帛才可送达;珪、璋不用束帛,故称特达。束帛,五匹帛。

⑨诗:此指《诗经·秦风·小戎》。

⑩言念:想念。言为助词。

【译文】

子贡问孔子:"请问君子以玉为贵而以珉为贱,这是为什么呢?是因为玉少而珉多吗?"

孔子说:"并不是因为玉少就认为它贵重,也不是因为珉多而轻贱它。从前君子将玉的品质与人的美德相比。玉温润而有光泽,像仁;细密而又坚实,像智;有棱角而不伤人,像义;悬垂就下坠,像礼;敲击它,声音清脆而悠长,最后戛然而止,像乐;玉上的瑕疵掩盖不住它的美好,玉的美好也掩盖不了它的瑕疵,像忠;玉色晶莹发亮,光彩四溢,像信;玉的光气如白色长虹,像天;玉的精气显现于山川之间,像地;朝聘时用玉制的珪璋单独通达情意,像德;天下人没有不珍视玉的,像尊重道一样。《诗经》说:'每想起那位君子,他温和得如同美玉。'所以君子以玉为贵。"

【原文】

孔子曰:"入其国,其教可知也。其为人也,温柔敦厚,《诗》教也;疏通知远,《书》教也;广博易良,《乐》教也;洁静精微,《易》教也;恭俭庄敬,《礼》教也;属辞比事,《春秋》教也。故《诗》之失愚①,《书》之失诬②,《乐》之失奢,《易》之失贼③,《礼》之失烦,《春秋》之失乱④。其为人也,温柔敦厚而不愚,则深于《诗》者矣;疏通知远而不诬,则深于《书》者矣;广博易良而不奢,则深于《乐》者矣;洁静精微而不贼,则深于《易》者矣;恭俭庄敬而不烦,则深于《礼》者矣;属辞比事而不乱,则深于《春秋》者矣。"

【注释】

①失愚:失,不足,弊病。愚:愚昧不明,憨直。旧注:"敦厚之失。"意指过于提倡敦厚了。

②诬:言过其实。旧注:"知远之失。"意指过于提倡对后代的指导作用了。

③贼:旧注"精微之失"。意指过分的精微细密。

④乱:乱加褒贬。旧注:"属辞比事之失。"意指褒贬失当。

【译文】

孔子说:"进入一个国家,就可以知道它的教化程度了。那里人民的为人,如果语气温柔,性情敦厚,那是《诗》教化的结果;如果通达政事,远知古事,那是《书》教化的结果;如果心胸宽广,和易善良,那是《乐》教化的结果;如果安详沉静,推测精微,那是《易》教化的结果;如果谦恭节俭,庄重诚敬,那是《礼》教化的结果;如果善于连属文辞,排比史事,那是《春秋》教化的结果。所以《诗》教的不足在于愚暗不明,《书》教的不足在于夸张不实,《乐》教的不足在于奢侈铺张,《易》教的不足在于过于精微细密,《礼》教的不足在于烦苛琐细,《春秋》教的不足在于乱加褒贬。如果为人能做到温柔敦厚又不愚暗不明,那就是深于《诗》教的人了;如果能做到通达知远又不言过其实,那就是深于《书》教的人了;如果能做到宽广博大平易善良又不奢侈铺张,那就是深于《乐》教的人了;如果能做到沉静精微又不过于精微细密,那就是深于《易》教的人了;如果能做到恭俭庄敬又不烦琐苛细,那就是深于《礼》教的人了;如果能做到善于属辞比事又不乱加褒贬,那就是深于《春秋》教的人了。"

【评析】

古人很看重玉,有些礼器和用品用玉来制作。孔子把玉的品质和君子的德行相比,并引《诗经》"言念君子,温其如玉"的诗句说明,对人很有启迪。"孔子曰入其国"章,讲进入一个国家,看国人的举止、修养、学识,就可以知道他们受教育的情况。孔子讲在学习《诗》《书》《礼》《乐》《易》《春秋》这些经典时,提倡要正确地理解,要避免书中的偏颇。

屈节解第三十七

【原文】

子路问于孔子曰:"由闻丈夫①居世,富贵不能有益于物;处贫贱之地,而不能屈节以求伸,则不足以论乎人之域②矣。"

孔子曰:"君子之行己,期于必达于己。可以屈则屈,可以伸则伸。故屈节者,所以有待③;求伸者,所以及时④。是以虽受屈而不毁其节,志达而不犯于义。"

【注释】

①丈夫：大丈夫。指有作为的人。

②域：境界。

③待：等待有人了解和任用。

④时：良时，好时机。

【译文】

子路问孔子说："我听说大丈夫生活在世间，富贵而不能有利于世间的事物；处于贫贱之地，不能暂时忍受委屈以求得将来的伸展，则不足以达到人们所说的大丈夫的境界。"

孔子说："君子所做的事，期望必须达到自己的目标。需要委屈的时候就委屈，需要伸展的时候就伸展。委屈自己是因为有所期待，求得伸展需要抓住时机。所以虽然受了委屈也不能失掉气节，志向实现了也不能有害于义。"

【评析】

孔子认为，君子为了达到自己的目标，只要符合于义，"可以屈则屈，可以伸则伸"。屈节，是因为有所期待；求伸，是要及时抓住时机。但大前提是"受屈而不毁其节，志达而不犯于义"。可见孔子处理事物既讲原则又注重灵活。

卷　九

七十二弟子解第三十八

【原文】

颜回，鲁人，字子渊，少孔子三十岁。年二十九而发白，三十一早死。孔子曰："自吾有回，门人日益亲。"回以德行著名，孔子称其仁焉。

【译文】

颜回,鲁国人,字子渊,比孔子小三十岁。二十九岁时头发就白了,三十一岁早早就死了。孔子说:"自从我有了颜回这个学生,我的弟子们关系日益亲密。"颜回以品德操守高尚闻名,孔子称赞他仁爱。

【原文】

宰予,字子我,鲁人,有口才,以语言著名。事齐为临淄①大夫,与田常为乱②,夷其三族。孔子耻之,曰:"不在利病③,其在宰予。"

【注释】

①临淄:春秋时为齐国都城。在今山东淄博。

②与田常为乱:田常:即陈恒,春秋时齐国人。曾事齐简公,后弑简公而立平公。据《史记》司马贞索隐,《左传》无宰予与田常为乱的记载,而有一叫阚止的人字子我,被田常所杀。此作辛我事,恐有误。

③利病:利弊,利害。

【译文】

宰予,字子我,鲁国人,有口才,以能言善辩著名。他在齐国做官,为临淄大夫,因与田常一起犯上作乱,被夷灭了三族。孔子以此为耻,说:"这样的结果,不在于有什么利弊,而在于宰予参与了这件事。"

【原文】

端木赐,字子贡,卫人。少孔子三十一岁。有口才,著名。孔子每诎①其辩。家富累钱千金,常结驷连骑,以造原宪。宪居蒿庐蓬户之中,与之言先王之义。原宪衣弊衣冠,并日蔬食②,衍然③有自得之志。子贡曰:"甚矣,子如何之病也。"原宪曰:"吾闻无财者谓之贫,学道不能行者谓之病。吾贫也,非病也。"子贡惭,终身耻其言之过。子贡行贩,与时转货④。历相鲁卫而终齐。

【注释】

①诎:贬退。

②并日蔬食:两日吃一日粮。

③衍然:快乐的样子。

④与时转货:买贱卖贵,随时转货。

【译文】

　　端木赐,字子贡,卫国人。比孔子小三十一岁,有口才,很著名。孔子经常阻止他的能言善辩。他的家庭非常富有,常驾着马车或骑着马,去看望原宪。原宪居住在茅草屋中,与子贡谈论古代先王治国的道理。原宪穿着破旧的衣服,两天才能吃一天的饭,但仍然很快乐,有自己的志向。子贡说:"太过分了,你怎么会病成这样?"原宪说:"我听说没有钱财叫作贫,学道而不能身体力行叫作病。我是贫,不是病。"子贡听了原宪的话感到很惭愧,终身都为说过这样错误的话而羞愧。子贡贩卖货物,能及时转手获利。曾担任鲁国、卫国的宰相,后来死在齐国。

【原文】

　　冉求,字子有,仲弓①之宗族。少孔子二十九岁。有才艺,以政事著名。仕为季氏宰②,进则理其官职,退则受教圣师,为性多谦退。故子曰:"求也退,故进之。"

【注释】

①仲弓:即冉雍,字仲弓。孔子弟子。

②为季氏宰:为季孙氏的家臣。

【译文】

　　冉求,字子有,和冉雍是同族。比孔子小二十九岁。有才艺,以会处理政事著名。曾为季孙氏的家臣。做官时就处理政务,不做官时就在孔子门下学习。为人性情多谦逊退让。所以孔子说:"冉求做事退缩,所以我要鼓励他。"

【原文】

　　仲由,弁人,字子路,一字季路。少孔子九岁。有勇力才艺,以政事著名。为人果烈而刚直,性鄙而不达于变通。仕卫为大夫①,蒯聩与其子辄争国,子路遂死辄难。孔子痛之,曰:"吾自有由,而恶言不入于耳。"

【注释】

①仕卫为大夫：子路为卫国大夫孔悝的邑宰。

【译文】

仲由，弁地人，字子路，一字季路。比孔子小九岁。有勇力才艺，以政事著名。为人果烈而刚直，性格粗放而不善于变通。在卫国担任大夫的官职，正赶上蒯聩与他的儿子蒯辄争夺国君之位，子路为保护蒯辄而死。孔子非常悲痛，说："自从我有了子路，那些恶意中伤的话再也传不到我耳朵里了。"

【原文】

卜商，卫人，字子夏。少孔子四十四岁。习于《诗》①，能通其义，以文学著名。为人性不弘，好论精微，时人无以尚②之。尝返卫，见读史志者云："晋师伐秦，三豕渡河。"子夏曰："非也，己亥耳。"读史志曰："问诸晋史，果曰己亥。"于是卫以子夏为圣。孔子卒后，教于西河③之上，魏文侯师事之，而谘④国政焉。

【注释】

①习于诗：据传子夏精通《诗经》，《毛诗·序》就是他写的。

②尚：超过。

③西河：地名。即今陕西东部黄河西岸地区。子夏曾居于此，并在此讲学。

④谘：商量，征询。

【译文】

卜商，卫国人，字子夏。比孔子小四十四岁。他学习《诗经》，能理解其意，以文学著称。为人胸襟不够宏大，好论证精微的事情，当时没有人能超过他。他曾经返回卫国，见一个读史书的人说："晋师伐秦，三豕渡河。"子夏说："不对，不是三豕，是己亥。"读史书的人说："请教晋国的史官，果然是己亥。"于是卫国的人都把子夏当作圣人。孔子去世以后，子夏在魏国西河讲学，魏文侯把他当作老师，向他咨询治理国家的方法。

【原文】

曾参，南武城人，字子舆。少孔子四十六岁。志存孝道，故孔子因之以作《孝经》。齐尝聘，欲与为卿，而不就。曰："吾父母老，食人之禄则忧人之事，故吾不忍远亲而为人役。"参后母遇之无恩,而供养不衰。及其妻以藜烝不熟①,因出之。人曰:"非七出也。"参曰:"藜蒸小物耳,吾欲使熟,而不用吾命,况大事乎?"遂出之,终身不取妻。其子元请焉,告其子曰:"高宗以后妻杀孝己②,尹吉甫以后妻放伯奇③。吾上不及高宗,中不比吉甫,庸知其得免于非乎?"

【注释】

①藜:藜羹,用嫩藜做的羹。烝:同"蒸"。

②高宗:即殷高宗武丁。孝己:殷高宗子,因遭后母谗言,被高宗放逐,忧苦而死。

③尹吉甫:周宣王时贤臣。伯奇:尹吉甫之子。因遭后母谗言,被其父放逐于野。

【译文】

曾参,鲁国南武城人,字子舆。比孔子小四十六岁。以孝道为志向,所以孔子因他而作《孝经》。齐国曾聘请他,想让他为卿,他不去,说:"我父母已年老,拿人家的俸禄就要替人家操心,所以我不忍心远离亲人而受别人差遣。"他的后母对他很不好,但他仍供养她孝敬她。他的妻子因藜羹没有蒸熟,曾参为此要休她。有人说:"你妻子没有犯七出的条款啊!"曾参说:"蒸藜羹是小事,我让她蒸熟她却不听我的话,何况是大事呢?"于是就休了妻子,终身不再娶妻。他的儿子曾元劝他再娶,他对儿子说:"殷高宗武丁因为后妻杀死了儿子孝己,尹吉甫因为后妻而放逐了儿子伯奇。我上不及高宗贤德,中不比尹吉甫能干,怎知能避免不做错事呢?"

【原文】

澹台灭明,武城人,字子羽。少孔子四十九岁。有君子之姿。孔子尝以容貌望①其才,其才不充孔子之望。然其为人,公正无私,以取与去就,以诺为名。仕鲁为大夫也。

【注释】

①望:期望。

【译文】

澹台灭明,武城人,字子羽。比孔子小四十九岁。他有君子的姿容。孔子曾因他的容貌而期望他的才能可以和容貌相称,可是他的才能没能达到孔子的期望。然而他的为人公正无私,以获取与给予来选择去就,以重信用知名。在鲁国做官,官为大夫。

【原文】

高柴,齐人,高氏之别族,字子羔。少孔子四十岁。长不过六尺,状貌甚恶。为人笃孝而有法正①。少居鲁,见知名于孔子之门。仕为武城②宰。

【注释】

①法正:礼法规矩。

②武城:地名。故址在今山东费县西南。

【译文】

高柴,齐国人,属高氏家族的分支,字子羔。比孔子小四十岁。他身高不到六尺,相貌很丑。为人特别注重孝道而又遵守礼仪法度。小的时候居住在鲁国,在孔子的弟子中有一定名声。官为武城宰。

【原文】

宓不齐,鲁人,字子贱。少孔子四十九岁。仕为单父宰,有才智,仁爱,百姓不忍欺。孔子大①之。

【注释】

①大:看重。一本作"美"。

【译文】

宓不齐,鲁国人,字子贱。比孔子小四十九岁。担任单父宰,有才智,有仁爱,连百姓都不忍欺骗他。孔子很赞美他。

【原文】

南宫韬,鲁人,字子容。以智自将①,世清不废,世浊不湾②。孔子以兄子妻之。

【注释】

①自将:自己保全。

②不湾:不污秽。

【译文】

南宫韬,鲁国人,字子容。能以自己的聪明才智保全自己,世道清平会有所作为,世道污浊也不会同流合污。孔子把自己哥哥的女儿嫁给了他。

【原文】

公析哀,齐人,字季沉。鄙①天下多仕于大夫家者,是故未尝屈节②人臣。孔子特叹贵之。

【注释】

①鄙:鄙视。

②屈节:折节。

【译文】

公析哀,齐国人,字季沉。鄙视天下很多人到大夫家去做家臣,因此他没有屈节去做别人的家臣。孔子特别赞赏他。

【原文】

曾点①,曾参父,字子皙。疾②时礼教不行,欲修之,孔子善焉。《论语》所谓"浴乎沂,风乎舞雩"③,之下。

【注释】

①曾点:即曾皙。

②疾:痛心,痛恨。

③浴乎沂(yí),风乎舞雩(yú):此为《论语·先进》文。这是曾点回答孔子的话。意为到沂水沐浴,到舞雩的树下去乘凉。舞雩:古代求雨祭天,设坛命女巫为舞,故名舞雩。

【译文】

曾点,曾参的父亲,字子皙。他痛心于当时不施行礼教,想改变这种情况。孔子很赞同他的想法,就像赞同他在《论语》中所说的"在沂水沐浴,在舞雩乘凉"一样。

【原文】

漆雕开,蔡人,字子若。少孔子十一岁。习《尚书》,不乐仕。孔子曰:"子之齿可以仕矣,时将过。"子若报其书曰:"吾斯之未能信。"孔子悦焉。

【译文】

漆雕开,蔡国人,字子若。比孔子小十一岁。他研习《尚书》,不愿做官。孔子说:"按你的年龄可以做官了,不然就错过时机了。"子若给孔子回信说:"我对您的话还不太明白。"孔子很高兴。

【原文】

颜刻,鲁人,字子骄。少孔子五十岁。孔子适卫,子骄为仆。卫灵公与夫人南子同车出,而令宦者雍渠参乘①,使孔子为次乘②。游过市,孔子耻之。颜刻曰:"夫子何耻之?"孔子曰:"《诗》③云:'觏④尔新婚,以慰我心。'"乃叹曰:"吾未见好德如好色者也。"

【注释】

①参乘:陪乘。

②次乘:后面的车。

③《诗》:指《诗经·小雅·车舝》。

④觏(gòu):遇见。

291

【译文】

颜刻,鲁国人,字子骄。比孔子小五十岁。孔子到卫国去,子骄为仆从。卫灵公和夫人南子同车出游,让宦官雍渠陪乘,让孔子乘坐后面的车陪着。游览经过闹市,孔子感到很耻辱。颜刻说:"先生为何感到耻辱呢?"孔子说:"《诗经》说:'遇到你们新婚,你们美满我欢欣。'"又叹息说:"我没有见到喜好美好品德如同喜欢美色一样的人啊!"

【原文】

梁鳣,齐人,字叔鱼。少孔子三十九

岁。年三十未有子，欲出其妻。商瞿①谓曰："子未也。昔吾年三十八无子，吾母为吾更取室。夫子使吾之齐，母欲请留吾。夫子曰：'无忧也，瞿过四十，当有五丈夫②。'今果然。吾恐子自晚生耳，未必妻之过。"从之，二年而有子。

【注释】

①商瞿：春秋时鲁国人，字子木，孔子弟子。

②丈夫：指男孩。

【译文】

梁鳣，齐国人，字叔鱼。比孔子小三十九岁。到了三十岁还没有儿子，想休了他的妻子。商瞿对他说："你不要这样做。从前我三十八岁还没有儿子，我母亲为我又娶了一房妻子，先生派我到齐国去，母亲请求让我留下来。先生说：'不要担忧，商瞿过了四十岁，会有五个儿子。'现在果然如此。我恐怕你的子女晚生，未必是你妻子的过错。"梁鳣听从了商瞿的话，过了两年果然有了儿子。

【原文】

琴牢，卫人，字子开，一字张。与宗鲁①友，闻宗鲁死，欲往吊焉。孔子弗许，曰："非义也。"

【注释】

①宗鲁：春秋时卫国人。为卫灵公兄卫公孟的参乘。公孟为人不善，但对宗鲁很亲近。宗鲁为保护公孟而死。

【译文】

琴牢，卫国人，字子开，一字张。和宗鲁是好朋友，听到宗鲁死了，想去悼念他。孔子不让他去，说："这不合乎义。"

【评析】

据《史记·仲尼弟子列传》记载，孔子曰："受业身通者七十有七人。"都是有杰出能力的人。其中以德行见长的有颜渊、闵子骞、冉伯牛、仲弓，以政事见长的有冉有、季路，以言语见长的有宰予、子贡，以文学见长的有子游、子夏等等。

本姓解第三十九

【原文】

孔子之先,宋之后也。微子启,帝乙之元子①,纣之庶兄,以圻内②诸侯,入为王卿士。微,国名,子爵。初,武王克殷,封纣之子武庚于朝歌③,使奉汤祀。武王崩,而与管④、蔡、霍三叔作难,周公相成王东征之。二年,罪人斯得,乃命微子代殷后,作《微子之命》⑤申之。与国于宋,徙殷之子孙,唯微子先往仕周,故封之贤。其弟曰仲思,名衍,或名泄。嗣微子之后,故号微仲。生宋公稽,胄子⑥虽迁爵易位,而班级⑦不及其故者,得以故官为称。故二微虽为宋公,而犹以微之号自终。至于稽乃称公焉。

【注释】

①帝乙:商代帝王。纣王的父亲。元子:长子。

②圻内:皇帝都城千里之地叫圻。此指都城千里之内的地方。

③武庚:商纣王之子,名禄父。周武王灭纣,封武庚以续殷祀。后因与管叔、蔡叔一起作乱,为周公所杀。朝歌:殷朝都城。故址在今河南淇县。

④管:管叔,周武王弟,周公兄。周灭商,封于管。

⑤《微子之命》:微子,名启,纣王的同母长兄,帝乙的长子。武庚被杀后,微子启代替武庚为殷之后裔,封于宋国。史官记录成王封微子的诰命,叫《微子之命》。

⑥胄子:古帝王与贵族的长子。

⑦班级:爵位等级。

【译文】

孔子的祖先,是宋国的后裔。微子启,是帝乙的长子,纣的同父异母哥哥,以都城千里之内诸侯的身份,进入朝廷为国王的卿士。微,是诸侯国名,属于子爵。当初,武王征服了殷国,封纣的儿子武庚于朝歌,让他奉行商汤的祭祀。武王死后,武庚与管叔、蔡叔、霍叔共同谋反,周公辅佐成王东征讨伐他们。第二年擒获了罪人,于是命令微子启代替武庚为殷的后裔,作《微子之命》申告此事。封微子于宋国,迁徙殷人的子孙到此地,唯有微子先到周朝去做官,被周朝封为贤人。微子的弟弟仲思,名衍,或名泄,继承了微子的爵位,因此又称微仲。仲思生成宋公稽,后代虽然爵位变迁,但等级都没有祖辈高,仍然以旧的爵位称呼。所以微子和微仲虽然是宋公,但始终都用微子称号。到了稽即位,才开始称公。

【原文】

宋公生丁公申,申生缗公共及襄公熙,熙生弗父何及厉公方祀。方祀以下,世为宋卿。弗父何生宋父周,周生世子胜,胜生正考甫,考甫生孔父嘉。五世亲尽,别为公族①,故后以孔为氏焉。

【注释】

①公族:同祖的一族。

【译文】

宋公稽生丁公申,申生缗公共和襄公熙,熙公生弗父何及厉公方祀。从方祀以下,世代为宋国卿。弗父何生宋父周,宋父周生世子胜,世子胜生正考甫,正考甫生孔父嘉。传到五代以后,分出同族,所以后来有一支以孔作为姓氏的族亲。

【原文】

一曰孔父者,生时所赐号也,是以子孙遂以氏族。孔父生子木金父,金父生睪夷,睪夷生防叔,避华氏之祸而奔鲁。防叔生伯夏,伯夏生叔梁纥。纥虽有九女而无子。其妾生孟皮,孟皮一字伯尼,有足病。于是乃求婚于颜氏。颜氏有三女,其小曰徵在。颜父问三女曰:"陬①大夫虽父祖为士,然其先圣王之裔。今其人身长十尺,武力绝伦,吾甚贪②之。虽年长性严,不足为疑。三子孰能为之妻?"二女莫对。徵在进曰:"从父所制,将何问焉?"父曰:"即尔能矣。"遂以妻之。徵在既往,庙见。以夫之年大,惧不时③有男,而私祷尼丘之山以祈焉。生孔子,故名丘而字仲尼。

孔子三岁而叔梁纥卒,葬于防。至十九,娶于宋之亓官氏,一岁而生伯鱼。鱼之生也,鲁昭公以鲤鱼赐孔子。荣君之贶④,故因以名曰鲤,而字伯鱼。鱼年五十,先孔子卒。

【注释】

①陬(zōu):春秋时鲁地,孔子出生于此。故址在今山东曲阜东南。

②贪:舍不得。

③不时:不及时。

④贶(kuàng):赐予,加惠。

【译文】

　　一说孔父这个名号，是出生时君王所赐的号，所以子孙就以此作为姓氏。孔父生子木金父，金父生罩夷，罩夷生防叔，防叔为了躲避华氏之祸逃亡到鲁国。防叔生伯夏，伯夏生叔梁纥。叔梁纥有九个女儿而无儿子。叔梁纥的妾生孟皮，孟皮字伯尼，脚有毛病。于是叔梁纥向颜氏求婚。颜氏有三个女儿，小女儿叫徵在。颜父问他的三个女儿："陬邑孔氏的父辈和祖辈虽是士，但他们的祖先是圣王的后裔。现在求婚的叔梁纥身高十尺，武力绝伦，我很看中他。虽然年龄大了些性子又急，但不必担心。你们三人谁愿意做他的妻子？"大女儿二女儿都不说话。徵在走上前说："听从父亲的安排，还有什么可问的呢？"她父亲说："就是你能做他的妻子。"就把徵在许给叔梁纥做妻子。徵在去叔梁纥家时，先在宗庙见面。因为丈夫的年龄大，担心不能及时生儿子，便私下到尼丘山去祈祷。后来生下孔子，所以名丘字仲尼。

　　孔子三岁时叔梁纥去世，葬在防山。孔子十九岁，娶了宋国亓官氏的女儿为妻，一年后生下伯鱼。伯鱼出生时，鲁昭公送给孔子一条鲤鱼。孔子得到国君的赏赐感到很荣耀，所以给儿子取名鲤，字伯鱼。伯鱼活到五十岁，比孔子先去世。

【原文】

　　齐太史子与适鲁，见孔子，孔子与之言道。子与悦，曰："吾鄙人也，闻子之名，不睹子之形久矣，而求知宝贵也。乃今而后知泰山之为高，渊海之为大。惜乎夫子之不逢明王，道德不加于民，而将垂宝以贻后世。"

　　遂退而谓南宫敬叔①曰："今孔子先圣之嗣，自弗父何以来，世有德让，天所祚也。成汤以武德王天下，其配在文。殷宗以下，未始有也。孔子生于衰周，先王典籍，错乱无纪，而乃论百家之遗记，考正其义，祖述②尧舜，宪章③文武，删《诗》述《书》，定礼理乐，制作《春秋》，赞明《易》道，垂训后嗣，以为法式，其文德著矣。然凡所教诲，束脩④已上三千余人，或者天将欲与素王⑤之乎？夫何其盛也！"

　　敬叔曰："殆如吾子之言，夫物莫能两大。吾闻圣人之后，而非继世之统，其必有兴者焉。今夫子之道至矣，乃将施之无穷，虽欲辞天之祚，故未得耳。"

　　子贡闻之，以二子之言告孔子。子曰："岂若是哉？乱而治之，滞而起之，自吾志，天何与焉？"

【注释】

　　①南宫敬叔：鲁国大夫。

　　②祖述：效法前人，加以陈说。

③宪章：效法。

④束脩(xiū)：学生家长送教师的酬劳。十条干肉称束脩。

⑤素王：有帝王之德而未居其位的人。后来儒家专以素王称孔子。

【译文】

齐国的太史子与来到鲁国，见到孔子。孔子和他谈论道，子与很高兴，说："我是浅陋无知的人，久闻您的大名，却没能和您见面，而求知的机会是很宝贵的。从今以后我知道了泰山的高大，大海的广阔。只可惜啊，先生没有遇到圣明的君主。道德不能在百姓中施行，而只有把这些宝贵的东西留给后世了。"

子与辞别孔子后对南宫敬叔说："现今的孔子是先圣的后代，从弗父何以来，孔氏后代世世有德谦让，这是上天所赐的福分啊。成汤以武德称王天下，用礼乐相配合。殷商以下，就没有这样的情况了。孔子生在周朝衰败的时代，先王的典籍错乱无序，孔子就整理论述百家遗留的记录，考证其正确的含义，师法和陈说尧舜的盛德，效法周文王、周武王的文功武治，删定《诗》整理《书》，制定礼，理清乐，制作《春秋》，阐明《易》道，给后世留下训诫，作为法则，孔子的文德是何等显著啊！他所教诲的弟子，奉上束脩的就有三千多人，或许是上天要他成为无冕的素王吧？为什么如此兴盛呢！"

南宫敬叔说："如果像你说得那样，事物不会两全其美。我听说圣人的后代，如果不是继承王位的统系，也必然会有兴盛的人。现在孔子之道已非常完美，并将长久地施行于后世，即使想推却上天赐予的福分，也不可能。"

子贡听了这些话，把他们二人的议论都告诉了孔子。孔子说："哪是这样的呢？乱了就要治理，停滞就要兴起，这是我的志向，和天有什么关系呢？"

【评析】

本篇是对孔子家世的考证。开首即说孔子的祖先是宋国的后裔，因而孔子就是"先圣之嗣"。鲁国大夫南宫敬叔说："吾闻圣人之后，而非继世之统，其必有兴者焉。今夫子之道至矣，乃将施之无穷，虽欲辞天之祚，故未得耳。"似乎是天降大任。但孔子听到这话却说："岂若是哉？乱而治之，滞而起之，自吾志，天何与焉？"他认为世道混乱就要治理，事物停滞就要兴起，这是他自己的志向，和天没有关系。所以孔子终生都努力推行仁义之道，一生失意而不失望，这种对社会高度的责任感是值得赞扬的。

终记解第四十

【原文】

孔子蚤晨作①,负手曳杖②,逍遥③于门,而歌曰:"泰山其颓④乎! 梁木其坏乎! 哲人其萎⑤乎!"既歌而入,当户而坐。

子贡闻之,曰:"泰山其颓,则吾将安仰? 梁木其坏,吾将安杖? 哲人其萎,吾将安放⑥? 夫子殆将病也。"遂趋而入。

夫子叹而言曰:"赐,汝来何迟? 予畴昔⑦梦坐奠于两楹之间。夏后氏殡于东阶之上,则犹在阼。殷人殡于两楹之间,则与宾主夹之。周人殡于西阶之上,则犹宾之。而丘也即殷人。夫明王不兴,则天下其孰能宗余⑧? 余逮将死。"遂寝病,七日而终,时年七十二矣。

【注释】

①蚤晨:即早晨。作:起来。

②负手:反手于背,背着手。曳杖:拖着拐杖。

③逍遥:优游自得。

④颓:崩塌。

⑤萎:困顿。

⑥放:仿效。

⑦畴昔:往日。此指昨夜。

⑧天下其孰能宗余:旧注"言天下无明主,莫能宗己道,临终其有命,伤道之不行也"。

【译文】

孔子早晨起来,背着手拖着手杖,在门口优游地漫步,吟唱道:"泰山要崩塌了吗? 梁木要毁坏了吗? 哲人要困顿了吗?"唱完回到了屋内,对着门坐着。

子贡听到歌声,说:"泰山要是崩塌了,我仰望什么呢? 梁木要是毁坏了,我依靠什么呢? 哲人要是困顿了,我去效仿谁呢? 老师大概要生病了吧?"于是快步走了进去。

孔子叹了一口气说:"赐! 你怎么来的这样晚? 我昨夜梦见自己坐在两楹之间祭奠。夏朝人将灵柩停在对着东阶的堂上,那还是处在主位上;殷人将灵柩停在堂前东

西楹之间,那是处在宾位和主位之间;周人将灵柩停在对着西阶的堂上,那就是迎接宾客的地方。而我孔丘是殷人。现今没有明王兴起,天下谁能尊奉我呢?我大概快要死了。"随后卧病在床,七天就去世了,死时七十二岁。

【原文】

哀公诔曰①:"昊天不吊②,不慭遗一老③,俾屏余一人以在位④,茕茕余在疚⑤。于乎哀哉!尼父⑥,无自律⑦。"

子贡曰:"公其不没于鲁乎?夫子有言曰:'礼失则昏,名失则愆⑧。'失志为昏,失所为愆。生不能用,死而诔之,非礼也。称一人,非名,君两失之矣。"

【注释】

①哀公:鲁哀公。诔:累述死者功德以示哀悼,即今之悼词。

②昊(hào):大。吊:善,怜悯。旧注:"吊,善也。"

③慭(yìn):愿。一老:指孔子。

④俾(bì):使。屏:障卫,保护。

⑤茕茕(qióng qióng):孤独貌。疚:内心痛苦。

⑥尼父:指孔子。旧注:"父,丈夫之显称。"

⑦律:法,效法。

⑧愆(qiān):过失,过错。

【译文】

鲁哀公哀悼孔子说:"上天不怜悯我,不愿留下这一位老者,让他保障我一人居于君位,使我忧愁而痛苦。呜呼哀哉!尼父,失去您我就没有榜样来自律了。"

子贡说:"您不想在鲁国善终吗?老师曾说过:'礼仪丧失就会昏暗不清,名分丧失就会造成过错。'失去志向是昏暗,失去身份是过错。老师活着时您不重用,死后才致哀悼,这不合礼仪;自称一人,这不符合鲁国国君的名分。您把礼和名都丧失了。"

【评析】

这一篇是讲孔子临终前及死后丧葬之事的。孔子认为有生必有死,所以他感到将死却处之泰然。他所感叹的是:"夫明王不兴,则天下其孰能宗余?"担心他的治世之道不能被后人采用。"哀公诔"章,子贡批评鲁哀公在孔子生前不重用孔子,认为"生不能用,死而诔之,非礼也"。这是统治者对待名人的常态,批评是应该的。

正论解第四十一

【原文】

孔子在齐,齐侯出田①,招虞人以旌②,不进,公使执之。对曰:"昔先君之田也,旌以招大夫,弓以招士,皮冠以招虞人。臣不见皮冠,故不敢进。"乃舍③之。孔子闻之,曰:"善哉!守道不如守官④。"君子韪⑤之。

【注释】

①田:田猎。

②虞人:掌管山泽的官。旌:旌旗。

③舍:放。

④守道不如守官:遵守恭敬之道,见君主召唤即出,不如遵守为官之道。旧注:"道为恭敬之道,见君召便往;守官,非守召不往也。"

⑤韪:是。

【译文】

孔子在齐国时,齐侯出去打猎,用旌旗招呼管理山泽的官吏虞人,虞人没来晋见,齐侯派人把他抓了起来。虞人说:"从前先君打猎时,用旌旗来招呼大夫,用弓来招呼士,用皮帽来招呼虞人。我没看见皮帽,所以不敢晋见。"齐侯听后就放了他。孔子听到这件事,说:"好啊!遵守道不如遵守职责。"君子都认为说得对。

【原文】

卫孙文子得罪于献公①,居戚②。公卒未葬,文子击钟焉。延陵季子③适晋过戚,闻之,曰:"异哉!夫子之在此,犹燕子巢于幕④也,惧犹未也,又何乐焉?君又在殡,可乎?"文子于是终身不听琴瑟。

孔子闻之,曰:"季子能以义正人,文子能克己服义,可谓善改矣。"

【注释】

①孙文子:即孙林父,春秋时卫国大夫。献公:指卫献公。

②戚:卫国地名。故址在今河南濮阳县北。

③延陵季子:即吴公子季札。

④燕子巢于幕:旧注"燕巢于幕,言至危也"。幕:帷幕。

【译文】

卫国的大夫孙文子得罪了卫献公,居住在戚地。卫献公去世后还未安葬,孙文子就敲钟娱乐。延陵季子去晋国时路过戚地,听到这件事,说:"奇怪啊!你住在这里,就像燕子把巢筑到帷幕上一样危险,害怕还来不及呢,又有什么可高兴的呢?国君的灵枢还没殡葬,可以这样娱乐吗?"孙文子从此终身不听琴瑟。

孔子听说了这件事,说:"季子能根据义来纠正别人,文子能克制自己来服从义,可谓善于改正错误啊!"

【原文】

孔子览晋志①,晋赵穿②杀灵公,赵盾亡,未及山③而还。史书"赵盾弑君"。盾曰:"不然。"史曰:"子为正卿,亡不出境,返不讨贼,非子而谁?"盾曰:"呜呼!'我之怀矣,自诒伊戚',其我之谓乎!"

孔子叹曰:"董狐,古之良史也,书法不隐。赵宣子,古之良大夫也,为法受恶。惜也,越境乃免。"

【注释】

①晋志:晋国的史书。

②赵穿:赵盾的族弟。

③未及山:没越过晋国边境的山。山指温山。

【译文】

孔子阅读晋国的史书,书上记载:晋国的赵穿杀死了晋灵公,赵盾逃亡在外,还没越过国境的山又返回来了。史书写着"赵盾弑君"。赵盾说:"不是这样的。"史官说:"你是正卿,逃亡而没出国境,返回来又不讨伐凶手,弑君的不是你又是谁呢?"赵盾说:

"唉!《诗经》说'由于我的怀念,自己招来忧患',这说的就是我了。"

孔子叹息说:"董狐,是古代的好史官啊,书写史实不隐讳。赵宣子,是古代的好大夫啊,因为法度而蒙受恶名。可惜啊! 如果越过国境就可以免去罪名了。"

【评析】

这篇是孔子针对一些人和事发表的评论。"孔子在齐"章赞扬虞人能遵守自己的职责。"卫孙文子"章,延陵季子提醒孙文子身处险境而不知,比喻"燕子巢于幕",孔子称赞"季子能以义正人"。"孔子览晋志"章,看似赞扬董狐是古之良史,实际内心更加赞扬的是古之良大夫赵盾,惋惜他没有越过国境。

卷 十

曲礼子贡问第四十二

【原文】

子贡问于孔子曰:"晋文公实召天子而使诸侯朝焉①,夫子作《春秋》②云:'天王狩于河阳③。'何也?"孔子曰:"以臣召君,不可以训④,亦书其率诸侯事天子而已。"

【注释】

①晋文公:即重耳。实:实际,真正。召:召请。天子:指周襄王。此事见于《春秋左氏传》僖公二十八年:"冬,会于温。是会也,晋侯召王,以诸侯见,且使王狩。"旧注:"晋文公会诸侯于温,召襄王且使狩于河阳,因使诸侯朝。"

②夫子作《春秋》:相传《春秋》一书为孔子编订。它是我国第一部编年体史书,后列为儒家经典。

③天王:指周天子,即周襄王。狩:打猎。河阳:地名,在今河南孟县西三十五里。

④训:法,法则。

【译文】

子贡问孔子说:"晋文公在温地的会盟,实际召请来周天子,而让诸侯来朝见。老师您编写《春秋》时写道:'天王在河阳打猎。'这是为什么呢?"孔子说:"以臣下的身份召请君主,这不可以效法。所以我如此写,就是要写成晋文公率诸侯来朝见天子。"

【原文】

孔子在宋,见桓魋自为石椁①,三年而不成,工匠皆病。夫子愀然曰:"若是其靡②也,死不如朽之速愈。"冉子仆,曰:"礼,凶事不豫,此何谓也?"

夫子曰:"既死而议谥③,谥定而卜葬④,既葬而立庙,皆臣子之事,非所豫属也,况自为之哉?"

【注释】

①桓魋(tuí):宋国司马。石椁:古代棺材有内外棺,外棺称椁。此为石制的椁。

②靡(mí):奢侈,浪费钱财。

③谥(shì):谥号。

④卜葬:选择埋葬地。

【译文】

孔子在宋国,看见桓魋为自己预做石椁,做了三年还没有完工,工匠都为此感到忧虑。孔子面有忧色,说:"像这样奢靡,死了还不如快点腐朽的好。"冉有跟随侍奉孔子,说:"《礼》书说,凶事不可能预先就料到。这是指的什么呢?"

孔子说:"人死了以后再议定谥号,谥号定了以后再选择下葬地点日期,安葬完毕再建立宗庙,这些事都应该由属下的臣子来办,并非是预先就操办好,更何况是自己为自己操办呢?"

【原文】

南宫敬叔以富得罪于定公①,奔卫。卫侯请复②之。载其宝以朝③。夫子闻之,曰:"若是其货④也,丧⑤不若速贫之愈。"子游侍,曰:"敢问何谓如此?"

孔子曰:"富而不好礼,殃也。敬叔以富丧矣,而又弗改,吾惧其将有后患也。"敬叔闻之,骤如孔氏⑥,而后循礼施散焉。

【注释】

①南宫敬叔：即南宫阅，鲁国大夫。定公：鲁定公。

②复：恢复。

③载其宝以朝：载着宝物上朝。

④货：贿赂。

⑤丧：丧失官位。

⑥骤：很快，迅速。如：到。

【译文】

南公敬叔因富有而得罪了鲁定公，逃到了卫国。卫侯请求鲁定公恢复敬叔的官位。敬叔就载着他的宝物来朝见鲁定公。孔子听到这件事，说："像这样使用财货进行贿赂，丢了官位还不如迅速贫穷的好呢！"子游正侍奉孔子，说："请问这话是什么意思呢？"

孔子说："富而不好礼，必定会招致灾祸。南宫敬叔因富有而丧失官位，却仍不知改悔，我恐怕他将来还会有祸患啊！"南宫敬叔听到孔子的话，马上去见孔子，从此以后他做事遵循礼节，还把自己的财产施舍给百姓。

【原文】

孔子在齐，齐大旱，春饥。景公问于孔子曰："如之何？"孔子曰："凶年则乘驽马①，力役②不兴，驰道③不修，祈以币玉④，祭祀不悬⑤，祀以下牲⑥。此贤君自贬以救民之礼也。"

【注释】

①驽(nú)马：劣马。

②力役：劳役。

③驰道：国君行走的道路。

④祈以币玉：祈请用币玉代替牲畜。

⑤不悬：不悬挂乐器，指不奏乐。

⑥祀以下牲：古代祭祀常用牲畜作为祭品，牛、羊、猪三牲齐全称太牢，只用羊、猪称少牢。下牲指少用牲畜。旧注："当用太牢者用少牢。"

303

【译文】

孔子在齐国的时候，齐国大旱，春季出现了饥荒。齐景公问孔子说："怎么办呢？"孔子说："遇到灾荒年景，出门乘坐要用劣马，不兴劳役，不修驰道，国君有所祈祷，用币和玉,不用牲畜,祭祀不奏乐,祭祀用的牲畜也用次等的。这是贤明君主自己降低等级以拯救民众的礼啊!"

【评析】

曲礼所记多为礼之细目。在此篇中,孔子以评说手法来解说五礼之事。第一篇"子贡问"就写了孔子自述为了维护周天子的尊严,不惜用曲笔改写史实的事。这就是所谓的"春秋笔法"。"孔子在宋"章,孔子反对桓魋自为石椁,体现了孔子丧事从俭的思想。"南宫敬叔以富得罪"章,孔子特别反感南宫敬叔借助金钱来恢复官职,认为如此利用财物还不如迅速贫穷的好。这看出孔子依礼行事的主张。"孔子在齐"章,齐国出现了饥荒,孔子劝齐景公节约减役,"自贬以救民",反映了孔子的民本思想。

曲礼子夏问第四十三

【原文】

子夏问于孔子曰:"居父母之仇如之何①?"孔子曰:"寝苫枕干②,不仕,弗与共天下也。遇于朝市,不返兵而斗③。"

曰:"请问居昆弟之仇如之何?"孔子曰:"仕,弗与同国,衔君命而使④,虽遇之不斗。"

曰:"请问从父昆弟之仇如之何?"曰:"不为魁⑤,主人能报之,则执兵而陪其后。"

【注释】

①居父母之仇如之何:对待杀害父母的仇人怎么处理。

②寝苫(shān)枕干:睡在草垫子上,枕着盾牌。干:盾。

③不返兵而斗:不返回家取兵器。旧注:"兵常不离于身。"

④衔君命而使:奉君命出使。

⑤魁:魁首,带头人。

【译文】

子夏问孔子说:"应该如何对待杀害父母的仇人?"孔子说:"睡在草垫上,枕着盾牌,不做官,和仇人不共戴天。不论在集市或官府,遇见他就和他决斗,兵器常带在身,不必返家去取。"

子夏又问:"请问应该如何对待杀害亲兄弟的仇人?"孔子说:"不和他在同一个国家里做官,如奉君命出使,即使相遇也不和他决斗。"

子夏又问:"请问应该如何对待杀害叔伯兄弟的仇人?"孔子说:"自己不要带头动手,如果受害人的亲属为他报仇,你可以拿着兵器陪在后面协助。"

【原文】

孔子适卫,遇旧馆人①之丧,入而哭之哀。出,使子贡脱骖以赠②之。子贡曰:"于所识③之丧,不能有所赠。赠于旧馆,不已多乎?"孔子曰:"吾向人哭之,遇④一哀而出涕,吾恶夫涕而无以将之⑤,小子行焉。"

【注释】

①旧馆人:旧时馆舍的主人。

②脱骖以赠:解开骖马赠给别人。骖:辕马两侧的马。

③所识:所认识的人。

④遇:触动。

⑤恶:讨厌。将:送。

【译文】

孔子到卫国去,遇到曾经住过的馆舍的主人死了,孔子进去吊丧,哭得很伤心。出来以后,让子贡解下驾车的骖马送给丧家。子贡说:"对于仅仅相识的人的丧事,不用赠送什么礼物。把马赠给旧馆舍的主人,这礼物是不是太重了?"孔子说:"我刚才进去哭他,正好一悲痛就落下泪来,我不愿光哭而没有表示,你就按我说的做吧。"

【原文】

季平子①卒,将以君之玙璠敛②,赠以珠玉。孔子初为中都宰,闻之,历级③而救焉。曰:"送而以宝玉,是犹曝尸于中原④也。其示民以奸利之端,而有害于死者,安用之?且孝子不顺情以危亲,忠臣不兆奸⑤以陷君。"乃止。

【注释】

①季平子:即季孙意如,鲁国大夫。

②玙璠(yú fán):鲁国的宝玉。敛:殡殓。此指将宝玉作为陪葬。

③历级:同"历阶"。旧注:"历级,遽登阶不聚足。"即快步登上台阶。

④曝(pù)尸于中原:尸体暴露在野外。

⑤兆奸:为奸邪的人造成机会。旧注:"兆奸,为奸之兆成也。"

【译文】

季平子去世以后,将要用国君用的美玉玙璠来殉葬,同时还要用很多珠宝玉石。这时孔子刚刚当上中都宰,听说后,登上台阶赶去制止。他说:"送葬时用宝玉殉葬,这如同把尸体暴露在野外一样。这样做会引发民众获取奸利的念头,对死者是有害的,怎能用呢?况且孝子不因为顾及自己的感情而危害亲人,忠臣不能给邪恶的人造成机会来陷害国君。"于是停止了用玙璠珠玉陪葬。

【原文】

子路与子羔仕于卫,卫有蒯聩之难。孔子在鲁闻之,曰:"柴也其来,由也死矣!"既而卫使至,曰:"子路死焉。"夫子哭之于中庭。有人吊者,而夫子拜之。已哭,进使者而问故。使者曰:"醢①之矣。"遂令左右皆覆醢,曰:"吾何忍食此!"

【注释】

①醢(hǎi):将人剁成肉酱的酷刑。

【译文】

子路和子羔同时在卫国做官,卫国的蒯聩发动了叛乱。孔子在鲁国听到这件事,说:"高柴会回来,仲由会死于这次叛乱啊!"不久卫国的使者来了,说:"子路死在这次叛乱中了。"孔子在正室厅堂哭起来。有人来慰问,孔子拜谢。哭过之后,让使者进来问子路死的情况。使者说:"已经被砍成肉酱了。"孔子让身边的人把肉酱都倒掉,说:"我怎忍心吃这种东西呢?"

【评析】

这一章主要是讲待人接物、丧葬礼制方面一些具体礼仪的。所选"子夏问居父母之仇"一篇,根据仇情的不同,孔子主张采用不同的处理方法,很合乎情理。孔子遇旧馆人丧赠之以马的故事,表现出孔子处理事务的周全恰当,符合人情道理。"子路与子羔"章,孔子准确地预料到子路会死于蒯之难的事,记载生动,看出孔子对子路非常了解,感情又很深。"季平子卒"章,孔子阻止季平子用宝玉陪葬的事,既能节省财物,又保证了死者的安全,很有远见。

曲礼公西赤问第四十四

【原文】

孔子之母既葬,将合葬焉。曰:"古者不祔葬①,为不忍先死者之复见也。《诗》②云:'死则同穴。'自周公已来祔葬矣。故卫人之祔也,离之,有以闻焉。鲁人之柑也,合之,美夫,吾从鲁。"遂合葬于防。曰:"吾闻之:'有备物而不可用也。'是故竹不成用③,而瓦不成滕④,琴瑟张而不平,笙竽备而不和,有钟磬而无箕虡⑤,其曰盟器⑥,神明之也。哀哉!死者而用生者之器,不殆⑦而用殉也?"

【注释】

①祔:合葬。

②《诗》:指《诗经·王风·大车》。

③竹不成用:陪葬的竹器没编成形,不能使用。旧注:"谓筐之无缘。"

④瓦不成滕:瓦器没有经过烧制。

⑤有钟磬而无冀虡:有钟磬而无悬挂的木架。

⑥盟器:即明器。古代随葬品的统称。

⑦殆:近于,几乎。

【译文】

孔子的母亲死后,准备与他的父亲合葬在一起。孔子说:"古代不合葬,是不忍心再看到先去世的亲人。《诗经》上说:'死则同穴。'自周公以来开始实行合葬。卫国人合葬的方式是夫妇棺椁分两个墓穴下葬,这样的事我听说过。鲁国人是夫妇棺椁葬在同一个墓穴,鲁国人的方式好,我赞成鲁国人的合葬方式。"于是把父母合葬在防山。孔子又说:"我听说'准备了各种器物但不可使用',所以,竹器不编边缘不能用,瓦器没有烧制不能用,琴瑟张着弦不能弹,笙竽具备外形而不能吹,有钟磬而无悬挂的架子不能击打。这些随葬的器物叫作明器,意思是把死者当做神明来供奉。可悲呀!死者如果用生者所用的器皿来殉葬,这不就近似于用真人来殉葬了吗?"

【原文】

子游问于孔子曰:"葬者涂车刍灵①,自古有之,然今人或有偶②,是无益于丧。"孔子曰:"为刍灵者善矣,为偶者不仁,不殆于用人乎。"

【注释】

①涂车:用泥土做的车。刍灵:用草扎的人马。

②偶:陶土或木制的偶人。

【译文】

子游问孔子说:"丧葬的时候,用泥土做的车和草扎的人马来殉葬,自古以来就有,然而现在有的人用偶人来殉葬,这对丧事并没有好处。"孔子说:"用草扎的人马来殉葬是善良的,用偶人来殉葬是不仁的,这不近似于用真人来殉葬吗?"

【评析】

这一篇主要讲的是丧葬礼仪中的一些具体礼仪。孔子一贯主张"仁",在丧葬制度上也体现了这一思想。他不仅反对用真人殉葬,还反对用貌似真人的偶人殉葬。